數=學=(女×孩)

〔龐加萊猜想〕

日本暢銷科普作家
結城浩 著

前師範大數學系教授兼主任
洪萬生 審訂

陳朕疆 譯

数学ガール
ポアンカレ予想

給讀者

　　本書中出現了各式各樣的數學問題，從簡單到連小學生都懂的問題，到連大學生都感到困難的問題。

　　除了使用語言、圖形，以及程式之外，也會使用算式來表現登場人物的思考脈絡。

　　如果不明白算式的意義，可將算式放一邊，先去追隨故事情節發展。蒂蒂與由梨會陪伴著你一起走下去。

　　而擅長數學的讀者，除了故事，請務必跟隨算式的腳步拾級而上。如此一來，你將更能掌握本書故事的全貌。

C O N T E N T S

第 9 章　靈光一閃與毅力　291

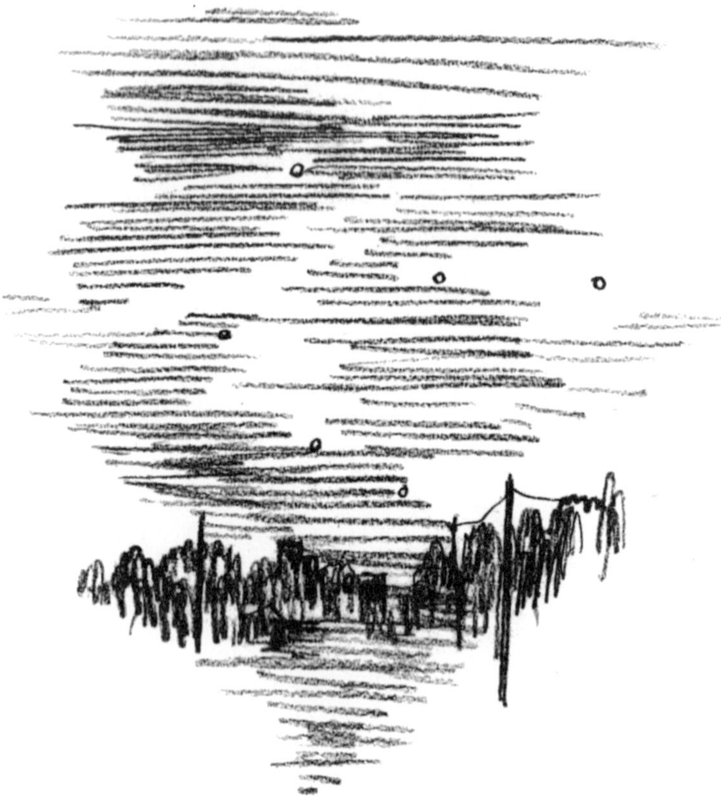

序章

不管是外型、氣質，還是態度，都十分優秀，
在世間來來去去，卻不會顯露出任何瑕疵。
——清少納言《枕草子》

形狀、形狀、形狀。
形狀這種東西，一目瞭然。
所見即所得，這就是形狀。

——真是如此嗎？

改變位置，形狀也會跟著改變。
改變角度，形狀也會跟著改變。
真可說是所見即所得嗎？
聲音的形狀、香味的形狀、溫度的形狀。
看不到的東西，就沒有形狀了嗎？

小小的鑰匙。
小小的事物可以一手掌握。
廣大的宇宙。
廣大的空間是我的容身之處。

然而過小的事物難以掌握其形狀。
過大的空間亦難以掌握其形狀。
回過頭來，自己的形狀又是什麼樣子呢？

不如用手中小之又小的鑰匙，打開眼前的門，
跳入廣大的宇宙內吧。

那是為了有一天，找到自己的形狀。
那是為了有一天──找到你的形狀。

第 1 章
柯尼斯堡七橋問題

幾何學中，處理距離的領域一直都很受人矚目。
然而除此之外，還有個領域幾乎從來沒人提到。
首先談及這個領域的萊布尼茲，
將其稱作「位置的幾何學」。

——李昂哈德・歐拉（Leonhard Euler）

1.1　由梨

「最近哥哥給人的感覺好像不太一樣耶。」由梨說著。

今天是星期六的下午，這裡是我的房間。

就讀國中三年級的表妹，由梨來找我玩。

小時候就常和我一起玩的她，總是叫我《哥哥》。

綁著栗色馬尾，穿著牛仔褲的她，從我的書架上抽起了幾本書，慵懶地翻著閱讀。

「給人的感覺不一樣？」我反問她。

「嗯──總覺得有點過度冷靜，感覺很無聊喵。」

由梨一邊翻著書頁，一邊用著她獨特的貓語這麼說。

「是嗎？畢竟我也是高三生，也得有些考生的樣子啊。」

「不對喔。」她馬上否定了我的辯解。「哥哥以前不是都會和我玩

很多不同的遊戲嗎？但是最近——應該說暑假結束後，就都沒怎麼理我了，明明都已經秋天了耶！」

說完後，由梨把手上的書啪地闔起。那是一本給高中生讀的數學書籍。雖然裡面有寫到一些比較難的內容，但由梨應該也讀得懂吧。

「明明都已經秋天了……不不不，就是因為已經是秋天了，身為考生，得開始認真讀書啊。再說，由梨也是考生吧？」

「你是想說，國中三年級也該有點考生的樣子嗎喵？」

像這樣刁蠻的由梨，明年也要考高中了。她的成績並不差，所以應該能考進她想讀的學校——也就是我的高中吧。

「可是學校好無聊喔。」由梨邊嘆氣邊說。

啊……因為《那傢伙》已經轉學了是嗎？

1.2　一筆劃問題

「對了，由梨知道柯尼斯堡七橋問題嗎？」

「柯尼……什麼啊？」由梨回道。

「柯尼斯堡。這是一個城市的名字。這個城市內有七座橋。」

「這什麼啊，聽起來好像奇幻小說喔。『這個城市有七座神聖的橋，勇者們需通過這些橋，才能打敗龍——』」

「不是啦，不是那種故事。柯尼斯堡七橋問題是歷史上很有名的數學問題喔。」

「是這樣嗎？」

「也就是所謂的**一筆劃問題**喔！」

「是只能用一筆劃通過所有邊的那個嗎？」

「是啊。說得更仔細一點，就像這樣。柯尼斯堡這個城市內有河流通過，市內有七座橋，如圖所示。」

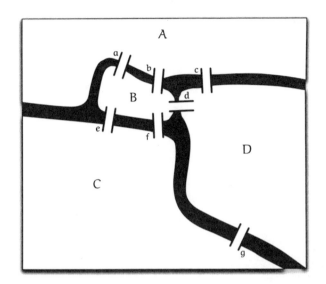

柯尼斯堡七橋問題

「橋不是只有六座而已嗎？a、b、c、d、e、f。」

「右下方還有第七座橋 g 不是嗎？陸地可分為 A、B、C、D 四塊，橋則有 a、b、c、d、e、f、g 七座。」

「嗯嗯，然後要用一筆劃走過所有的橋嗎？」

「沒錯。不管從 A、B、C、D 哪一塊陸地開始都行。在不重複經過同一座橋的條件下，能不能走過每一座橋呢？」

問題 1-1（柯尼斯堡七橋問題）

在不重複經過同一座橋的條件下，能不能走完柯尼斯堡的七座橋呢？

「嗯——要走完所有的橋，但不能重複經過同一座橋。也就是說，每一座橋都要剛好走過一次，對吧？」

「沒錯，條件就只有這些。」

「不對唷。」由梨裝模作樣地說著。「還得加上『不可以游泳過河』之類的條件，不是嗎？『勇者啊，絕對不可以游泳過河喔！』」

「這當然囉。既然是和橋有關的問題，就不能作弊游泳過河嘛。」

「而且還要加上『只有一個人過橋』的條件才行啊！要是沒有這個條件，只要七個人分工，就可以馬上走完七座橋了！」

「好啦好啦。過橋的只有一個人，而且不能用直升機、火箭、挖地道之類的方法過河，當然也不能瞬間移動。」我邊搖頭邊說著，由梨總是追究這些條件細節。

「還有啊，一定要回到一開始出發的陸地嗎？」

「不，最後不一定要回到一開始出發的陸地喔。當然，回到一開始出發的陸地也沒關係。柯尼斯堡七橋問題中，只要沒重複走過同一座橋，且每座橋都有走過就行了。」

「有辦法一筆劃走完這些橋嗎喵……嗯喵，我覺得應該可以耶。」

「那就試試看吧。」

由梨拿著自動鉛筆，花了好一段時間嘗試一筆劃走完這些橋。

「……」

「怎麼樣？完成了嗎？」

「不行！一定辦不到啦！你看，假設我們從 A 開始走，依照 $a \rightarrow e \rightarrow f \rightarrow b \rightarrow c \rightarrow d$ 順序過橋，最後就沒有路可以走了啊！這樣走不到 g 橋啦！」

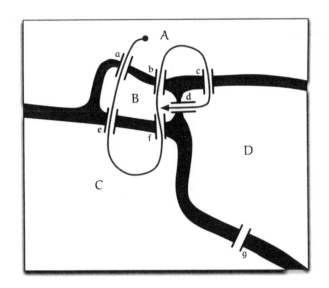

依照 $a \rightarrow e \rightarrow f \rightarrow b \rightarrow c \rightarrow d$ 順序過橋（走不到 g 橋）

「是啊。走過 d 橋來到陸地 B 時，會發現連接陸地 B 的五座橋都已經走過了，沒辦法再從 B 走到其他陸地。然而，卻還沒走過 g 橋。」

「沒錯沒錯。」

「可是說不定還有其他走法啊。要不要試著從其他陸地開始走走看呢？」

「我試很多種走法了啦，就是不行！」

「即使你說試了很多種走法，卻不代表你試過所有的走法，不是嗎？」

「是這樣沒錯啦……」由梨說著。「但一定不行啦！」

「那這就是**由梨的猜想**囉？」

「咦？」

「由梨為了解開柯尼斯堡七橋問題，用**嘗試錯誤法**試了許多次，認為不可能一筆劃走完所有的橋。但因為由梨沒有辦法以數學方法證明這真的不可能，故這只是《由梨的猜想》。」

「以數學方法證明……這有可能做到嗎？這是一筆劃問題喔？哥哥

再怎麼擅於算式推導也派不上用場吧？」

「我們可以用圖來證明能不能用一筆劃走完所有橋喔，這還不需要用到算式。」

「圖？」

「沒錯。這裡說的圖並不是折線圖或圓餅圖那種統計用的圖表，而是《由邊連接起許多頂點的圖》。討論那些可以一筆劃走完的圖，具有哪些性質，也是一種數學喔。」

「由邊連接起許多頂點的圖……那是什麼啊，聽不懂耶。」

「拿柯尼斯堡七橋問題當例子，陸地就相當於頂點，橋相當於邊，故可得到下面這張圖形。圖形中，頂點之間《連接的方式》非常重要。你看，這張圖與七橋地圖是用同樣的方式連接起來的，不是嗎？」

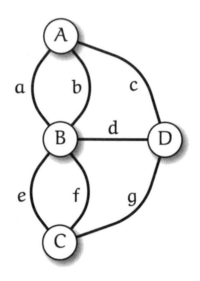

將柯尼斯堡七橋問題化為圖

「這完全不一樣吧。」

「沒這回事喔。仔細看，地圖上的 A、B、C、D 陸地分別對應到以圓表示的頂點。也就是將大片土地縮小變形，以一個頂點來表示。而 a、b、c、d、e、f、g 等橋則可以邊來表示。」

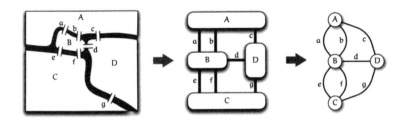

將地圖縮小變形，成為『圖』

「縮小變形……原來是這樣啊——」

「一筆劃問題中，不需要考慮《陸地面積多大》或《橋有多長》之類的問題。《各個陸地分別有哪些橋》才是重點。」

「原來如此啊。」由梨點了點頭。「那……，邊可以彎曲嗎？」

「『圖』的邊可以彎曲喔。只要連接方式相同，邊有多長、有沒有彎曲都可以。地圖上的 g 橋雖然離得很遠，但只要注意不要改變與陸地的連接方式，就可以把 g 橋往中間拉。將『圖』整理好，證明起來也比較容易喔。」

「我知道『圖』是什麼了。但是——該怎麼證明呢？」

「那，我們就一起來想想看這個一筆劃問題吧！」

「嗯！」

1.3 從簡單的圖開始

「從簡單的圖開始思考吧。假設圖①是由兩個頂點和一個邊組成的圖，這很明顯可以用一筆劃完成對吧。」

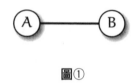

圖①

「當然囉。從A畫到B就畫完啦。」

「讓我們用一個箭頭來表示一筆劃的路徑吧。這條路徑是由A畫到B，A是開始的點，也稱作**起點**；B是結束的點，也稱作**終點**。」

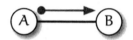

圖①可一筆劃完成

「嗯嗯。」

「接著來考慮一個稍微複雜的圖吧。就是這個三角形的圖②。」

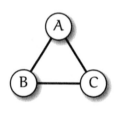

圖②

「這一點都不複雜啊！只要繞一圈就可以一筆劃完成嘛！」

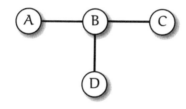

圖②可一筆劃完成

「是啊。這樣畫的話，起點和終點都是 A。」

「嗯，就是繞一圈嘛。」

「那，這個圖③可以一筆劃完成嗎？」

A————B————C

D

圖③可一筆劃完成嗎？

「不行！」

「為什麼呢？」

「因為，不管從哪個點開始，都不可能走過所有邊嘛！」

「沒錯。舉例來說，如果起點是 A，接著會走到頂點 B，再來可以走到頂點 C。這樣就剩 B 和 D 間的這條邊還沒走過了，然而我們卻沒辦法走到這條邊上，這是為什麼呢？」

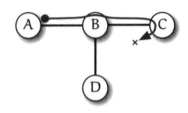

圖③沒辦法一筆劃完成（起點為 A）

「因為到頂點 C 以後就沒辦法再移動了嘛。」

「是啊，沒辦法再移動了。因為頂點 C 只有一個邊，當我們從別的頂點走到頂點 C 時，就把這條邊用掉了，所以之後便沒辦法再度移動。$A \to B \to D$ 和 $A \to B \to C$ 的情況相同，而且不管起點是頂點 C 還是頂點 D 都一樣。」

「嗯。」

「另外，將頂點 B 當作起點也沒辦法完成一筆劃。譬如說 $B \to A$，之後就沒辦法再移動了。」

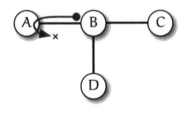

圖④沒辦法一筆劃完成（起點為 B）

「原來如此，如果頂點只有一個邊就不行！因為，如果從這個邊連到這個頂點，就沒辦法再走出來了嘛！」

「不不，這話說得太早囉。圖③確實如此，但某些情況下只有一個邊也是能一筆劃完成的喔。一開始我們提到的圖①，就是由頂點 A 與頂點 B 以一個邊連起來的不是嗎？這個圖可以用一筆劃完成。」

圖①僅由一個邊連起頂點 A 與頂點 B，卻可以用一筆劃完成

「咦——那是因為這兩個點就是起點和終點嘛！只要用一個邊就可以連起來了啊！」

「沒錯！由梨發現了一個很大的重點囉！」

「發現？」

1.4　圖與次數

「剛才由梨說的話，就是一筆劃問題中很重要的發現喔！」

- 考慮所有頂點的《連接邊數》
- 將《起點與終點》及《中途點》分開考慮

「嗯……？」

「假設有一個可以一筆劃完成的圖。那麼，起點附近看起來應該會像這個樣子。假設我們只看與起點連接的邊，省略其他頂點的話，看起來就像這樣。」

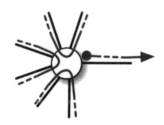

可一筆劃完成圖的起點

「這是……什麼意思啊？」

　　「注意看圖中與起點相連的邊。假設有七個邊與這個點相連，由於這個點是起點，故有一個邊會被當作《一筆劃的第一個邊》，其他邊則一定會以《進入邊》與《離開邊》的形式兩兩成對出現。這個頂點有三對這樣的邊。當然，如果圖不一樣，成對的連接邊數亦會不同，也有可能出現零個成對邊的情形。」

　　「這樣啊……」

　　「可一筆劃完成的圖中，起點有一條《一筆劃的第一個邊》，以及數條兩兩成對出現的邊。這表示與起點相連的邊有奇數個，也就是1、3、5、7……等。」

　　「哥哥啊，你好聰明喔！」

　　「同樣的，在一個可一筆劃完成的圖中，終點看起來會像這個樣子。」

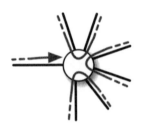

可一筆劃完成圖終點

　　「終點也有奇數個邊耶。」

　　「沒錯。成對出現的邊一定有偶數個，最後再加上一條進入邊，故與圖的終點相連的邊一定也有奇數個。」我說。「另外，每個中途點的周圍會像這樣。」

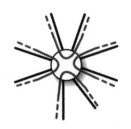

可一筆劃完成圖的中途點

「偶數！」

「是啊。中途點的進入邊與離開邊必定成對出現，故總連接邊數一定是偶數。頂點共有起點、終點、中途點等三種，所以以上就是所有可能情況了。」

「蠻有趣的耶⋯⋯」

「到這裡，我們都是將起點與終點視為不同頂點處理，但如果起點和終點是同一個頂點的話又會如何呢？從起點開始一筆劃畫到終點結束喔。」

「哥哥！由梨知道。如果起點和終點相同的話，這個頂點的連接邊數就是偶數對吧！因為第一個邊和最後一個邊都會連到這個頂點！」

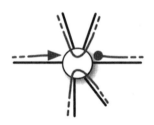

起點與終點相同的圖

「沒錯，如果起點和終點相同的話，不管哪個點的連接邊數都是偶數。而如同我們剛才提過的，如果起點和終點不同的話，起點和終點的連接邊數是奇數，其他點的連接邊數則是偶數。讓我們把目前為止的結論整理一下吧。」

- 可一筆劃完成的圖中，起點與終點**相同**時：
  - 起點：連接邊數為偶數
  - 終點：連接邊數為偶數
  - 中途點：連接邊數為偶數
- 可一筆劃完成的圖中，起點與終點**不同**時：
  - 起點：連接邊數為<u>奇數</u>
  - 終點：連接邊數為<u>奇數</u>
  - 中途點：連接邊數為偶數

「原來如此……」由梨說。

「由此可發現一個很重要的問題。」

　　如果一個圖可以用一筆劃完成，
　　那麼圖中連接邊數為奇數的頂點會有幾個？

「有幾個……連接邊數為奇數的頂點，不就是零個或兩個嗎？如果起點和終點相同的話就是零個，不同的話就是兩個——啊！」

「想到了吧？」

「柯尼斯堡七橋問題！奇數邊的頂點有四個！」

「沒錯，*A* 有三個邊、*B* 有五個邊、*C* 有三個邊、*D* 有三個邊，所以連接邊數為奇數的頂點有四個。」

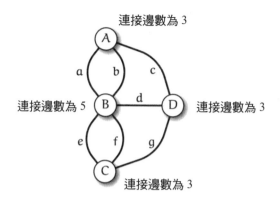

連接邊數為奇數的頂點有四個

「有四個就不行了啊！」

「沒錯。如果一個圖可以用一筆劃完成的話，連接邊數為奇數的頂點只可能是零個或兩個。可是柯尼斯堡七橋的圖中有四個奇數點，所以──」

「沒辦法一筆劃完成！」

「是啊。我們絕對沒辦法用一筆劃走完由柯尼斯堡七橋圖形。或者也可以說，柯尼斯堡七橋問題無解。這樣就證明結束了！」

解答 1-1（柯尼斯堡七橋問題）

如果可以用一筆劃走完由柯尼斯堡七橋的簡化圖形，那麼圖中，連接邊數為奇數的頂點必須是零個或兩個。然而柯尼斯堡七橋的圖中，連接邊數為奇數的點卻有四個。因此，柯尼斯堡七橋問題無解。

「原來如此──！就算沒有每種情況都試過也可以證明耶！」由梨的眼睛閃閃發光。

　　「某個頂點的《連接邊數》又稱為該頂點的**次數**。所以，如果改用《次數》來描述我們對於一筆劃問題的已知性質的話，就像這樣。」

一筆劃問題的已知性質

如果一個圖可以用一筆劃完成，

那麼次數為奇數的頂點就是零個或兩個。

　　「孩子們！茶泡好囉！」媽媽的聲音傳進我的房間。

1.5　這也是數學嗎？

　　「由梨啊，你又長高囉！」媽媽說。

　　「是這樣嗎？」由梨邊回答邊把手放在頭上。

　　「正處於成長期呢。」我附和著。

　　這裡是客廳。我和由梨正在享用媽媽端出來的花草茶，至少由梨確實有在喝。

　　「怎麼樣？好喝嗎？」媽媽問。

　　「這是德國洋甘菊吧，覺得心情平靜多了──」由梨回答。

　　「由梨懂得真多耶。」

　　「你呢？覺得好喝嗎？」媽媽轉頭問我。

　　「等我喝了再說感想吧。對了由梨，剛才說的柯尼斯堡七橋問題都懂了嗎？」

　　「嗯，都懂囉。」由梨回答。

　　「哎呀呀，又要開始講數學了嗎？」媽媽走回了廚房。

　　「第一個證明柯尼斯堡七橋問題的是數學家歐拉。不過歐拉剛證明出這個問題時，似乎認為這個問題和數學沒什麼關係。」

　　「嗯嗯，歐拉的意見和由梨一樣呢。」

　　「在得意什麼啊……不過，後來歐拉在這個問題中發現了新的數學喔，還寫了一篇論文說明七橋問題的解法。」

「發現新的數學——是什麼意思啊？」

「柯尼斯堡七橋問題不只是單純的益智遊戲，還有著深入研究的價值。這個問題與**幾何學**很像，是處理圖形的數學。」

「像是正方形或圓形嗎？」

「沒錯，不過和一般的幾何學不太一樣。這是一種只要不改變連接方式，就算任意改變邊的長度也沒關係的幾何學。」

「啊，說的也是。畢竟剛才也把地圖整個縮小變形了。」

「沒錯沒錯。只要連接方式相同——或者說只要保留連接方式，就算將廣大陸地縮小成一個點也沒關係；把橋視為邊的話，也可以任意伸長或縮短。柯尼斯堡的七橋問題，就是這個《新幾何學的領域之一》的誕生契機喔。」

「新幾何學……」

「不過，歐拉的論文中，並沒有像剛才一樣用圖形來表示。歐拉在十八世紀時寫下這篇論文，不過剛才的圖卻是十九世紀才出現喔。」

「就算不計算也能證明出答案的方法……」

「並不是完全沒有計算喔。我們不是有一一檢查次數是奇數還是偶數嗎？歐拉有在論文中引用了萊布尼茲的《位置幾何學》概念。歐拉是開創了這個數學領域的學者，不過確立這門學問在數學領域中地位的人，則是一位叫做龐加萊的數學家。龐加萊在論文中用《位置解析》的方法來探討這個領域的問題，最後將這個領域稱作**位相幾何學**，也可以稱作**拓樸學**。」

「我有聽過拓樸學。」

「拓樸學關注的就是《連接的方式》。」我說。

◎　　◎　　◎

拓樸學關注的就是《連接的方式》。

我們製作地圖時，重點是要將各個地點畫在正確的位置上。相較於此，解一筆劃問題時，就算各個地點沒有畫在正確位置上也沒關係。只

要頂點和邊的連接方式沒有改變就可以了，頂點可以自由移動，邊也可以任意伸縮。頂點的位置或邊的長度，皆與一筆劃問題是否有解無關。

研究一個圖形能否以一筆劃完成時，長度並不重要。

那麼，什麼才是關鍵呢？

解開一筆劃問題的關鍵，就是一個頂點的《連接邊數》，也就是《次數》。由梨可以注意到次數，實在是太厲害了。

◎　◎　◎

「太厲害了。」我說。

「不好意思啦！」

「一筆劃問題中，《次數為奇數的頂點個數》相當重要。對了，讓我們把《次數為奇數的頂點》命名為**奇數點**吧。這樣的話，我們就能用更簡潔的方法來表示能一筆劃完成的圖有什麼條件了，那就是《若一個圖形可以用一筆劃完成，那麼其奇數點必為零個或兩個》。」

1.6　《逆定理》的證明

歐拉想解的不是只有柯尼斯堡七橋問題，而是**想解出更為一般化的問題**。如果能將問題一般化，其結果自然也能套用在柯尼斯堡七橋問題上。

研究問題時，藉由例子幫助思考是很重要的事。要是沒有一個具體的例子，便很難進行一般化的思考。仔細思考例子還可以幫助自己的理解，也就是所謂的《舉例是理解的試金石》。

不過，如果只是列出一個相對特殊範例，代入思考就結束的話，對我們並沒有什麼幫助。而是要睜大眼睛，仔細找出一個盡可能一般化的範例。歐拉在論文的最後這樣寫道。

「歐拉在論文的最後寫出了他的結論。類似的問題可分為三種情況，如果《與奇數座橋連接之陸地》的個數為——

- 如果大於兩個，不可能不重複地走完所有橋。
- 如果剛好兩個，可以從此兩陸地中任擇一個做為起點，不重複地走完所有橋。
- 如果是零個，不管以哪個陸地作為起點，皆可不重複地走完所有橋。

和我們剛才得到的結論一樣，對吧？」

「吶，哥哥，《反過來》也是嗎？」由梨突然提高了聲音。

「反過來？」

「剛才哥哥不是有說《若一個圖可以用一筆劃完成，那麼其奇數點必為零個或兩個》嗎？那《反過來》又怎麼樣呢？我們可以說《若一個圖的奇數點為零個或兩個，則必可用一筆劃完成》嗎？」

「可以喔。」

「為什麼？」由梨馬上反問。

「為什麼這麼問呢？」

「因為我們還沒證明《反過來》的情形嘛。哥哥只有觀察過可以用一筆劃完成的圖的起點、終點、中途點而已吧？雖然我們討論過『可以用一筆劃完成的圖』是什麼情況，但是我們沒討論到『不能用一筆劃完成的圖』會如何啊？這樣的話，說不定某些《有零個或兩個奇數點的圖》，並『不能用一筆劃完成』不是嗎？」

「哎呀！」

由梨的直覺真的很敏銳，確實如此。剛才我們證明的是這個。

《可以用一筆劃完成的圖》$\Longrightarrow$《奇數點為零個或兩個》

然而，我們卻沒有證明《反過來》的命題

《可以用一筆劃完成的圖》$\Longleftarrow$《奇數點為零個或兩個》

也就是說，我們並沒有證明《若一個圖的奇數點為零個或兩個，則必可用一筆劃完成》這件事。

「嗯⋯⋯」我開始思考。

「你看吧？沒證明對吧？快證明吧！」

我陷入了沉思，到底該怎麼證明呢？

我和由梨回到了房間。我的桌上常放著被我拿來當作計算紙的 $A4$ 影印紙，我拿了幾張過來，畫了一些圖開始思考。

「啊！哥哥。反過來不成立喔！」由梨說。「因為我作出了一個奇數點為零個的圖，卻沒辦法用一筆劃完成！」

「什麼？你找到**反例**了嗎？」

「你看，這個圖④就沒辦法用一筆劃完成了吧？」

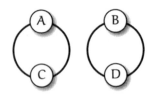

雖然奇數點為零個，卻沒辦法一筆劃完成的圖④

「這個⋯⋯確實如此耶，由梨。」我表示認同。「頂點的次數都是 2，故奇數點為零個。但因為圖④分成了兩個部分，沒有連通在一起，當然也沒辦法用一筆劃畫過所有的邊。」

「就是這樣。」

「嗯，分成了兩個部分的圖當然沒辦法一筆劃完成囉。所以應該要把圖的範圍限制在連結在一起的圖才行——也就是任選圖中兩個頂點，都可以找到由數個邊所組成的一條路徑連接這兩個頂點。因為這個條件太過理所當然了，反而不怎麼有趣。」

「是啊。」

「啊，這樣的話，由梨，這個圖⑤也沒辦法用一筆劃完成喔。」

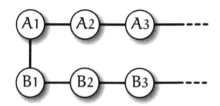

雖然奇數點為零個，卻沒辦法一筆劃完成的圖⑤

「最右邊的點點點是什麼啊？」

「圖⑤中的頂點包括了 A_1、A_2、A_3、…以及 B_1、B_2、B_3…，無限延伸下去。」

「嗚哇——這樣也可以嗎？」

「在考慮一筆劃問題的時候，是不希望出現這種情況啦。像⑤這種圖，確實每個頂點的次數都是偶數，但因為這些點會無限延伸下去，故沒辦法用一筆劃完成圖⑤。所以說，必須加上『頂點的個數為有限個』的條件。」

「咦咦咦咦？」由梨發出了不滿的聲音。「既然這樣，也得加上『邊的個數為有限個』的條件才行囉！」

「如果頂點個數是有限個，邊的個數也會是有限個喔。」

「就不是嘛。像圖⑥這樣就不是有限個邊啦！」

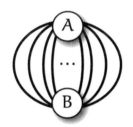

頂點為有限個，邊卻是無限個的圖⑥

「原來如此，確實和由梨說的一樣。而且，這個圖⑥的頂點次數還是個不確定的數……或者也可以說次數是無限大吧。那麼，就把頂點和

邊皆為有限個加入條件內吧。」

問題 1-2（問題 1-1 的反過來）
如果一個圖中，次數為奇數的頂點是零個或兩個，
那麼，這個圖一定可以一筆劃畫完嗎？

其中，頂點和邊的個數皆為有限個。
且僅考慮所有頂點皆連通在一起的圖。

「條件怎樣都可以啦。那這個問題很難嗎？」由梨看著我的臉說。
他的頭微微斜向一邊，後方的馬尾輕輕搖動著。

「不曉得呢……」

我陸續想了幾個具體的例子，並試著描繪出它們的圖。由梨也在我
的旁邊試著用一筆劃畫出各種圖。在我們嘗試錯誤時，時間靜靜地流
動。

「……嗯，看來應該可以完美證明出來」我說。「如果一個圖的奇
數點為零個或兩個，便可實際找到用一筆劃畫出這個圖的方法，也就是
所謂的**建構性證明**。」

「那是什麼啊？」

「不只證明能否一筆劃完成一個圖，還能知道該如何用一筆劃畫出
這個圖。我照順序說明吧。」

◎　◎　◎

照順序說明吧。

首先，將圖分成《有零個奇數點》與《有兩個奇數點》這兩種情
形。當《有兩個奇數點》時，先暫時在這兩個奇數點之間再追加一個
邊，使這個圖成為一個《有零個奇數點》的圖。這麼一來，我們就只要
證明《有零個奇數點》的圖皆能以一筆劃完成就行了。

這是因為，如果《有零個奇數點》的圖可以用一筆劃完成，那麼這

條路徑最後一定會回到起點。我們先把這樣的路徑叫做**自環**吧。因為這個圖可以用一筆劃完成，所以這個自環一定也包括了剛才追加的邊。既然如此，若我們從一筆劃的自環中，拿掉剛才追加的那個邊，就會變回《有兩個奇數點》的圖，而且這個圖也能夠以一筆劃完成。

　　所以，我們要考慮的就只剩下《有零個奇數點》的圖是否一定可以一筆劃完成。換句話說，只要考慮「只有偶數點的圖」就行了。到這裡都懂嗎？

◎　◎　◎

　　「到這裡都懂嗎？」我問。

　　「原來如此喵。到這裡我是都懂啦……然後呢？」

　　「嗯。」我繼續說「剛才我們提到要**畫出自環**，這是一件非常重要的事喔。」

　　「為什麼呢？」

　　「因為我們要用『**畫出自環與原路徑相連**』的方法完成一筆劃！」

　　「畫出自環……與原路徑相連？」

　　「嗯，先讓我們試著一筆劃完成只有偶點的圖吧。」

◎　◎　◎

　　試著一筆劃完成只有偶點的圖。

　　以下是我想到的《一筆劃完成一個圖的步驟》。

《一筆劃完成一張圖的步驟》

假設圖中只有偶數點、邊為有限個、且有一個以上的邊。

- 從某個頂點開始，沿著邊畫出一個自環，令其為 L_1，
  將 L_1 的各邊從圖中移除。
  接著從 L_1 內的頂點中，
  選擇一個還有剩餘其他邊的頂點。

- 從這個頂點開始，沿著剩餘的邊畫出一個自環，令其為 L_2，
  將 L_2 的各邊從圖中移除。
  接著從 L_1、L_2 內的頂點中，
  選擇一個還有剩餘其他邊的頂點。

- 從這個頂點開始，沿著剩餘的邊畫出一個自環，令其為 L_3，
  將 L_3 的各邊從圖中移除。
  接著從 L_1、L_2、L_3 內的頂點中，
  選擇一個還有剩餘其他邊的頂點。

  $$\vdots$$

- 照著這個順序一直畫下去，直到所有邊都被移除，
  此時，將 L_1、L_2、L_3、L_n 連在一起形成一個自環，就是一筆劃完
  成這個圖的路徑。

　　「嗯？看不太懂耶，所以只要隨便畫出一個自環，再把它們連接起
來就可以了嗎？用這麼簡單的方法就可以一筆劃完成一個圖嗎？」
　　「可以喔。讓我們用一個圖⑦這個具體的例子來說明吧。」

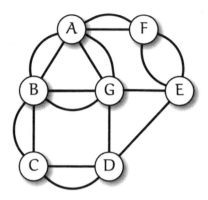

試著一筆劃畫完只有偶數點的圖⑦吧

「只要畫出一個自環就行了吧？」由梨一邊說著，很快地畫出 $A \rightarrow F \rightarrow E \rightarrow D \rightarrow C \rightarrow B \rightarrow A$ 這樣的一條路徑。

「嗯，沒錯，讓我們把這個自環命名為 L_1 吧。」

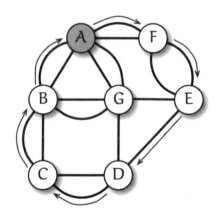

畫出 $A \rightarrow F \rightarrow E \rightarrow D \rightarrow C \rightarrow B \rightarrow A$ 這個自環，令其為 L_1

「嗯嗯。」

「接著，將 L_1 的所有邊從圖中移除。」

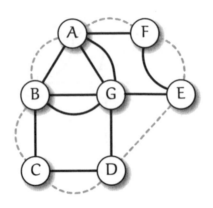

移除自環 L_1 的各邊

「拿掉 L_1 的邊了。」

「嗯，拿掉自環之後，剩下的圖中仍然全都是偶數點。所以我們可以繼續找出其他自環，進而完成一筆劃作業。」

「嗯——只要用 L_1 以外的邊再隨便畫出一條自環就可以了嗎？」

「是這樣沒錯，不過先試著想想看要怎麼選擇新自環的起點吧。我們必須從 L_1 經過的頂點中，選擇一個**還有剩餘其他邊**的頂點，做為新自環的起點。」

「聽不太懂耶。」

「自環 L_1 的路徑是 $A \rightarrow F \rightarrow E \rightarrow D \rightarrow C \rightarrow B \rightarrow A$ 對吧。接下來，我們就是要從這條路徑經過的頂點中，選擇一個還有邊未被移除的頂點。比方說，可以試著從頂點 F 開始再畫一個自環。」

「我要畫！」

由梨畫出了 $F \rightarrow A \rightarrow G \rightarrow E \rightarrow F$ 這個自環。

「那這就是 L_2 了。」我說。

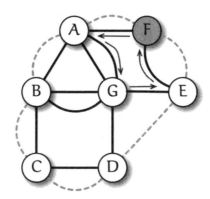

畫出 $F \to A \to G \to E \to F$ 這個自環，令其為 L_2

「然後再把 L_2 移除是嗎……好像越來越空蕩蕩了耶！」

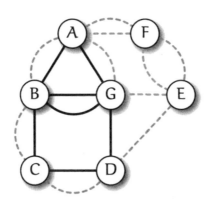

移除自環 L_2 的各邊

「是啊。接著再將 L_1 和 L_2 連接起來，得到自環 $\langle L_1, L_2 \rangle$。」
「把自環連接起來……是什麼意思啊？」
「就是以 F 為連接點，將兩個自環連接起來的意思喔。從自環 L_1 開始，途中經過頂點 F 時，就轉乘到 L_2 上。在 L_2 上繞一圈回到頂點 F 之

後，再轉乘回 L_1，然後走完自環 L_1 剩下的路徑。於是，我們就得到了一個新的自環 $\langle L_1, L_2 \rangle$。」

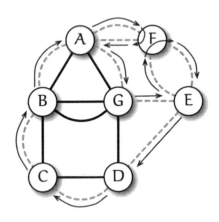

畫出一個相連的自環 $\langle L_1, L_2 \rangle$

「原來如此！太有趣了！」

「再來就是持續重複同樣的步驟囉。也就是說，接著要畫出一條自環 L_3 再把它移除。我們必須從 $\langle L_1, L_2 \rangle$ 經過的頂點中，選擇一個還有剩餘其他邊的頂點，做為 L_3 的起點。這裡我們就選頂點 A 吧。」

「這樣的話，就從頂點 A 開始，畫出 $A \to B \to G \to A$ 的自環，把它當作 L_3 可以嗎？」

「可以喔。」

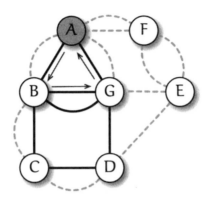

畫出 $A \to B \to G \to A$ 這個自環，令其為 L_3

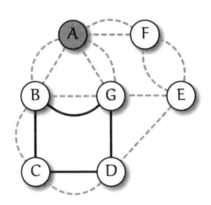

移除自環 L_3 的各邊

「同樣的，我們可以將這個自環與前面的自環相連，成為 $\langle L_1, L_2, L_3 \rangle$，並將頂點 A 當作轉乘點。」

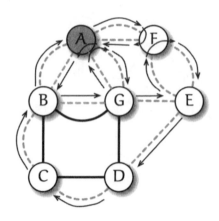

畫出一個《較大的自環》，〈L_1, L_2, L_3〉

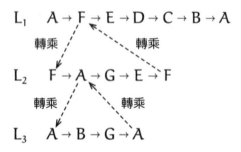

「接著，再將頂點 B 當作起點……剩下的邊剛好就是一個自環耶。」

「沒錯。可令 $B \to C \to D \to G \to B$ 為自環 L_4，接著再將這些邊移除。」

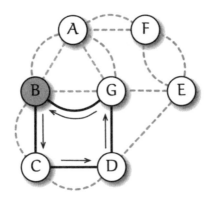

畫出 $B \to C \to D \to G \to B$ 這個自環，令其為 L_4

「全都消失了！」

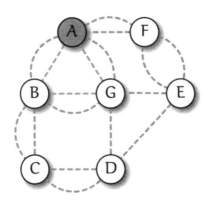

移除自環 L_4 的各邊

「再將前面畫出來的自環全部連接起來，得到 $\langle L_1, L_2, L_3, L_4 \rangle$，就完成了圖⑦的一筆劃路徑囉。」

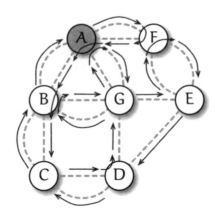

連接所有自環，得到〈L_1, L_2, L_3, L_4〉，便可得到圖⑦的一筆劃路徑

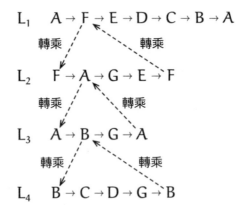

「好厲害！……可是，等一下喔，哥哥。也有可能是這個圖剛好可以用這種方法來找出一筆劃路徑不是嗎？你可以保證這種方法可以用在任何圖上嗎？」

「嗯，保證可以喔。」

「難道拿隨便一個頂點當起點，都可以畫出一個自環嗎？」

「沒錯，都可以。因為我們現在所考慮的圖都符合《邊的個數為有限個》和《所有頂點都是偶數點》這兩個條件。畢竟從一個頂點出發後，不可能無止盡地走過無限多個邊嘛。」

「和《邊的個數為有限個》這個條件有關啊？」

「沒錯。另外，如果沒辦法畫出一個自環，就表示走到某個頂點 X 時，就沒辦法再走下去了，對吧？可以走得到頂點 X，卻沒辦法從頂點 X 走出來，所以頂點 X 是一個奇數點。但這就違背了《所有頂點都是偶數點》的條件。」

「原——來——。所以，一定可以畫得出一個自環……」

「是啊。」

「嗯，這個我接受。可是啊，剛才哥哥說的方法還是有點奇怪耶。你說先從某個頂點開始畫出一個自環，把這些邊移除，然後再另外選一個頂點當作下一個自環的起點。這樣真的可以在最後把所有的邊都移除嗎？」

「可以喔。因為還有另一個條件，那就是《圖中所有頂點皆連通》。」

「一開始的圖確實是連通的沒錯啦，但之後的步驟中不是會把一些邊移除嗎？這樣的話，圖不是也有可能變成兩三個比較小的圖嗎？」

「嗯，有時確實會被分成幾個較小的圖。不過這些較小的圖和我們之前移除的自環之間，一定會有共用的頂點。如果不是這樣的話，一開始的圖就不是所有頂點皆連通了。」

「這樣啊……」

「所以說，由這種方法，我們便可證明《反過來》也是正確的。頂點次數這種單純的數字，居然會和一筆劃圖形的性質有關，不是很有趣嗎？」

> 解答 1-2（問題 1-1 的反過來）
> 如果一個圖中，次數為奇數的頂點是零個或兩個，
> 那麼這個圖一定可以一筆劃畫完。
> 其中，頂點和邊的個數皆為有限個。
> 且僅考慮所有頂點皆連通在一起的圖。

「這麼說來……」由梨說「肚子餓了耶。」

「剛才不是才吃過東西嗎？」

「剛才只有喝花草茶而已啦。」由梨笑著說。「畢竟我是處於成長期的少女嘛，我去找些東西來吃！」

由梨小跑步地離開我的房間。

頂點次數這種單純的數字，居然和一筆劃問題有關，這很有趣。

只要計算頂點次數，就可以判定一個圖是否能以一筆劃完成。

但是。

我看了一眼桌上的參考書，以及貼在我眼前的考前計畫時程表。

但是——又該用什麼來判定我的未來呢？

大學考試嗎？用考試的分數來判定嗎？但分數畢竟只是判定一個人是否能進入一所大學就讀的門檻而已。就算通過大學考試的合格標準，也不表示那是終點。大學考試對我而言，對我的未來而言，究竟有什麼意義呢——

「哥哥！」

由梨的大喊把我的意識拉回現實。

「快！快過來！」

我從來沒聽過由梨那麼驚慌的叫聲。

我馬上跑過客廳，來到廚房。

媽媽倒下了。

「媽媽？」

　　　　　　　　　　　　如果與奇數座橋連接的陸地超過兩個，
　　　　　　　　　　　　　　便不存在滿足所求條件的路徑。
　　　　　　　　　然而，如果與奇數座橋連接的陸地剛好為兩個，
　　　　　　　　　　　　　從此兩陸地中任擇一個做為起點，
　　　　　　　　　　　　　　便可得到滿足所求條件的路徑。
　　　　　　　　最後，如果沒有一塊陸地與奇數座橋連接，
　　　　　　不管以哪塊陸地作為起點，皆可得到滿足所求條件的路徑。
　　　　　　　　　　　　　　　　　　　　　——李昂哈德・歐拉

第 2 章

莫比烏斯帶、克萊因瓶

沒錯，是泡沫。
細小無數的泡沫。
它們的形狀特別，我曾一直凝視著它們。
——森博嗣《Sky Eclipse》

2.1 頂樓

2.1.1 蒂蒂

「那還真是嚴重……」蒂蒂說道。

「嗯，不過還好媽媽沒出什麼事。」我回答。「只是稍微有點暈眩，走路不穩而已。不過為了以防萬一，還是有要她去一趟醫院接受診斷就是了。」

這裡是高中的頂樓，現在是午休時間。我和學妹蒂蒂在這裡一起吃午餐。風吹起來很舒服，卻帶了些寒意。校園周圍的懸鈴木早已落盡樹葉，已經是秋天了。

我一邊吃著在合作社買的麵包，一邊和蒂蒂說媽媽的事。在廚房看到倒下的媽媽時，真的嚇了我一跳。不過，媽媽馬上就自己站了起來，不好意思地笑了笑。實際上確實也沒受什麼傷，但是——

「這樣啊，總之，還好沒有出大事。」蒂蒂像是安心下來的樣子，把便當裡的玉子燒放回去。

「是啊。」我回答……大事指的是什麼呢？雖然沒對蒂蒂說，但在那之後，我卻感覺到一種難以言喻的不安。媽媽總是很有精神，就算生病，也只是感冒之類的小病而已。這麼健康的媽媽卻倒了下來，對我的心理是一大衝擊。沒想到親人的身體變差，居然會讓人感到那麼不安。

我試著改變話題：「蒂蒂最近有挑戰什麼新的問題嗎？」

蒂蒂是高二生，是小我一屆的學妹。在她高中剛入學的時候很不擅長數學，但現在已經變得相當喜歡數學了。我們常常一起討論數學問題，並樂在其中。

「不，最近沒有特別在想哪個問題。」蒂蒂回答，「因為雙倉圖書館的研討會*1、伽羅瓦慶典*2實在太有趣了，讓我開始想做一件事……」

「咦？什麼事呢？」

「啊，沒有啦沒有啦，什麼都沒有。這還是秘密！」

蒂蒂邊說著，邊滿臉通紅地用雙手遮住嘴巴。

2.1.2　莫比烏斯帶

吃完午餐後，蒂蒂用粉紅色的布把她的便當盒包起來後，問道。

「對了，學長，你應該知道莫比烏斯帶吧？」

「嗯，知道啊。」

「那個啊，昨天晚上的電視節目中提到了莫比烏斯帶喔。把一條帶子扭一圈……然後像這樣把兩端連接起來。」

蒂蒂用她的雙手比來比去，模擬製作莫比烏斯帶的過程。

「就是這個形狀吧」我在筆記本上畫出一個莫比烏斯帶。「不過不是扭一圈，是扭半圈喔。」

---

*1《數學女孩／隨機演算法》
*2《數學女孩／伽羅瓦理論》

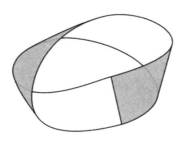

莫比烏斯帶

「扭半圈——啊,是這樣沒錯。不過,明明只是一個扭了半圈的環狀帶子,為什麼要特別取一個《莫比烏斯帶》這樣的名字,特別討論它呢?莫比烏斯是一個數學家對吧。這在數學領域中很重要嗎?電視節目中只用紙帶演示了一下就結束了。」

原來如此,我想著。蒂蒂還是一模一樣呢。她對事物的本質與根源始終抱持著好奇,絕不會不懂裝懂。對她來說,最在意的永遠是自己是否真的瞭解。

「莫比烏斯帶是一個很有趣的圖形喔。」我回答。「舉例來說,如果把沒有扭過的紙帶兩端接起來,就會變成**環帶**,對吧?」

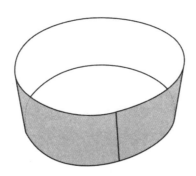

環帶

「是的。」蒂蒂點了一下頭。

「假設我們在這個環帶的側面塗上顏色，譬如說塗上紅色顏料。當我們在紙帶外側塗上一整面紅色時，並不會塗到紙帶內側，紙帶內側仍保持原來的顏色。」

「是這樣沒錯。」

「環帶內側可以在塗上另一個顏色，譬如說塗上藍色顏料。因為外側和內側分別塗了不同的顏色，所以**環帶有內外之分**。」

「那，莫比烏斯帶不是嗎……？」蒂蒂問道。

「沒錯，環帶與莫比烏斯帶不一樣的地方，就在於扭了那半圈。不過，如果我們像剛才一樣，試著將莫比烏斯帶塗上一整面紅色顏料的話，卻會在不知不覺中把整個莫比烏斯帶都塗滿紅色，沒有一處仍保留原來的顏色。這表示**莫比烏斯帶沒有內外之分**。」

「嗯，是這樣沒錯。即使我們想要只塗紙帶的外側，但在塗到紙帶兩端連接處時，卻會跑到紙帶內側，使紙帶內外側都被塗成同一種顏色。」

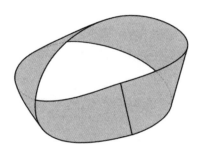

莫比烏斯帶只能塗一種顏色

「是啊。不過，因為莫比烏斯帶只能塗一種顏色，所以『內外側』這樣的說法不太正確。只有在我們可以區分出內側和外側時，才可以說這一面是內側、那一面外側。」

「確實如此──但是，這只會讓我有種『So what?』（那又怎樣？）的感覺。」

蒂蒂睜著她圓圓的大眼，直直地朝著我看過來。

就是這個。她的問題聽起來很普通，卻總是能一針見血地指出重點。至今我在許多書上看到關於莫比烏斯帶的說明。在數學的科普書籍中，莫比烏斯帶幾乎是一定會提到的話題。但是，我從來沒有過「那又怎樣？」的想法。我覺得莫比烏斯帶是一個很有意思的圖形，也知道莫比烏斯帶沒有內外之分。然而，我卻不會去思考莫比烏斯帶為什麼會那麼有名。

「對、對不起。問了一個奇怪的問題。」

大概是注意到我陷入了沉默吧，蒂蒂不好意思地說著。

「不不、沒有必要道歉啦。我覺得蒂蒂這個問題問得很好。不過，我也回答不出來呢。雖然我知道把紙帶扭半圈再接起來就可以得到一個莫比烏斯帶，也知道數學的拓樸學領域中會討論這個問題。但我卻不知道為什麼莫比烏斯帶那麼重要。」

「這樣啊……」

上課鈴響，我們回到各自的教室。然而我們的心也像是被扭了半圈一樣。

2.2　教室

2.2.1　自習時間

雖然回到了教室，下一堂課卻是自習。我打算利用這段時間複習一下物理，於是拿出了題庫本。

我是前段高中的高三生。到了秋天，選修課程和自習時間的比例也變多了。每個學生都為了準備考試，努力排出許多自己的時間來讀書。

每個學生的學力不同、志願學校不同，為達到志願學校之合格標準所需的必要學習量也不同。若強迫每個人接受同樣的學習，只會限制個人的能力。事實上，自習時間中，每一位同學都專注於不同的科目或習題，朝著各自的目標、各自的未來前進。

自己的未來——物理題庫本只寫了三題，我就陷入了沉思。

關於未來，說真的，我沒有頭緒。連自己適合往哪個方向發展都不知道，連自己做得到哪些事都不知道。我不曉得整個社會是什麼樣子，也不曉得自己看起來像什麼樣子。

這對我來說是一個棘手的問題。

「你將來想做什麼呢？」

在與未來相關的問題中，這個問題最難回答。如果只是問我想念理組還是文組的話就簡單多了，毫無疑問，我想念的是理組。如果要我回答擅長哪個科目的話也不是問題，我擅長的科目是數學；不擅長的科目則是地理與歷史。志願學校？嗯，我當然也有自己的志願學校。這次交出去的《合格判定模擬考》的申請書中，我就有寫出我的志願學校，我排了三個志願。

不過要是問我將來想做什麼，我卻答不出來，這讓我覺得很苦悶。答不出自己將來想做什麼，讓我覺得煩躁不安。自己的《形狀》不明確。覺得自己像是沒有骨架的史萊姆般，只能在地上扭曲爬行。

我——到底想做什麼呢？

2.3　圖書室

2.3.1　米爾迦

「因為數學家們很在意各個事物是否《相同》」米爾迦回答。

「在意是否《相同》——是嗎？」蒂蒂回道。

這裡是圖書室，今天的課程已經結束，我和蒂蒂如往常般坐在米爾迦的對面，一起討論數學。

「沒錯，蒂蒂」米爾迦說。

米爾迦是我的同班同學。她有一頭黑色長髮，戴著一副金屬框眼鏡，是一個數學能力非常優秀的才女。我、蒂蒂，以及米爾迦常常聚在圖書室進行數學雜談。

對於蒂蒂的疑問——為什麼莫比烏斯帶那麼重要呢？——米爾迦帶著微笑，用講課般的語氣說明。

「不管是數、圖形、函數，還是其他東西，我們在研究任何和數學有關的東西時，會特別在意什麼和什麼《相同》。數學領域內的討論越嚴謹越好。要是沒有明確定義出想討論的是什麼，這個討論本身就無法成立。當眼前有兩個被討論的對象時，若沒辦法判斷這兩個東西《相同》還是《相異》，便很難討論得下去。」

「如果是數的話，就不會用《相同》，而是用《相等》來描述吧。」我說。

「我現在講的是抽象程度比較高的層次。」米爾迦回答。「《相等》只是《相同》的一種而已。對兩個數來說，除了《相等》之外，還有其他種定義《相同》的方法。」

「是說《相同》可以分成好幾種嗎？」蒂蒂說。「所以某些情況下，可以把 1 和 7 視為相同？」

「舉例來說。」米爾迦放慢了講話速度。「我們都知道《奇偶》的概念，也就是奇數和偶數。1 和 7 都是奇數。所以我們可以說 1 和 7 的《奇偶》一致。奇偶是否一致，也是一種定義兩個數是否《相同》的方式。」

「所以《相同》也有很多種不同的定義是嗎。」我說。

「正是如此。」米爾迦邊說邊用食指推了推她的眼鏡。「回到莫比烏斯帶的話題吧。蒂蒂剛才說『將環帶扭半圈』就可以得到莫比烏斯帶對吧。」

「是的。」

「不過，仔細想想就會發現，問題並不在於有沒有把紙帶扭半圈，而是在扭半圈的次數。特別是奇偶的差別。」

「扭半圈的次數……」蒂蒂回道。

「原來是這樣！如果扭半圈的次數是偶數次，就和環帶《相同》了！」我說。「如果扭半圈的次數是 $0, 2, 4, 6, \cdots$ 次，也就是偶數次，就和環帶一樣沒有內外之分。假如扭半圈的次數是 0 次，就是環帶；而扭偶數次時，看起雖然扭曲，卻和莫比烏斯帶不同。」

「這樣說的話，確實如此耶。」蒂蒂點了點頭。「如扭半圈的次數

是 1, 3, 5, 7, … 次，也就是奇數次，就和莫比烏斯帶一樣，沒有內外的差別了……」

「你怎麼沒有想到負數的情形呢？」米爾迦說。

「負數？啊，對耶。如果反方向扭半圈，可以視為扭負數次！」我說。

依照扭半圈的次數分類（是否有內外之分）

● 扭半圈的次數為偶數次（…, −4, −2, 0, 2, 4, …）時：
  會形成有內外之分的曲面（與環帶《相同》）

● 扭半圈的次數為奇數次（…, −5, −3, −1, 1, 3, 5, …）時：
  會形成無內外之分的曲面（與莫比烏斯帶《相同》）

「這麼一說我就瞭解了。也就是說《扭半圈次數的奇偶》和《是否有內外之分》互相對應，是嗎？」我說。

「由此便可看出《數的性質》與《圖形的性質》間的對應關係，雖然這還只是相當單純的對應。」米爾迦說。

「我有問題。」蒂蒂舉起了手。即使對方就在眼前，蒂蒂還是會像上課的時候一樣舉手發問。

「請說，蒂蒂。」米爾迦像是老師般，用手指示意蒂蒂發言。

「那、那個，雖然聽起來像是在雞蛋裡挑骨頭，但我覺得我還是不太懂。」蒂蒂說。「就是說啊，我現在知道我們可以做出環帶，也可以把紙帶扭半圈，做出莫比烏斯帶；也知道我們可以依照扭半圈的次數是奇數或偶數，將紙帶分成兩類。可是……我還是不曉得這有什麼重要。不，應該說，我隱約可以感覺到這好像很重要，但我不曉得該如何清楚

• • • • • • • •
表達出它哪裡重要。」

「嗯……」

米爾迦閉起了眼睛，將食指放在嘴唇前，像是在思考些什麼一樣。

我和蒂蒂屏氣凝神，靜待她的下一句話。

「分類是研究的第一步。」米爾迦說。

2.3.2 分類

分類是研究的第一步。

當眼前有各種不同的研究對象時，一開始要做的就是為這些研究對象分類。像是動物分類、植物分類、礦物分類……等，把這些對象分成不同類別。一般會把這種方式稱作博物學式的研究。而分類時，需要一定的判定基準，判斷什麼和什麼《相同》，什麼和什麼《相異》。

拿整數當例子，整數包含了…, −3, −2, −1, 0, 1, 2, 3, …等數字，可分為奇數與偶數兩個類別。數學上，可將所有整數之集合表示成數個沒有共同元素之集合的和，也就是將其《沒有遺漏、沒有重複》地分類成數個集合，數學上稱作一個個**類別**。

我們可將所有整數之集合，依照奇偶分類。

《所有整數之集合》 = {…, −4, −3, −2, −1, 0, 1, 2, 3, 4, …}

$$\Downarrow$$

《所有偶數之集合》 = {…, −4, −2, 0, 2, 4, …}

《所有奇數之集合》 = {…, −3, −1, 1, 3, …}

《所有偶數之集合》 ∪ 《所有奇數之集合》=《所有整數之集合》

《所有偶數之集合》 ∩ 《所有奇數之集合》=《空集》

這是以《除以 2 之後餘數為 0 或 1》為基準，將整數分類的結果。如果餘數為 0 就是偶數，如果餘數為 1 就是奇數。由於整數不是偶數就

是奇數，所以不會《遺漏》；而且不會有任何一個整數同時是偶數也是奇數，所以不會《重複》。因此這種分類方式確實成功地將整數分成了兩個類別。

　　將紙帶扭轉後接上之所有圖形的集合，同樣也可分成數個類別。我們可以用《是否有內外之分》作為基準來分類。《將紙帶扭轉後接上所形成之圖形的集合》內的元素，必定屬於《有內外之分》或《無內外之分》兩者之一，故可《沒有遺漏、沒有重複地》將其分成兩類。而且，依照是否有內外之分來分類，其結果與依照扭半圈之次數分類的結果一致。

　　而接下來要講的才是重點。為什麼莫比烏斯帶那麼重要呢？這是因為《是否有內外之分》這樣的分類基準，在數學領域中是很重要的概念。

　　這個基準與十九世紀時完成之拓樸問題，《閉曲面的分類》有很大的關係。當我們眼前有數不清的閉曲面時，我們第一件想做的事，就是將其沒有《遺漏》、沒有《重複》地分成數個類別。為閉曲面分類時，哪種閉曲面與哪種閉曲面可視為《相同》、哪種與哪種又該視為《相異》是一件很重要的事。

　　當然，我們也可以不管三七二十一，用極端的方式分類。極端的分類有兩種，一種是《將所有元素都視為相異》的分類，另一種則是《將所有元素都視為相同》的分類。這當然也算分類，但沒什麼實際上的意義。

　　好的分類方式可以讓研究對象一目瞭然。為了判斷元素間《相同》還是《相異》，我們會試著尋找一個適當的基準，在尋找基準的過程中，學問也會隨之進步。

　　《無內外之分》這樣的性質，在數學上稱做**不可定向性**。不可定向性在閉曲面的分類上，是一個很重要的基準。

2.3.3　閉曲面的分類

　　「不可定向性在閉曲面的分類上，是一個很重要的基準」米爾迦說。

「原來如此。」我說。「也就是說，閉曲面可以分成可定向與不可定向這兩類，對吧？」

「請，請等一下。閉曲面是什麼呢？」蒂蒂問道。

「所謂的閉曲面，簡單來說，就是非無限延伸且無邊界的曲面。舉例來說，環帶與莫比烏斯帶都有邊界，所以這兩個都不是閉曲面。」

「『環帶與莫比烏斯帶都有邊界』這句話是什麼意思呢？」蒂蒂接著問。

「環帶有兩個邊界，莫比烏斯帶則有一個邊界」米爾迦一邊說著，一邊將邊界以粗線強調並標上編號。

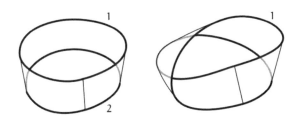

「哦哦，邊界就是《邊緣》的意思嗎。而且，沒想到莫比烏斯帶只有一個邊界！」蒂蒂用手指在圖上比劃了好幾次。

「因為它的邊界都連在一起啊。」我說。

2.3.4　可定向曲面

「剛才提到，閉曲面是《非無限延伸且無邊界的曲面》。數學上有比較嚴謹的定義，但現在我們就先用實際的例子來說明吧。**球面**就是一個代表性的閉曲面。」米爾迦說。

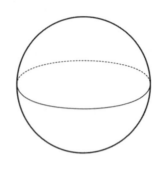

球面

「是說球嗎？」蒂蒂問道。

「沒錯，就是像球一樣的東西。不過當我們說球面的時候，指的只有球的表面，不包含內部。若想要把球的內部也包含在內，我們就不會說球面，而是用球體描述，以做出區別。」

「原來如此。」蒂蒂點了點頭。

「在拓樸學中，為閉曲面分類時，會將由同一個曲面伸展、收縮變形而成的所有曲面，都視為《相同》的曲面。所以，以下曲面皆可視為與球面《相同》。」

與球面《相同》的閉曲面

「好有趣喔。」蒂蒂說。

「接著讓我們著來做一個和球面《相異》的閉曲面吧。這個叫做環面。」

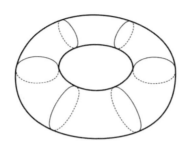

環面

「甜甜圈？」

「沒錯，不過環面並沒有包含甜甜圈的內部。」米爾迦繼續說下去。「可以把環面想成是甜甜圈的表面。而環面與球面就是《相異》的閉曲面。」

「這是因為，不管將球面怎麼伸縮變形，都沒辦法得到環面是嗎？」我問道。

「沒錯。」米爾迦回答。「當然，我們需要在數學上明確定義什麼是《變形》。不過大致上來說，變形時，可以像橡膠那樣任意伸展、收縮，但不可以穿洞。這就是數學上的變形。」

「原來如此。」蒂蒂說。「球面和環面……那還有沒有其他《相異》的閉曲面呢？我想像不太出來。」

「如果環面是單人用游泳圈的話，那麼兩人用游泳圈又會長什麼樣子呢？」米爾迦說。「雙人用游泳圈就是一個和球面與環面皆《相異》的閉曲面。」

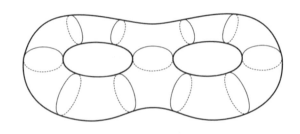

雙人用游泳圈

「這樣的話，三人用、四人用……的游泳圈也全都《相異》，是嗎？」我說。

「沒錯。」米爾迦回答。「而且，這些就是全部了。若將球面當作零人用游泳圈，那麼可定向閉曲面全都屬於《n 人用游泳圈》。也就是說，可定向閉曲面可依洞的個數分類。」

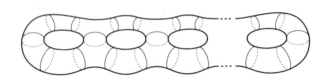

n 人用游泳圈

「可定向閉曲面的概念我大概懂了。可是……」蒂蒂欲言又止。

「可是？」米爾迦催促著蒂蒂講下去。

「可是，我沒辦法想像不可定向閉曲面長什麼樣子。所謂的不可定向，指的就是像莫比烏斯帶那樣只有一面的曲面對吧。而且還沒有邊界——沒有《邊緣》的圖形，我實在想像不出來！」

「那，譬如，莫比烏斯帶的三維版呢？」我說。

「沒錯，像是**克萊因瓶**。」米爾迦愉快地說。

2.3.5 不可定向曲面

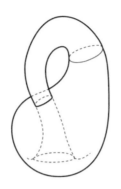

克萊因瓶

　　說到這，我想起之前和米爾迦一起到遊樂園時，我們用樂高作了一個克萊因瓶。而在那之後——沒錯，或許那時候的米爾迦就已經在考慮未來的事了。

　　「請稍微等一下，米爾迦學姊！」蒂蒂突然提高了聲量。「閉曲面沒有《邊界》，不是嗎？可是這個克萊因瓶穿過自己了耶！穿過自己時會產生一個洞，這個洞不就有邊界了嗎！」

　　「這是因為我們沒辦法在三維空間下表現出克萊因瓶的樣子喔，蒂蒂。」我說。「所以，不得已只好在作圖時像這樣開一個洞，讓瓶身穿過去。」

　　「沒錯。」米爾迦也說。「若想用三維圖形來表現克萊因瓶，瓶身無論如何都會穿過自己。先暫時忽略這一點，試著確認克萊因瓶是否有內外之分吧。想像我們要在瓶子的側面塗上顏料，若在同一面一直拓展塗顏料的範圍，不知不覺就會塗到瓶子的內側，最後整個瓶子都會被塗上同樣的顏色。」

　　「……是的，雖然我還是很在意瓶子穿過自己本身的地方，但我可以理解克萊因瓶為什麼沒有內外之分。」蒂蒂說著。「我試著想像在瓶子上塗顏料的樣子，確實，和在莫比烏斯帶上塗顏料時很像。在塗顏料

的過程中會不知不覺塗到內側──雖然這種說法有點奇怪──最後塗滿整個瓶子。」

　　「是啊。」我說。「所以說，克萊因瓶可以說是莫比烏斯帶的三維版喔。」

　　「把兩個莫比烏斯帶貼合在一起，就可以得到一個克萊因瓶囉。」米爾迦說。

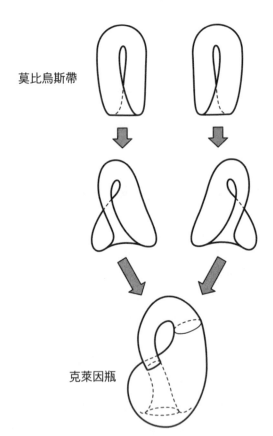

莫比烏斯帶

克萊因瓶

將兩個莫比烏斯帶貼合成一個克萊因瓶

　　「真的耶！」蒂蒂說。

「真有意思！」

「球面、環面、游泳圈、克萊因瓶……」蒂蒂扳著手指數著。「還有其他閉曲面嗎？」

我試著在腦中將各種曲面凹來凹去，還是想不出其他種曲面。

「有一個好方法」米爾迦說。「考慮閉曲面的時候，不一定要直接想像它的立體圖，我們可以用一種更好的方法，全面性搜尋各種閉曲面，且不用在意曲面是否會穿過自己本身。」

「還有什麼更好的方法呢？」

「就是用展開圖來思考喔，蒂蒂。」

2.3.6　展開圖

就是用展開圖來思考喔，蒂蒂。

這裡有一張正方型色紙。想像一下——這張色紙的質地非常柔軟，可以自由伸縮，而且各邊之間可以黏合在一起。

非常柔軟的色紙

當我們把兩個邊黏合在一起時，就會有扭轉的問題，所以要特別注意《邊的方向》才行。因此，我們可以在要黏合的邊上，以箭頭表示黏合時的方向。舉例來說，加上這樣的箭頭，就成了**環帶**的展開圖。

環帶的展開圖

「這就是環帶的展開圖。」

「是的，沒錯。將左側的邊和右側的邊黏合起來，對吧……就像這樣。」蒂蒂用雙手繞一圈，最後連結在一起。

 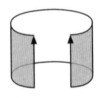 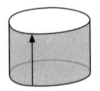

將環帶組合起來的樣子

「如果兩個箭頭相反，就會變成莫比烏斯帶的展開圖。」

莫比烏斯帶的展開圖

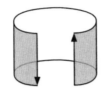 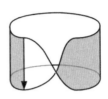

將莫比烏斯帶組合起來的樣子

「確實，若想將箭頭依照相同方向黏合起來，就得扭半圈才行。」我說。「如果要讓箭頭方向相同，扭半圈的次數必須是奇數次。」

「用展開圖來表示的話，也可明顯看出《邊界》在哪裡。」米爾迦說。「有箭頭的邊必須黏合在一起，故不會是邊界。因此，邊界就是那些沒有箭頭的邊。」

「原來如此。」我回答。

「另外，」米爾迦繼續說下去。「我們可以在腦中將組合完成的圖與展開圖一一對應，故不需實際在三維空間內黏合這些圖形。只要將有箭頭的邊依箭頭方向一一對應，就可視為等價。在數學領域中，將圖形黏合就是將其視為等價。」

「視為等價？」蒂蒂問。

「舉例來說，令莫比烏斯帶展開圖中的這兩個點分別是 A 和 A'。A、A' 兩點便可視為等價。」

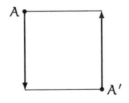

「將兩點視為等價……是嗎？」

「展開圖中，點 A 和點 A' 看起來是兩個不同的點。不過，將這兩個邊黏合在一起後，A 和 A' 就會變成同一個點，箭頭上的其他點在黏合時也是一樣。所以說，黏合就是視為等價的意思。」

「兩個箭頭的終點，B 和 B' 在黏合後也會變成一個點囉。」我說。

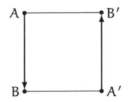

「原來如此。」

「不過，在依照箭頭黏合後，還是會剩下邊界。然而我們想作的是閉曲面──也就是沒有邊界的曲面。為此，必須將剩下兩個邊界消除。該怎麼做才好呢？」米爾迦問道。

「把兩個邊界⋯⋯黏合在一起嗎？」蒂蒂回答。

「就是這樣，蒂蒂。」米爾迦指著蒂蒂說。「試著做做看吧。」

問題 2-1

這是哪一種閉曲面的展開圖呢？

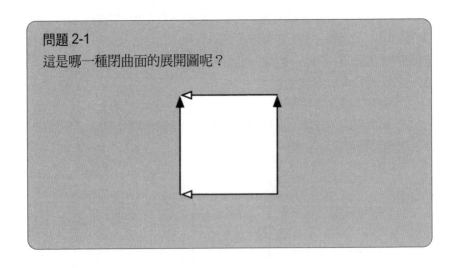

「在這個展開圖中，每一個邊都標有箭頭。而箭頭有兩種，每種箭頭各有兩個。若將同樣的箭頭彼此黏合，可作出一個沒有邊界的圖形——也就是閉曲面。那麼，這是哪種閉曲面的展開圖呢？」

「難道是球面嗎？」我回答。「因為是將左邊和右邊黏合，上邊和下邊黏合。」

「蒂蒂覺得呢？」米爾迦問。

「嗯……是**環面**嗎？」

「環面？」我說。「原來如此！蒂蒂，怎麼那麼快就想到了呢？」

「因為……這常在遊戲中出現喔。從畫面右側跑出去的球，就會從畫面左側跑進來；從畫面上方跑出去的球，就會從畫面下方跑進來。這種連接畫面的方式，就叫做環面（torus）。」

「沒錯，這就是環面的展開圖。」米爾迦說。「將正方形的上下兩邊黏合在一起，便形成環帶，剩下兩個邊界。接著再將這兩個邊界小心地黏合在一起，就可以得到一個環面。」

解答 2-1

這就是環面的展開圖。

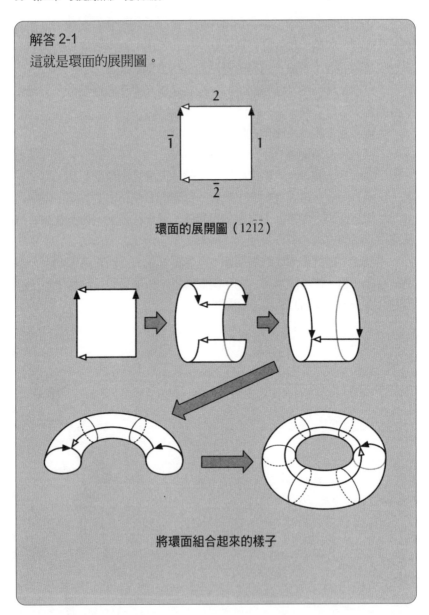

環面的展開圖（$12\bar{1}\bar{2}$）

將環面組合起來的樣子

「米爾迦學姊，這裡的 $12\bar{1}\bar{2}$ 是什麼意思呢？」蒂蒂問道。「邊的編號嗎？」

「這是將展開圖以編號的數列表示的方法。」米爾迦說。「將欲黏合在一起的邊，也就是欲視為等價的邊編上相同編號。接著想像我們沿著邊逆時針前進，繞正方形一圈。若前進方向與箭頭《方向相同》的話，就命名為 1 或 2，不加上任何標記；若前進方向與箭頭《方向相反》的話，就命名為 $\bar{1}$ 或 $\bar{2}$，加上「　」這樣的符號。這樣，我們就可以用 $121\bar{2}$ 來表示環面的展開圖了——

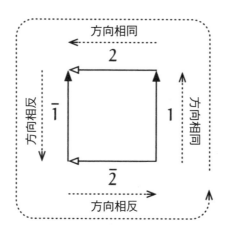

——至於你的疑問，就用下一個例子來解釋吧。」米爾迦說。

「我的疑問？」

「你剛才有說『是球面嗎？』對吧？球面的展開圖——用一個可以任意伸縮的正方形來表示的話——就像這樣。」

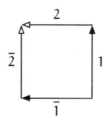

球面的展開圖（$12\bar{2}\bar{1}$）

「原來如此，環面和球面真的很不一樣耶。環面是 $12\overline{1}\overline{2}$，球面則是 $122\overline{1}$。」

「這個球面……看起來真像餃子耶。」蒂蒂邊說邊將雙手合在一起。「把餃子皮的邊緣像這樣合起來，然後撐開餃子內部，讓它變成球面……」

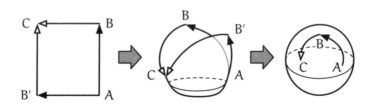

將球面組合起來的樣子

「比起 $122\overline{1}$，$1\overline{1}$ 可能更像餃子一點。」米爾迦說道。「不使用有四個角的正方形色紙摺成，而是用二角形的色紙摺成。」

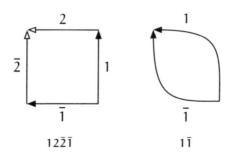

球面的展開圖（兩種）

「原來同一種圖形可以有不一樣的展開圖啊。」

「這就是環面與球面。你覺得還可以做出哪些閉曲面呢？」米爾迦問道。

「應該也做得出克萊因瓶吧。」我答道。

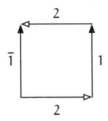

克萊因瓶的展開圖（$12\bar{1}2$）

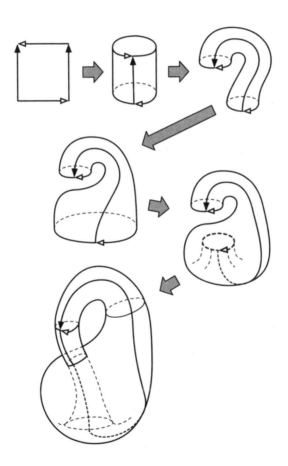

將克萊因瓶組合起來的樣子

「嗚哇……克萊因瓶應該就像扭了半圈的『環面』吧。」蒂蒂邊說邊讓自己的雙手像蛇一樣扭來扭去。

「歸根究柢，若要正方形的對邊黏合起來，有幾種黏合的方法呢？」我說。「將正方形的一對對邊依相同方向黏合時，可以得到《環帶》；依相反方向黏合時，可以得到《莫比烏斯帶》。而將展開圖剩下的另一對對邊黏合起來時，也有同向和反向兩種黏合方式。若將《環帶》展開圖的另一對對邊同向黏合的話，可以得到《環面》；反向黏合的話，則可得到《克萊因瓶》。可是……」

「《莫比烏斯帶》展開圖中，另一對對邊應該也有兩種方式可以黏合起來，對吧？」蒂蒂說。

「嗯。可是呢，把《莫比烏斯帶》的另一對對邊黏合起來，應該也只能得到《克萊因瓶》才對喔。」我說。「因為《將環帶展開圖中的另一對對邊反向黏合》與《將莫比烏斯帶展開圖中的另一對對邊同向黏合》，得到的東西應該是一樣的。」

「說的也是……啊，可是，那是在一對對邊是同向黏合的時候才會這樣喔！如果《將莫比烏斯帶展開圖中的另一對對邊反向黏合》的話，就會變成其他圖形了不是嗎？」

「這樣黏不起來吧。」我說「不管怎麼黏都會撞在一起。」

「你覺得黏不起來嗎？」米爾迦說。「只要容許面與面的交叉，便可製作出克萊因瓶。我們也可用同樣的方法製作出蒂蒂說的圖形。」

「唔……」我頓時說不出話來。

「這種圖形到底長什麼樣子呢？實在難以想像……」

「將《莫比烏斯帶》展開圖的另一對對邊反向黏合的話，就會變成這樣的閉曲面。這又叫做射影平面。」

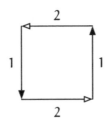

射影平面的展開圖（1212）

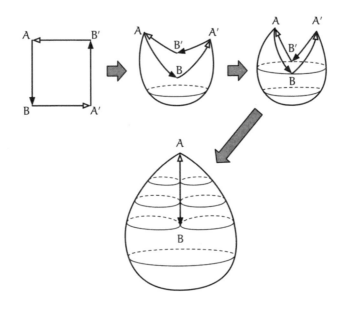

將射影平面組合起來的樣子

「咦⋯⋯這真有趣。《從 A 到 B 的箭頭》和《從 A' 到 B' 的箭頭》黏合在一起的同時，《從 B 到 A 的箭頭》和《從 B' 到 A' 的箭頭》也同時會黏合在一起耶。」

「嗯⋯⋯原來如此⋯⋯」蒂蒂邊看著展開圖，邊扭動著她的雙手，最後似乎看懂了。「這些就是全部了吧？」

「是啊。」我點了點頭。「若將環帶的邊界《直接》黏合起來，會變成環面；若將其《扭半圈》再黏合起來，則會變成克萊因瓶。若將莫比烏斯帶的邊界《直接》黏合起來，會變成克萊因瓶；若將其《扭半圈》再黏合起來，則會變成射影平面。嗯，以上就是所有將兩對對邊各自黏合的方法了吧。」

「我整理一下！」

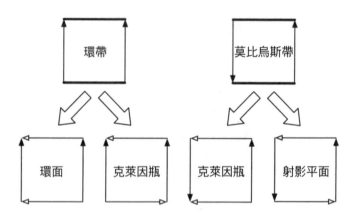

「射影平面和球面一樣，可以用二角形組合出來。就像將球面的 $122\bar{1}$ 簡化成 $1\bar{1}$ 一樣，射影平面的 1212 也可以簡化成 11」米爾迦說。

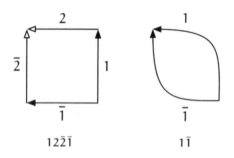

球面的展開圖（兩種）

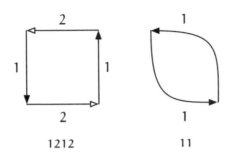

射影平面的展開圖（兩種）

「這兩個圖形就是所有可以用兩個箭頭組合出來的圖形了吧？」蒂蒂看著圖說道。

「原來如此。」

「咦，我突然想到⋯⋯」蒂蒂說。「雖然我們作得出環面，但還是做不出兩人用游泳圈耶。」

「如果是用正方形這種四角形紙，自然是不行。」米爾迦回答。「如果是用八角形的紙，就做得出兩人用游泳圈了。」

「是要將八角形的各邊兩兩黏合起來嗎？實在有點難以想像⋯⋯」

「與其一開始就從八角形下手，把它想成是兩個環面的**連通和**會比較簡單些。」米爾迦說。

「連通和⋯⋯？」

2.3.7　連通和

「所謂的連通和，是分別從兩個圖形中切出小小的圓形切口，再將這兩個切口黏合起來，形成新圖形的操作過程。若從兩個環面上各自切出小小的圓形切口，再將兩者切口處的邊界彼此黏合起來，也就是將圓形切口的邊界視為等價。這麼一來，就可以得到雙人用游泳圈。」

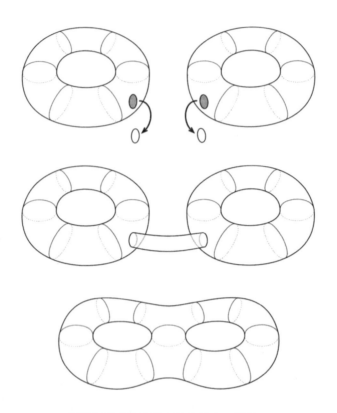

由兩個環面的連通和做出雙人用游泳圈

　　「這樣嗎？看起來是沒錯，可是，總覺得很難想像出這種有兩個洞的圖形的展開圖會長什麼樣子呢。」

　　「沒那麼難。」米爾迦說道。

◎　◎　◎

　　沒那麼難。要做出雙人用游泳圈的展開圖其實很簡單。首先，畫出兩個環面的展開圖。

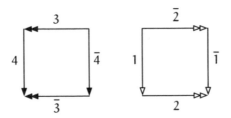

從這兩個環面上分別切出兩個圓形切口，並將其視為等價，也就是 0 和 $\bar{0}$。

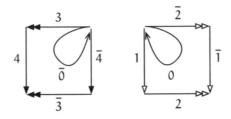

接著把這兩個邊拉直，可以得到兩個五角形。

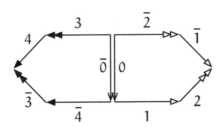

再將 0 與 $\bar{0}$ 黏合在一起，就可以得到一個八角形。

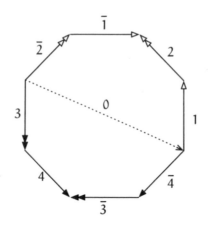

雙人用游泳圈的展開圖（$12\bar{1}23\bar{4}3\bar{4}$）

這就是**虧格數** 2 的閉曲面——也就是雙人用游泳圈的展開圖。

◎　◎　◎

「這就是雙人用游泳圈的展開圖。」米爾迦說。

「還真的做得出來耶⋯⋯」蒂蒂說。

「我找到規則囉。」我說。「球面是 $1\bar{1}$、環面是 $12\bar{1}\bar{2}$、而兩人用游泳圈則是 $12\bar{1}23\bar{4}3\bar{4}$，這表示⋯⋯」

「沒錯。可定向閉曲面可以這樣分類。」

◎　◎　◎

可定向閉曲面可以這樣分類。

- $1\bar{1}$ 是球面（虧格數 0 的閉曲面）。
- $12\bar{1}\bar{2}$ 是單人用游泳圈（虧格數 1 的閉曲面）
- $12\bar{1}23\bar{4}3\bar{4}$ 是雙人用游泳圈（虧格數 2 的閉曲面）
- $12\bar{1}23\bar{4}3\bar{4}\cdots(2n-1)(2n)\overline{(2n-1)}\,\overline{(2n)}$ 是 n 人用游泳圈（虧格數 n 的閉曲面）

所以，n 人用游泳圈可以說是球面與 n 個環面的連通和。

在球面上切出 n 個圓形切口——

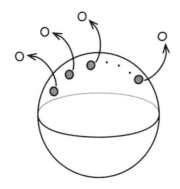

——將 n 個被切出圓形切口的環面與球面的切口黏合。

便可做出 n 人用游泳圈。

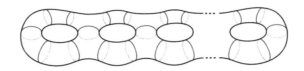

相較於此，不可定向閉曲面則包含了射影平面、克萊因瓶，以及球面與 n 個射影平面的連通和。

- 11 是射影平面。
- 1122 是克萊因瓶。
- 1122⋯nn 是球面和 n 個射影平面的連通和。
  （$n = 3, 4, 5, ⋯$）

另外，射影平面可視為《球面與 1 個射影平面的連通和》，克萊因瓶可視為《球面與 2 個射影平面的連通和》。因此，《球面與 n 個射影平面的連通和》即涵蓋了所有不可定向閉曲面。

- 1122⋯nn 是球面和 n 個射影平面的連通和。
  （$n = 1, 2, 3, ⋯$）

閉曲面的分類（連通和）

- 可定向
  ——球面與 n 個環面的連通和（$n = 0, 1, 2, ⋯$）
- 不可定向
  ——球面與 n 個射影平面的連通和（$n = 1, 2, 3, ⋯$）

球面與 n 個環面的連通和

球面與 n 個射影平面的連通和

「那個、那個,可以先暫停一下嗎?」蒂蒂說。「克萊因瓶是 1122 嗎?我記得好像是 1212 才對⋯⋯」

「克萊因瓶的展開圖可以是 $1\overline{2}1\overline{2}$,也可以是 1122。」米爾迦說。

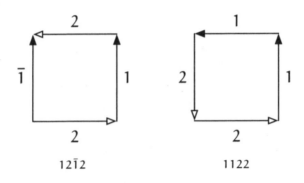

克萊因瓶的展開圖

「咦、咦？」

「沿著對角線切開、黏合，再重新編號就行了。」

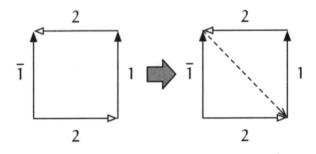

將克萊因瓶的展開圖（$12\bar{1}2$）沿著對角線切開

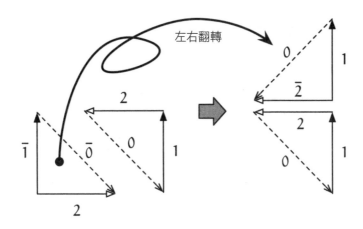

將其中一邊翻至背面，黏合箭頭 2

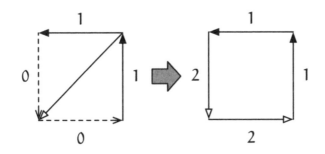

重新編號，成為新的展開圖（1122）

「切掉一個圓形切口的環面，又稱作環柄。」米爾迦繼續說著。「而切掉一個圓形切口的射影平面，就是莫比烏斯帶。故《閉曲面的分類》也可表示如下。」

閉曲面的分類（連通和）

- 可定向
  —— 將 n 個環柄黏合在有 n 個圓形切口的球面上，所形成的閉曲面（$n = 0, 1, 2, \cdots$）
- 不可定向
  —— 將 n 個莫比烏斯帶黏合在有 n 個圓形切口的球面上，所形成的閉曲面（$n = 1, 2, 3, \cdots$）

「切掉一個圓形切口的射影平面……就是莫比烏斯帶？」蒂蒂抱著頭問道。

「把莫比烏斯帶黏合在球面的圓形切口上？」我說。「這種事辦得到嗎？」總覺得很難想像怎麼辦到這點。

「辦得到。」米爾迦說。「圓形切口的邊界是一條閉曲線，莫比烏斯帶也是一條閉曲線。所以兩者可以彼此黏合。」

「放學時間到了。」

我們被這個聲音嚇了一跳。那是管理圖書館的瑞谷老師，她戴著一副深色眼鏡，穿著緊身裙颯爽走過。她平時都待在管理室內，不過到這個時間時，她就會走到圖書室中央，宣布放學時間已到。時間過得真快。

回過神時，才發現我們的周圍到處散亂著畫滿圖的紙。我們趕緊整理周圍的紙，走出校門。

2.4 歸途

2.4.1 像質數般

我、米爾迦，還有蒂蒂三人一起走進住宅區的巷道內，朝著車站的方向前進。我和蒂蒂比肩走著，米爾迦則一人走在前方。

「……」蒂蒂一直默不作聲。

「怎麼了嗎？蒂蒂？」

「莫比烏斯帶就像質數一樣呢。」蒂蒂說。

「質數？」米爾迦回過頭來，表情有些驚訝。

「啊……嗯，所有的整數都可以進行質因數分解對吧。而質數經過乘法運算後，則可得到任何一個整數。我覺得在我們把閉曲面分類時，好像也在做類似的事的樣子。雖然這比喻可能不太恰當。」

蒂蒂像是在搜尋最適當的語詞般，謹慎地說著。

「就是啊，雖然還有很多地方不大明白，不過，如果所有閉曲面都可以由《有圓形切口的球面》、《環柄》、《莫比烏斯帶》組合出來的話，莫比烏斯帶是不是就像一種很重要的零件一樣呢？任何閉曲面都可以靠這些零件組合出來。總覺得這種零件就像質數一樣……」

「嗯。」米爾迦點了點頭。

「切出圓形切口，再用莫比烏斯帶把切口的邊界塞起來，還真是需要想像力啊。」我說。「在展開圖上畫出圓形切口和連通和的樣子，以及用展開圖來表示克萊因瓶之類的，就像是在解謎一樣。拗摺色紙時，還需把它想成可以任意伸縮的橡膠，真有拓樸學的樣子呢。」

「莫比烏斯帶和克萊因瓶真是不可思議的圖形！」蒂蒂說。

……我們能列舉出所有的二維流形嗎？
從麥哲倫艦隊的歸國，
到人類踏上極地前的這段時間內，
人們能推測出整個世界的形狀嗎？
對這個疑問做出解答與證明，
正是十九世紀最優秀的數學成就之一。
——唐納爾‧奧沙（Donal O'Shea）

第 3 章

蒂蒂的周圍

不過實際上時間並不是直線。
不是任何形狀。
在所有的意義上都是不具有形狀的東西。
不過我們對沒有形狀的東西很難想像，
所以為了方便而把那當直線來認識。
——村上春樹《1Q84》

3.1 家人的周圍

3.1.1 由梨

早晨上學時，我在前往車站的路上遇到了由梨。

「哎呀！這不是由梨嗎！」

「哎呀！這不是哥哥嗎！一起走吧！」

說起來，雖然我們兩家離得很近，我卻很少在上學時碰到由梨。由梨來我家的時候通常都穿著牛仔褲，所以我幾乎沒看過她穿制服的樣子。

「為什麼一直盯著由梨看啊？」

「沒啦沒啦。」

「對了，後來阿姨住院了嗎？」

「不算是」我回答。「雖然是有住院，但只是住院檢查而已。趁這個機會做各種身體檢查，所以不需要那麼擔心喔，由梨。」

「這樣啊，太好了。」

「也不用特別過去探病囉，阿姨那邊也幫我跟她說一聲。」

「瞭解……不過媽媽說不定已經知道了。」

「說的也是，她們很常在連絡嘛——對了，為什麼今天早上那麼早出門呢？」

「最近突然想要早點出門上學啊。是說，哥哥，這個週末可以去你家玩吧？」

由梨從下方往上看著我的臉說。

「不行……就算我這麼說你還是會來吧。」

「不是喔——。如果阿姨的身體還是不舒服的話，我就不會去打擾了，怕造成你們麻煩。」

「沒問題喔。那時候媽媽應該已經出院並恢復精神了吧。」

「太好了，要是阿姨不在的話就太無聊了嘛。」

由梨也用她的方式在關心我們。

媽媽不在家裡的絡天，家裡給人一種前所未見的緊張感。原本幾乎都深夜才到家的爸爸這幾天都很早回來，家事分配也和平常不太一樣。

是啊。我以前總以為生活就像這樣——一如往常地一天天過去，這或許只是我的一廂情願吧。其實，每天的生活都建築在某種平衡上。

家人們會住在一起，並在一定的平衡下彼此相處、一起過生活。由梨對我來說也像家人一樣，卻不會每天都在同一個屋簷下生活。

家人真是神奇。平時不會特別注意到，但其實家人就在我身邊……就在我的周圍和我一起過生活。想必每個家人——都是獨一無二的吧。雖然每個家人都有不同的樣子，但不管是什麼樣子，都叫做家人。所謂的家人，究竟是什麼呢？

「哥哥！你在想什麼啊？」

「沒有啦，只是在想怎麼定義《家的形狀》。」

「那是什麼啊？數學嗎？」

3.2 0 的周圍

3.2.1 問題練習

在高中內。

我預定要在今天的自習時間寫數學題，就來試著寫寫看題庫後面附錄的模擬測驗卷吧。模擬測驗卷像正式考試的考卷般，有很多空白的地方，而我需在時間限制內解出這些問題。

試卷用紙和我的筆記本一樣沒有橫線。我之前就有注意到這點，所以我一直都是用內頁沒有橫線的筆記本。

即使如此，在筆記本上解題，和在測驗卷上解題還是有很大的不同。寫考卷時，需考慮答題空間，將答案寫在適當位置，使其容易閱讀，也需考慮每一句話前面的空格。

我將手錶放在桌上。

模擬測驗練習──開始。

問題 3-1

設存在一函數 $f(x)$ 之定義域為所有實數，極限值 $\lim_{x \to 0} f(x)$ 存在，且

$$\lim_{x \to 0} f(x) \neq f(0)$$

試舉出符合這些條件的函數 $f(x)$。

原來如此。$\lim_{x \to 0} f(x) \neq f(0)$，就表示，

- $x \to 0$ 時，$f(x)$ 的極限值
- $x = 0$ 時，$f(x)$ 的值

這兩個數值不一樣。這個簡單，只要考慮一個在 $x = 0$ 的地方不連續的函數就可以了。如果用 $y = f(x)$ 的方式作圖的話，可以畫出一個像這樣的例子。

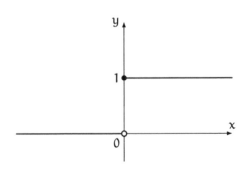

也就是說，若定義 $f(x)$ 如下，即能符合題目的要求。

$$f(x) = \begin{cases} 0 & x < 0 \text{ 時} \\ 1 & x \geqq 0 \text{ 時} \end{cases}$$

這不就秒殺了嗎。再來下個問題是……

……不，總覺得哪裡怪怪的。再讀一次題目吧。

問題 3-1（再次閱讀）

設存在一函數 $f(x)$ 之定義域為所有實數，極限值 $\lim\limits_{x \to 0} f(x)$ 存在，且

$$\lim_{x \to 0} f(x) \neq f(0)$$

試舉出符合這些條件的函數 $f(x)$。

題目中的函數 $f(x)$ 應包含以下條件。

- 函數 $f(x)$ 的定義域為所有實數。
- 極限值 $\lim_{x \to 0} f(x)$ 存在。
- $\lim_{x \to 0} f(x) \neq f(0)$。

　　想想看《是否用了所有條件》。我剛才想到的函數 $f(x)$，其定義域確實是所有實數。然而我卻不能說極限值 $\lim_{x \to 0} f(x)$ 存在！若極限值 $\lim_{x \to 0} f(x)$ 存在，則不管怎樣讓 x 趨近 0，$f(x)$ 都會趨近相同的值。然而，在我剛才想到的函數 $f(x)$ 中，當 x 從正的方向趨近 0 時，$f(x)$ 會趨近 1；從負的方向趨近 0 時，$f(x)$ 卻會趨近 0。

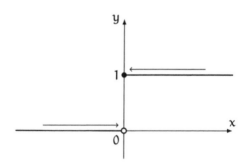

　　因此，我剛才想到的 $f(x)$ 並不能做為問題 3-1 的答案。

　　如果只有在 $x = 0$ 的地方，函數的定義方式不同的話應該就行了。畫成圖的話就像這樣。

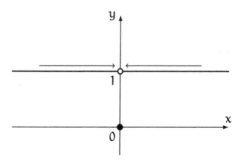

這麼一來，當 $x \to 0$ 時，$f(x)$的極限值為 1；$x = 0$ 時，$f(x)$ 的值為 0。$\lim\limits_{x \to 0} f(x) \neq f(0)$。

解答 3-1（範例）

$$f(x) = \begin{cases} 0 & x = 0 \ 時 \ 1 & x \neq 0 \ 時 \end{cases}$$

我不小心在第一題上花了太多時間，開始緊張了起來。如果想清楚極限的定義，冷靜下來解這題，並不是什麼難題。但考試是有時間限制的，只要出了點小差錯就會讓我開始緊張，所以我對考試總有種恐懼感。

不不，現在不是想這些的時候。快點轉換心情，進入下一題吧。這也是為了模擬在考試的形式下解題。

深呼吸。

要是沒辦法拿出真本事的話，練習就沒有意義了。

3.2.2　全等與相似

下課後。

這裡是高中的圖書室。我和蒂蒂正在聊天。

「在那之後，我一直在思考環面和克萊因瓶的事。」蒂蒂說。「我想……我好像有些理解在拓樸學的領域中，是如何將各種圖形任意伸縮變形的了。但覺得還是沒有完全理解。」

我靜靜地聽蒂蒂說。她一開始還惶恐地說「佔用了學長的時間很不好意思」之類的話，不過當她打開話匣子後就停不下來了。她正在說前幾天和我與米爾迦討論的拓樸話題。

「我覺得很神奇的地方是沒有寫出數學式這點。居然可以只靠畫圖就說明完畢了。」

「會在意有沒有出現數學式這點，感覺和我有點像呢。」

「沒、沒有這回事啦！要是沒寫出數學式的話，總是讓我懷疑自己想到的東西到底正不正確。我們不是有把圖形拉長嗎，還有把兩個邊黏合在一起。明明是在討論數學，這麼做不會出問題嗎？我很怕這樣子會出錯。」

「沒錯沒錯。就是這種想法，簡直和我一模一樣！」

「學長——請你不要再嘲笑我了啦！」蒂蒂作勢要打我的樣子。

「米爾迦上次談到展開圖的時候，會用 1122 這樣的編號來表示一個閉曲面，對吧？」我正經地說。「那個看起來就像數學式一樣呢。不僅可以用系統性的方式研究，也可以將《展開圖的變形》轉換成《編號的改變》，感覺上就像是在操弄數學式一樣不是嗎？」

「人家以前似乎把《相同的形狀》這個詞想得太簡單了，其實我以前並沒有瞭解得很透徹。」

我突然想起當初和蒂蒂相遇時的樣子。她從一開始就很在意自己是不是真的理解一項事物。我還記得，當時我和蒂蒂在空無一人的階梯教室內交談。那時我們談了什麼呢⋯⋯

「拓樸學中談到《相同的形狀》時，會把許多我們以前認為不一樣的圖形都歸在同一類。」她說。「不管是三角形、四邊形、圓形⋯⋯全部都是《相同的形狀》，都是同一類。」

「說到《相同的形狀》，我會想到全等和相似喔。」

「全等和⋯⋯相似，是嗎？」

「嗯。只有在兩個圖形的形狀和大小完全相同時，才能說這兩個圖形**全等**。就算形狀相同，要是大小不一樣，就不能算是全等。」

全等（形狀與大小皆相同）

「這麼說是沒錯。」

「不過，當兩個圖形**相似**時，大小卻有可能不一樣。只要形狀相同，即使大小不同也算相似形。我在學校學到相似的概念時，我才知道要把《形狀》和《大小》這兩個概念分開來看。在那之前，我從來沒想過『形狀相同但大小不同』這樣的概念。」

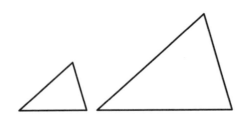

相似但不全等（形狀相同但大小不同）

「原來如此……請等一下。這時候，也應該要把《形狀相同》這個詞的意思定義清楚才可以吧。要是不定義清楚的話，《形狀相同就是相似形》這個描述也會變得曖昧不明。」蒂蒂說。

「嗯，你說的沒錯。拿三角形來說，兩三角形中，各對應邊之長度相等時，這兩個三角形便是全等三角形；而各對應邊之長度比例相等時，這兩個三角形便是相似三角形。」

「嗯……」蒂蒂低聲沉吟。「這、這樣說的話，全等可以當作相似的特殊情況，對吧？因為《各對應邊之長度比例相等》時就是相似三角形，如果再加上《長度比例皆為 1：1》這個條件的話，就是全等三角形了！……等等，這不是很理所當然嗎？為什麼我要說這個呢？」

「不不，我覺得重新確認一次也很重要喔。我們可以把全等看作是相似的一種，也就是長度比為 1：1 時的特殊情形。反過來說，相似也可視為全等的一般化情形。兩全等形狀的對應邊長比為 1：1，而相似形的對應邊長比則是 1：r。這也可以說是利用《導入變數達到一般化》的方法，將全等關係一般化成相似關係。」

全等就是對應邊長比為 1：1 的相似

「學長！我有一個想法，既然三角形、圓形在拓樸學的世界中《形狀相同》，那在拓樸學的世界中有沒有類似《全等》和《相似》的詞語，用來表示兩種圖形在拓樸學上《形狀相同》呢？」

「！」

我驚訝地看著蒂蒂的眼睛，說不出話來。確實如此。我在許多數學讀物中看到了很多拓樸學的知識，也看到許多關於「咖啡杯和甜甜圈的形狀相同」之類的描述。但我從來沒有像蒂蒂一樣，想要用一個詞來描述這種「相同」。

蒂蒂很喜歡語言。她很擅長英語，也常思考要用什麼詞來表達一個概念。沉吟著這些語詞的蒂蒂，一直心想該如何用正確的方式表示數學上的事物，並藉此捕捉自己未知的概念。

「學長？」

「蒂蒂你……究竟是何方神聖呢……」

「我只是蒂蒂而已。」

她正面看著我說。

「和平常一樣的蒂蒂。」

3.2.3　對應關係

晚上。

在家裡。

媽媽在住院，爸爸則醫院陪媽媽。我在空無一人的廚房裡泡咖啡。平常媽媽總是會和我說，可可亞泡好囉，然後我會回應，如果是咖啡就更好了——這是平常情形。但今晚卻不同。媽媽在住院，我在家裡。一個人待在空無一人的家裡。

即使是一個家庭，隨著時間的經過，形狀也會逐漸改變，逐漸發生變化。或許有一天，我也會離開這個家，一個人獨自生活吧。家庭的形狀終究還是會變的，總有一天會改變。雖然我沒辦法清楚描述出會朝什麼方向變化，但一定會變。

我走進自己的房間。喝著咖啡，開始解題。

數學家將咖啡杯和甜甜圈視為等價——這在拓樸學的書中是一定會出現的話題。咖啡杯把手的洞，可對應到甜甜圈上的洞。對應嗎……我想起了下午和蒂蒂的對話。

那時我說「兩三角形中，各對應邊之長度相等時，這兩個三角形便是全等三角形」。因為當時我想到「三邊相等」是三角形的全等條件之一。但這又讓我想到，「對應邊」又是什麼意思呢？若眼前有兩個全等三角形，我會如何確認哪個邊與哪個邊對應呢？這當然不難。不過，人類畢竟是靠著眼睛來確認對應關係……這樣真的沒問題嗎？

我連自己想問什麼都不太清楚。若想從數學的角度思考什麼是對應關係的話該怎麼做呢？我在這個問題上停滯不前。

試著照順序思考吧。

圖形由點聚集而成。所以，當我們說兩個圖形有對應關係時，圖形上的點應該也有對應關係。兩個圖形中，一個圖形上的點，應該會對應到另一個圖形上的某個點才對。嗯，也就是所謂的**映射**。考慮圖形與圖形間的對應關係，就像是在數學上，考慮從一個圖形到另一個圖形的映射關係不是嗎——嗯，到這裡我都懂。

若要將咖啡杯與甜甜圈視為相同形狀，就必須讓咖啡杯上的每一個點與甜甜圈上的每一個點完美對應——也就是說，需要完美的映射才行。既然如此，就必須在拓樸學上定義什麼是完美的映射。不曉得映射是不是還可以分成類似「全等」概念的映射，以及類似「相似」概念的映射呢？

我在高中入學時與米爾迦相遇。在與她的交談中，我對數學的理解也越來越深。比方說對於集合和映射的理解。當然，我從書中得到了許多知識，不過，米爾迦的《講課》也讓我領悟到不少東西。

我們恰巧在高中這個地方相遇。不過，我們的高中時代也快要結束了。而在畢業之後——

不，在畢業之前還有大學入學考試。

現在還是秋天。秋天是實力測驗。過了秋天就是冬天。冬天的聖誕節前夕，則有《合格判定模擬考》。

大學考試對你們的未來來說是至關重要的事……學校老師常這麼說。這種事我們當然清楚，一直強調反而讓人有些煩躁。因為很重要，所以可以感覺到它的重量。一想到大學考試會把自己的形狀固定下來，便覺得相當沉重。

就這樣，胡思亂想的我，獨自被深夜包圍。

3.3 實數 a 的周圍

3.3.1 全等、相似、同胚

隔天下課後，我來到圖書室。蒂蒂和米爾迦坐在桌子的兩側，像是在討論什麼的樣子。

蒂蒂一邊講一邊做出誇張的手勢，我就算聽不見她的聲音，大概也能猜出她在講什麼。她很賣力地舞動雙手——原來如此，應該是在說兩個圖形的全等關係。

「……所以我想，有沒有哪個詞可以用來表示《相同》？」蒂蒂說。

「同胚。」米爾迦說。「蒂蒂想問的是該用什麼詞來表示相當於全等與相似的概念吧，那就是《同胚》。這是用來表示兩個圖形在拓樸學上形狀相同時的一個用語。」

「同胚……英語是什麼呢？」

「"homeomorphism"——形容詞為 "homeomorphic"。」

「"homeomorphism"——原來如此。」蒂蒂進入了英語單字的語源探索模式。「"homeo-" 是表示《相同》的前綴語，而 "morph" 應該就是《形狀》的意思了吧。因為毛毛蟲變成蝴蝶的過程就叫做 "metamorphose"。"-ism" 是用來表示名詞的後綴語，所以 "homeomorphism" 就是《相同形狀》的意思囉！」

「應該沒錯。」米爾迦說。「就像全等與相似是幾何學中的基本概念一樣，同胚也是拓樸學中的基本概念。」

「拓樸學上會說『這個圖形和這個圖形同胚』嗎？」

「當然。像咖啡杯就和甜甜圈同胚。」

「確實，我可以在腦中想像把咖啡杯像是黏土一樣變形成甜甜圈的樣子。」蒂蒂扭動著雙手說。「可是，這樣的變形可以用數學來描述嗎？」

「我覺得，這一定和映射有關係」我一邊說著，一邊坐在蒂蒂的隔壁。「昨天晚上我也稍微想了一下。全等和相似應該可以用映射的方式來描述。」

「舉例來說《兩個圖形全等》就表示《存在「任兩點間的距離接相等」這樣的映射》」米爾迦繼續說下去。「而《兩個圖形相似》則表示《存在「任兩點間的距離比例皆相等」這樣的映射》。」

「換句話說《兩個圖形為同胚》就表示《存在某種映射》是嗎？」我說。

「沒錯。這種映射又叫做同胚映射。可以說，《兩個圖形同胚》就表示《存在同胚映射》。」

「請等一下，米爾迦學姊。可是這樣的話就只有講到名字而已！」一直聽著我和米爾迦對話的蒂蒂突然提高了聲量。「存在同胚映射的話

就是同胚，這樣其實什麼都沒說明到吧，只是用同胚映射這個詞來代替同胚而已。」

「沒錯，所以問題就在於同胚映射的定義。」

「定義——也就是說，只要在數學上定義什麼是同胚映射的話，就可以瞭解把圖形扭來扭去時代表什麼意義了嗎⋯⋯？」

「而且，其實我們已經學過會用到同胚映射之定義的數學概念了。」

「咦！可、可是我沒學過拓樸學啊！」

「我指的就是連續的概念喔。」米爾迦緩緩說道。

「連續在拓樸學中也有出現嗎？」我問。

「連續這個概念，在整個拓樸學中都會用到。」

「⋯⋯」

「若要在數學上定義什麼是同胚映射，就必須在數學上定義《連續》的概念才行。蒂蒂還記得連續的定義嗎？函數 $f(x)$ 在 $x = a$ 處連續是什麼意思呢？」

「是的！⋯⋯呃、等、請稍微等一下。我記得應該是一個用極限來表示的式子，給我一點時間，絕對想得起來。」

3.3.2 連續函數

五分鐘後。

「這樣應該可以吧？」蒂蒂說。「這就是連續的定義。」

連續的定義（以 lim 來表示連續）

當函數 $f(x)$ 滿足以下數學式時，$f(x)$ 在 $x = a$ 處連續。

$$\lim_{x \to a} f(x) = f(a)$$

「這樣就可以了。」米爾迦說。「不過，明確說出極限值存在會更好。」

連續的定義（換個方式說）

當函數 $f(x)$ 滿足以下兩個條件時，$f(x)$ 在 $x = a$ 處連續。

- $x \to a$ 時，$f(x)$ 的極限值存在。
- 其極限值等於 $f(a)$

　　我想起了昨天做的模擬試題，並說「上課時也有講到，函數 $f(x)$ 在 $x = a$ 處連續，就表示《當 x 無限接近 a 時，$f(x)$ 會無限接近 $f(a)$》對吧。這段敘述就是用《無限接近》來表示極限的概念，並利用極限來定義連續。」

　　「我是可以接受用極限來定義連續。」蒂蒂小聲說道。「但其實，人家並不是用 $\lim\limits_{x \to a} f(x) = f(a)$ 這個式子記憶這個概念，而是 $y = f(x)$ 的圖來理解這個概念。因為當函數 $f(x)$ 在 $x = a$ 處連續與不連續時，畫出來的圖不一樣。」

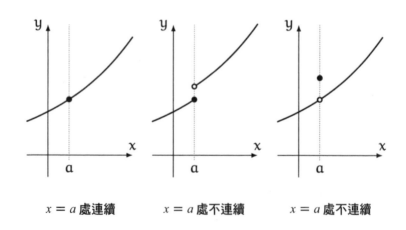

　　$x = a$ 處連續　　　　$x = a$ 處不連續　　　　$x = a$ 處不連續

　　「那也沒關係。」米爾迦說。「接著，為了達成我們的目標，就讓我們繼續探究連續這個概念吧。」

「我們的目標是？」

「就是定義拓樸學中的《形狀相同》，也就是《同胚》是什麼意思喔，蒂蒂。若要定義同胚，就需定義同胚映射是什麼。而要定義同胚映射，就得定義連續映射是什麼。因為我們對定義域在實數內的函數比較熟悉，故可以此為起點，繼續深究連續這個概念，而這也是在深究極限這個概念。」

「原來如此，這會用到 ε-δ 極限定義對吧！」我說

「當然，就是這樣。」米爾迦說。「要定義連續函數，需要用到極限的概念。然而我們一般並不接受《無限接近》這種不精確的描述方式，需改用邏輯式重寫一遍。讓我們試著用邏輯式來表示連續，抓住連續這個概念的本質吧。若用 ε-δ 極限定義法來描述函數 $f(x)$ 在 $x = a$ 處連續的話，就像這樣。」

連續的定義（以 ε-δ 極限定義法來表示）

當函數 $f(x)$ 滿足以下邏輯式時，$f(x)$ 在 $x = a$ 處連續。

$$\forall \varepsilon > 0 \ \exists \delta > 0 \ \forall x \ \left[|x - a| < \delta \Rightarrow |f(x) - f(a)| < \varepsilon \right]$$

「嗯，這個我之前也有和蒂蒂聊過。」我說[1]。「之前我們一起練習過如何閱讀邏輯式。」

「是的。」蒂蒂說。「這個我知道怎麼讀！」

---

[1]《數學女孩／哥德爾不完備定理》

$$
\begin{array}{ll}
\forall \varepsilon > 0 & \text{對任意正數 } \varepsilon \text{ 而言，} \\
\quad \exists \delta > 0 & \quad \text{可依 } \varepsilon \text{ 選擇某個適當的正數 } \delta \\
\quad\quad \forall x \left[\right. & \quad\quad \text{使得對任何實數 } x \text{ 而言——} \\
\quad\quad\quad |x - a| < \delta & \quad\quad\quad \text{若 } x \text{ 與 } a \text{ 的距離比 } \delta \text{ 小} \\
\quad\quad\quad \Rightarrow & \quad\quad\quad \text{則} \\
\quad\quad\quad |f(x) - f(a)| < \varepsilon & \quad\quad\quad f(x) \text{ 與 } f(a) \text{ 的距離比 } \varepsilon \text{ 小} \\
\quad\quad \left. \right] & \quad\quad\quad \text{——這個條件會成立。}
\end{array}
$$

對任意正數 ε 而言，
可依 ε 選擇某個適當的正數 δ
使得對任何實數 x 而言，
$|x - a| < \delta \Rightarrow |f(x) - f(a)| < \varepsilon$
這個條件會成立。

「光是記住這個式子，就費了我好大一番功夫呢。我總是會搞混哪個是 ε、哪個是 δ。所以最後都是用圖形有沒有連在一起來判斷有沒有連續。」

「只要在圖上也標出 ε 和 δ 就可以囉。」我說。「對於任何 ε，都可找到至少一個 δ，使 $|f(x) - f(a)| < \varepsilon$ 成立——換個方式說，我們一定找得到一個 δ，使得《當 x 在 a 的 δ 鄰域時，$f(x)$ 也會在 $f(a)$ 的 ε 鄰域》。畫成圖應該就清楚多了。」

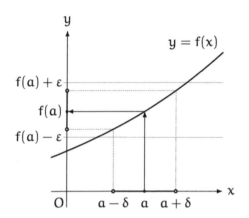

連續函數 *f* 中，*a* 的 δ 鄰域內所有點，皆可映射到 *f*(*a*) 的 ε 鄰域內

「是這樣沒錯，不過同時移動橫軸和縱軸實在有點困難，思考的時候常會跟著頭昏眼花。」

「這樣的話，把兩邊都畫成縱軸就行了。」米爾迦說。「這麼一來，就可以清楚看出 *a* 的 δ 鄰域內所有點，皆可映射到 *f*(*a*) 的 ε 鄰域內。」

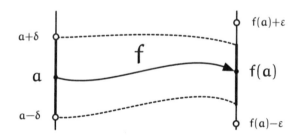

連續函數 *f* 中，*a* 的 δ 鄰域內所有點，皆可映射到 *f*(*a*) 的 ε 鄰域內

「《*a* 的 δ 鄰域》指的就是從 *a* −δ 到 *a* +δ 的範圍嗎？」蒂蒂說。「就是 *a* 的近鄰？」

「沒錯，不過要注意並不包含邊界喔。」我回答。「而《$f(a)$ 的 ε 鄰域》指的就是 $f(a) - \varepsilon$ 到 $f(a) + \varepsilon$ 的範圍。這樣啊……畫成這樣的話，確實可以清楚看出函數 f 是一種映射呢。函數 f 可以將點 a 映射到 $f(a)$ 上。」

「不好意思，《映射》和《函數》是同樣的意思嗎？」

「可以想成同樣的意思。」米爾迦說。「不過，函數這個用語只能用來表示以數的集合為對象的映射。」

「看著這個圖思考的話，確實可以用比較直觀的方式理解連續——也就是相連在一起的感覺呢。」我說。

「呃……學長，為什麼這樣會比較直觀呢？」

「因為，我們可以由這樣的圖看出，不管選擇什麼樣的 ε，或者說，不管怎麼選擇《$f(a)$ 的 ε 鄰域》，只要選擇一個適當的 δ，就可以讓《a 的 δ 鄰域》經過 f 的映射後，完全落在《$f(a)$ 的 ε 鄰域》內。」

「……」

我對蒂蒂說。

「當函數 f 在 a 處不連續時，便無法達成『不管 ε 有多小，一定可以找到一個適當的 δ』這個條件了。因此，當函數 f 為連續時，才能保證『不管 ε 有多小，都可找到足夠小的 δ』使這個映射關係成立。」

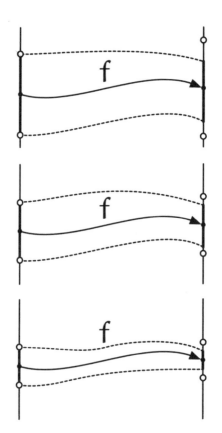

「原來如此……」蒂蒂一邊思考一邊說著。「也就是說，假設當我問：

可以映射到 $f(a)$ 附近嗎？

的時候，所有 a 附近的人們，都有辦法映射到 $f(a)$ 附近。那麼當我再問：

可以映射到離 $f(a)$ 更近的地方嗎？

的時候，所有離 a 更近的人們，都有辦法映射到離 $f(a)$ 更近的地方……是這個意思嗎？」

「大致上正確。」我說。「把這裡說的《附近》，用 ε 和 δ 明確定義出來是很重要的喔。若要理解連續的本質，需用到明確的距離概念。這就是 ε-δ 極限定義法有用的地方。」

「說的也是……要是沒有距離的話，就寫不出數學式了。」蒂蒂點了點頭。

「但不會用在這裡。」米爾迦緩緩搖頭說著。「ε-δ 極限定義法中，會用到 ε 和 δ 之類擁有距離概念的數值來決定鄰域，並以此定義連續。不過接下來我們要將其大幅抽象化。抽象就是捨棄實際圖像，**把距離捨棄掉吧**。讓我們試著在沒有距離的世界定義什麼是連續吧。」

「把距離……捨棄掉……」

「剛才蒂蒂用《附近》這個詞來說明連續。我們要在異世界將其公式化，以定義蒂蒂所說的《附近的人們》指的是什麼。」

「異世界——是指什麼呢？」

「從《距離的世界》來到《拓樸的世界》。」米爾迦說。

我和蒂蒂都仔細聆聽著米爾迦的《講課》。究竟，我們會步上什麼樣的旅程呢？

3.4　點 a 的周圍

3.4.1　前往異世界的準備

從《距離的世界》來到《拓樸的世界》。

為了前往異世界，請先讀過相關用語。為了方便，這裡將函數與映射當作不同的詞。

《距離的世界》		《拓樸的世界》
所有實數	←---→	集合（拓樸空間）
實數	←---→	元素（點）
函數	←---→	映射
連續函數	←---→	連續映射
開區間	←---→	連通的開集
ε 鄰域、δ 鄰域	←---→	開鄰域

用語對應

我們用 ε-δ 極限法定義了連續函數，而我們也想用同樣的方式定義連續映射。在《距離的世界》中，我們使用了 $f(a)$ 的 ε 鄰域，與 a 的 δ 鄰域，寫出了 ε-δ 極限定義。接著就是要模仿這個模式。

3.4.2 《距離的世界》實數 a 的 δ 鄰域

仔細探究實數 a 的 δ 鄰域是指什麼吧。

考慮《實數 a 的 δ 鄰域》。

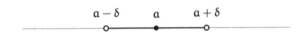

實數 a 的 δ 鄰域

這也是一個實數的集合

$$\{x \in \mathbb{R} \mid a - \delta < x < a + \delta\}$$

沒有邊界，也就是不包括兩端的區間，又稱做**開區間**。這個開區間也可寫成 $(a - \delta, a + \delta)$。

$$(a - \delta, a + \delta) = \{x \in \mathbb{R} \mid a - \delta < x < a + \delta\}$$

將實數 a 的 δ 鄰域寫成 $(a - \delta, a + \delta)$ 會顯得有些冗長，故我們改以 $B_\delta(a)$ 來表示。

$$B_\delta(a) = \left\{ x \in \mathbb{R} \mid a - \delta < x < a + \delta \right\}$$

同樣的，$f(a)$ 的 ε 鄰域也可以用 $B_\varepsilon(f(a))$ 來表示。

$$B_\varepsilon(f(a)) = \left\{ x \in \mathbb{R} \mid f(a) - \varepsilon < x < f(a) + \varepsilon \right\}$$

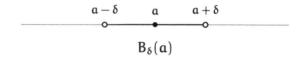

點 a 的 δ 鄰域之定義《距離的世界》

$$B_\delta(a) = \left\{ x \in \mathbb{R} \mid a - \delta < x < a + \delta \right\}$$

◎　◎　◎

「這只是用另一種寫法來表示 δ 鄰域和 ε 鄰域而已嗎？」蒂蒂問。

「沒錯。目前我們還沒有講到新的東西。」米爾迦回答。「我們仍在《距離的世界》。接著我們要定義開集這個概念了。讓我們先試著在《距離的世界》中定義開集吧。」

3.4.3　《距離的世界》開集

試著在《距離的世界》中定義開集吧

開集的定義（距離的世界）

考慮所有實數的集合 $\mathbb{R}$，以及一個它的子集 O。對於任何屬於 O 的實數 a，若 a 的 ε 鄰域皆包含於 O，則稱 O 為一**開集**。

$$《O 為開集》 \Longleftrightarrow \forall a \in O \ \exists \varepsilon > 0 \ \Big[B_\varepsilon(a) \subset O \Big]$$

　　這就是《距離的世界》中，開集的定義。雖然定義很明確，但為了確認你們是不是有真的理解，讓我來出個習題吧。

　　假設有兩個實數 u、v 且 $u < v$。此時，開區間 $(u, v) = \{ x \in \mathbb{R} \mid u < x < v \}$ 是一個開集嗎？蒂蒂，你會怎麼回答呢？

◎　◎　◎

　　「蒂蒂，你會怎麼回答呢？」

　　「開區間 (u, v) 是開集嗎……我不知道耶。」

　　「你呢？」米爾迦轉過來問我。

　　「我覺得是。對於任何符合 $u < a < v$ 這個條件的實數 a，我們永遠可以取一個足夠小，且大於 0 的 ε，使其不要超出開區間 (u, v) 的範圍。這麼一來，a 的 ε 鄰域 $B_\varepsilon(a)$ 便可完全容納在 (u, v) 內。而這也符合開集的定義——用圖表示，大概就像這樣吧。」

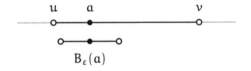

開區間 (u, v) 與 a 的 ε 鄰域 $B_\varepsilon(a)$

　　「回答得很好。」米爾加點了點頭。「因為使 $B_\varepsilon(a) \subset (u, v)$ 的 ε 必存在，故開區間 (u, v) 可說是一個開集。」

「這樣啊……原來是這樣定義的。」蒂蒂說。「具體來說，只要選一個比 $a - u$ 和 $v - a$ 都還要小的 ε 就可以了是嗎？」

「沒錯」我說。

「原來如此……我大概了解開集是什麼意思了。不過我還是不太了解為什麼會講到這個概念。對任何集合來說，只要 ε 夠小，元素的 ε 鄰域都可以被包含在集合內。這樣的話，所有集合不都是開集了嗎？」

「並非如此。」米爾迦立刻回答。「蒂蒂現在腦中應該只有開區間的概念而已吧。事實上，像是閉區間$[u, v]$，也就是符合 $u \leqq x \leqq v$ 這個條件的所有 x 所形成的集合，就不是一個開集。

$$[u, v] = \left\{ x \in \mathbb{R} \mid u \leqq x \leqq v \right\}$$

你知道為什麼嗎？蒂蒂」

「嗯……難道是因為，u 和 v 是例外嗎？」

「沒錯。ε 不管有多小，只要 ε 大於 0，點 u 的 ε 鄰域就一定會超出閉區間$[u, v]$的範圍。所以閉區間$[u, v]$並不是開集。」

閉區間$[u, v]$與 u 的 ε 鄰域 $B_\varepsilon(u)$

「請等一下。我瞭解為什麼閉區間不是開集了。但既然如此，開集和開區間的定義不就完全相同了嗎？我不曉得為什麼還要另外定義一個開集耶。」蒂蒂持續追問下去。

「開集與開區間的意義並不一樣。」米爾迦說。「多個開區間的聯集也是開集。舉例來說，這兩個開區間(u, v)與(s, t)的聯集，也是一個開集。」

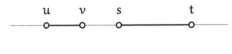

兩個開區間的聯集

「原來如此……」蒂蒂點了點頭。

3.4.4 《距離的世界》開集的性質

「我們剛才用 ε 鄰域定義了什麼是開集。但我們仍處於《距離的世界》。」米爾迦說。「為了捨棄距離的概念，我們得做些準備。讓我們再仔細看看開集的性質吧，特別要注意的是做為集合的性質。開集的性質有以下四項。」

開集的性質《距離的世界》

性質 1　定義所有實數的集合 $\mathbb{R}$ 為開集。
性質 2　空集是開集。
性質 3　兩個開集的交集為開集。
性質 4　任意個開集的聯集為開集。

「原來如此，做為集合的性質啊……」我說

「**性質 1**，由所有實數所構成的集合 $\mathbb{R}$ 為開集。」米爾迦說。「這是當然。對任意實數 a 來說，$B_\varepsilon(a) \subset \mathbb{R}$ 皆成立。ε 可以是任意正實數。」

「**性質 2** 也會成立嗎？」蒂蒂說。「空集 {} 裡面沒有元素。就算我們想要找點 a 的鄰域，但我們連點 a 都找不到耶！」

「性質 2 會成立。」米爾迦說。「對於 $O = \{\}$ 來說

$$\forall a \in O \ \exists \varepsilon > 0 \ \Big[B_\varepsilon(a) \subset O \Big]$$

這條邏輯式確實永遠都成立。若覺得難以理解的話,可以思考看看與上式等價的邏輯式

$$\neg \Big[\exists a \in O \ \forall \varepsilon > 0 \ \underline{\underline{\Big[B_\varepsilon(a) \not\subset O \Big]}} \Big]$$

就很清楚了。因為 O 是空集,故符合波浪底線所示之條件的 a 並不存在,不管波浪底線所描述的 a 是什麼樣子。也就是說,因為 O 是空集,所以沒辦法提出反例。」

「原來如此……」

「**性質 3**,兩個開集的交集也是開集。這很簡單。」米爾迦繼續說著。「不只是兩個,只要是有限個交集,都符合這個性質。不過,無限個開集的交集,就不一定是開集了。舉例來說,考慮 $B_{\frac{1}{n}}(0)$ 這個開集序列,其所有集合的交集為

$$\bigcap_{n=1}^{\infty} B_{\frac{1}{n}}(0) = \{0\}$$

僅有實數 0 這個元素的集合 $\{0\}$,就不是一個開集了。」

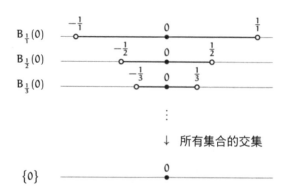

↓ 所有集合的交集

「原來如此,還得是有限個才行啊。」我說。

　　「**性質 4**，各個開集的聯集也是開集。」米爾迦繼續說下去。「就算取無限個開集的聯集，也會符合這個條件。考慮屬於這個聯集的點 a，由於點 a 必定屬於取聯集前的某個開集，故點 a 的 ε 鄰域也一定存在。綜上所述，《距離的世界》中，開集符合以上四個性質。」

　　「不好意思，米爾迦學姊。」蒂蒂說。「這一個個性質我都可以理解……但是蒂蒂我還是有些迷惑。我們現在到底在做什麼呢？」

　　「嗯，我好像也有些迷惑耶。我們不是要從《距離的世界》移動到《拓樸的世界》嗎？」

　　「嗯，那我們接下來就來確認旅途吧。」米爾迦說。

3.4.5　從《距離的世界》到《拓樸的世界》之旅途

　　來確認旅途吧。

　　我們想定義同胚映射，為此必須先定義連續映射。我們已經知道在《距離的世界》中如何定義連續函數，而我們想藉此在《拓樸的世界》中定義概念類似的連續映射。

　　然而，若想那個世界移動，我們就必須捨棄距離的概念。要是不使用距離的概念，便無法做出 δ 鄰域和 ε 鄰域。換句話說，我們不能再使用 ε-δ 法做出定義，這會讓我們很困擾。

　　因此我們要先回到《距離的世界》，重新確認開集的概念。由開集衍生出開鄰域的概念，再以此代替 δ 鄰域與 ε 鄰域，幫助我們定義什麼是連續映射。至此，我們在《距離的世界》中已完成以下事項。

　　《**距離的世界**》：對於所有實數的集合 $\mathbb{R}$ ——

- 利用 ε 鄰域來定義開集。
- 確認開集的性質。

　　我們馬上就要從《距離的世界》移動到《拓樸的世界》了。因為我們要捨棄距離的概念，故在《拓樸的世界》中不能使用 ε 鄰域。或者說，在《拓樸的世界》中，不能使用由 ε 鄰域所定義的開集。

那麼該怎麼辦呢？

我們要將在《距離的世界》中已確認的《開集的性質》視為《開集的公理》。到了《拓樸的世界》時，再將開集的公理視為理所當然的定理，並以其定義拓樸世界中的開集。也就是這樣：

《拓樸的世界》：對於感興趣的集合 S——

- 藉由開集的公理定義開集。
- 利用開集定義所謂的開鄰域。

只要能確定《拓樸的世界》中的開鄰域是什麼意思，就可以定義出連續映射是什麼了。

那麼，就開始我們的旅途吧。

◎　◎　◎

「那麼，就開始我們的旅途吧。」米爾迦說。

「好的！」蒂蒂舉起了她的手。「我可以在剛才米爾迦學姊寫出來的用語對應表上畫出我們的旅途嗎？我們的《旅行地圖》是像這樣對吧？」

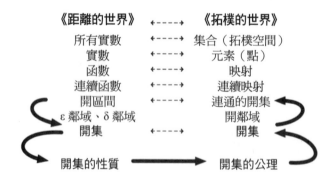

我們的《旅行地圖》

「就是這樣沒錯。」米爾迦說。

太厲害了。剛聽過米爾迦的說明，蒂蒂立刻就畫出了《旅行地圖》。該用什麼樣的話語描述這種能力呢？是語言的整合能力嗎？還是統整事務全貌的能力呢？

「這表示，我們接下來要討論的就是開集的公理嗎？」

「沒錯。接下來就是《拓樸的世界》了。」米爾迦說。

3.4.6　《拓樸的世界》開集的公理

接下來就是《拓樸的世界》了。

考慮一個集合 S。

讓我們用集合 S 定義**開集**。該怎麼定義呢？先蒐集集合 S 的子集，令其為 S 的子集族 $\mathbb{O}$。

因為 $\mathbb{O}$ 是 S 的子集族，故 $\mathbb{O}$ 的任何元素 $O \in \mathbb{O}$，皆為 S 的子集，即 $O \subset S$。決定 $\mathbb{O}$，就等於是在「決定哪些是開集、哪些不是開集」。當 $A \in \mathbb{O}$ 成立時，A 就是一個開集；當 $A \in \mathbb{O}$ 不成立時，A 就不是一個開集。

$\mathbb{O}$ 為 S 的子集族，但並非任何 S 的子集都屬於 $\mathbb{O}$。若要決定 $\mathbb{O}$ 包含了哪些子集，就得使用先前提過的《開集合的公理》，滿足這個公理的 S 的子集，才屬於 $\mathbb{O}$。

而當 $\mathbb{O}$ 滿足《開集的公理》時，便可說「$\mathbb{O}$ 為集合 S 的一個**拓樸結構**」，也可說「$\mathbb{O}$ 為集合 S 的一個**拓樸**」。

S 與 $\mathbb{O}$ 所組成的 $(S, \mathbb{O})$ 稱做**拓樸空間**。拓樸結構有無限多種，而做為這些結構之基礎的集合 S，則稱做**基集合**。對於一個基集合 S 來說，決定開集子集族 $\mathbb{O}$ 的方法不只一種。若改變 $\mathbb{O}$ 的條件，拓樸空間也會跟著改變。所以說我們必須同時考慮 S 與 $\mathbb{O}$ 的情況，以 $(S, \mathbb{O})$ 來表示我們考慮的對象。有時候，在我們已知 $\mathbb{O}$ 的情況下，也會把 S 稱做拓樸空間。

接著，讓我們來看看開集的公理吧。

開集的公理《拓樸的世界》

公理 1　集合 S 為開集。

也就是說，$S \in \mathbb{O}$。

公理 2　空集是開集。

也就是說，$\{\} \in \mathbb{O}$。

公理 3　兩個開集的交集為開集。

也就是說，當 $O_1 \in \mathbb{O}$ 且 $O_2 \in \mathbb{O}$ 時，$O_1 \cap O_2 \in \mathbb{O}$。

公理 4　任意個開集的聯集為開集。

也就是說，令一任意指標集為 Λ，若 $\{O_\lambda \in \mathbb{O} \mid \lambda \in \Lambda\}$，則

$$\bigcup_{\lambda \in \Lambda} O_\lambda \in \mathbb{O}。$$

　　由此應該可以看出，開集合的公理 1 至公理 4，與剛才我們在《距離的世界》中所確認的開集合的性質 1 至性質 4 互相對應。然而，因為我們已經捨棄了距離這個概念，所以我們要假裝不知道剛才在《距離的世界》中得到的開集的性質。並將上述開集的公理視為從天而降、理所當然的定理，才能繼續討論下去。開集的公理是公理，不證自明，這是我們之後所有討論的前提，也是我們進行討論時需滿足的要求。再來，我們想討論的是開集的公理可以衍生出哪些東西。不過在這之前，先讓我們確認一下開集的公理有哪些要求吧。

◎　◎　◎

　　「先讓我們確認一下開集的公理有哪些要求吧。」米爾迦說。「公理 1 要求集合 S 必須是開集。也就是說，決定 $\mathbb{O}$ 的時候，必須使 S 也是 $\mathbb{O}$ 的元素之一。若非如此，$(S, \mathbb{O})$ 就不能稱作拓樸空間——這是從

天而降之開集公理的要求。」

　米爾迦講話速度越來越快，愉快地繼續說著。

　「與其他公理相同。**公理 2** 要求空集是開集。**公理 3** 要求兩個開集的交集也是開集。若重複取許多次交集，便可導出有限個開集的交集為開集。而**公理 4** 則要求任意個開集的聯集為開集，不一定要有限個。」

　「公理 4 裡的任意指標集是什麼意思呢？」蒂蒂問。

　「指標集指的是 O_λ 的下標 λ 所構成的集合，不過這樣的說明可能不太好懂。」米爾迦說。「公理 4 的表達方式看起來有些複雜，這是為了把有無限個集合的情況也考慮在內。照順序來說明吧。首先，假設有有限個開集 $O_1, O_2, \cdots, O_n$，而這些開集的聯集也是開集——這是開集公理的要求。這時我們所使用的指標集就是 $\Lambda = \{1, 2, \cdots, n\}$。

$$\bigcup_{\lambda \in \Lambda} O_\lambda = O_1 \cup O_2 \cup \cdots \cup O_n \in \mathbb{O}$$

而公理 4 也適用於無限個開集的聯集。假設有無限個開集 $O_1, O_2, \cdots$，那麼公理 4 也要求這些開集的聯集必須是開集。這時的指標集就變成了 $\Lambda = \{1, 2, \cdots\}$。

$$\bigcup_{\lambda \in \Lambda} O_\lambda = O_1 \cup O_2 \cup \cdots \cup O_n \cup \cdots \in \mathbb{O}$$

接下來才是問題所在。說到指標，感覺 1, 2, … 就很夠用了，但這麼一來，就會變成只包含所有正整數的集合，而這是一個可數集。就像我們曾學過的康托的對角線論證法[2] 所說的，無限集合也可分成數種。舉例來說，由所有實數所構成的集合是一個非可數集，像這樣的非可數集也可當作公理 4 中所說的指標集。所以說，公理 4 的寫法是特地使用指標集 Λ 來描述由這些開集所得到的聯集。我們也可以不使用指標集，將公理 4 改寫如下。」

---

[2]《數學女孩／哥德爾不完備定理》

$$\mathbb{O}' \subset \mathbb{O} \Rightarrow \bigcup_{O \in \mathbb{O}'} O \in \mathbb{O}$$

「原來如此……」我說。

「那麼，接下來該往哪裡前進呢？」米爾迦說。

「開鄰域的定義！」蒂蒂看了一下《旅行地圖》說。

「這個簡單。」米爾迦點了點頭。

3.4.7　《拓樸的世界》開鄰域

「我們現在身處於《拓樸的世界》，且我們已經定義了什麼是開集。假設有一個屬於 S 的點 a，那麼所有包含點 a 的開集，皆為點 a 的開鄰域，也就是《點 a 的附近》。」

點 a 的開鄰域定義《拓樸的世界》

包含點 a 的開集，為點 a 的開鄰域。

「不好意思。」蒂蒂舉起了手。「可以用畫的把開鄰域的概念畫出來嗎？」

「我們常用這樣的示意圖來表示點 a 的開鄰域。」米爾迦回答。

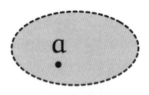

點 a 的開鄰域

「原來如此。」

「不過要注意一點。這看起來是一個二維圖形,但事實上並非如此。這再怎麼說也只是示意圖。我們常用一圈包圍點 *a* 的虛線來表示點 *a* 的開鄰域。這會讓我們想到之前在《距離的世界》中,不包含邊界的開集合。」

「《距離的世界》中,實數 *a* 的 δ 鄰域可以寫成 $B_\delta(a)$。」蒂蒂邊看著筆記本邊說。「那《拓樸的世界》中,可以把點 *a* 的開鄰域寫成某個樣子嗎⋯⋯譬如說 $B(a)$。」

「那可不行。因為點 *a* 的開鄰域不只一個。雖說如此,若無法用數學式來表示的話會很不方便,所以我們可將包含所有 *a* 的開鄰域之集合寫成 $\mathbb{B}(a)$。換句話說,我們可以將由所有包含 *a* 的開集合所構成的集合,寫成 $\mathbb{B}(a)$。」

---

a 的所有開鄰域之集合《拓樸的世界》

a 的所有開鄰域之集合可寫成 $\mathbb{B}(a)$。

$$\mathbb{B}(a) = \{O \in \mathbb{O} \mid a \in O\}$$

「所以 $\mathbb{B}(a)$ 就代表《*a* 的附近》的意思囉。」蒂蒂問。

「不對。$\mathbb{B}(a)$ 是所有《*a* 的附近》所組成的集合。《*a* 的附近》是 $\mathbb{B}(a)$ 的一個元素。這是示意圖。」

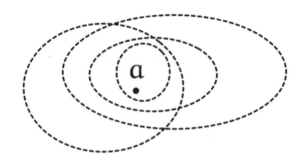

點 a 的所有開鄰域的集合 $\mathbb{B}(a)$

「啊……原來如此。」蒂蒂說。

「接下來就可以定義連續映射了吧？」我問。

「可以。」米爾迦回答。「我們已在《拓樸的世界》定義完開鄰域。接著，就可以定義連續映射了。」

3.4.8　《拓樸的世界》連續映射

接著，就可以定義連續映射了。

首先，讓我們複習一下《距離的世界》中，連續函數的定義吧。

連續的定義《距離的世界》

當函數 $f(x)$ 滿足以下邏輯式時，$f(x)$ 在 $x = a$ 處連續。

$$\forall \varepsilon > 0 \; \exists \delta > 0 \; \forall x \left[|x - a| < \delta \Rightarrow |f(x) - f(a)| < \varepsilon \right]$$

讓我們用《距離的世界》中的 δ 鄰域與 ε 鄰域，來改寫這個連續的定義。

譬如說這樣的式子。

$$|x - a| < \delta$$

這代表 *x* 與 *a* 的距離比 δ 還要小。換言之，*x* 在 *a* 的 δ 鄰域內。

$$|x - a| < \delta \Longleftrightarrow x \in B_\delta(a)$$

同樣的，可以得到：

$$|f(x) - f(a)| < \varepsilon \Longleftrightarrow f(x) \in B_\varepsilon(f(a))$$

連續的定義（改寫）《距離的世界》

當函數 *f*(*x*) 滿足以下邏輯式時，*f*(*x*) 在 *x* = *a* 處連續。

$$\forall \varepsilon > 0 \; \exists \delta > 0 \; \forall x \left[x \in B_\delta(a) \Rightarrow f(x) \in B_\varepsilon(f(a)) \right]$$

以上是《距離的世界》中對連續的定義。
以下讓我們來看看《拓樸的世界》中對連續的定義。

連續的定義《拓樸的世界》

當映射 *f*(*x*) 滿足以下邏輯式時，*f*(*x*) 在 *x* = *a* 處連續。

$$\forall E \in \mathbb{B}(f(a)) \; \exists D \in \mathbb{B}(a) \; \forall x \left[x \in D \Rightarrow f(x) \in E \right]$$

至此翻譯結束。

◎　◎　◎

「至此翻譯結束。」米爾迦說。

「太有趣了！」我說。

「請等一下，我想仔細看看這道式子。」

$$\forall E \in \mathbb{B}(f(a)) \qquad \text{對 } f(a) \text{ 的任意開鄰域 } E \text{ 而言，}$$

$$\qquad \exists D \in \mathbb{B}(a) \qquad \text{可依 } E \text{ 選擇某個適當之 } a \text{ 的開鄰域 } D$$

$$\qquad \forall x \left[\vphantom{\begin{array}{c} a \\ a \\ a \\ a \end{array}} \right. \qquad \text{使得 對任何實數 } x \text{ 而言——}$$

$$\qquad x \in D \qquad \text{若 } x \text{ 屬於 } D$$

$$\qquad \Rightarrow \qquad \text{則}$$

$$\qquad f(x) \in E \qquad f(x) \text{ 屬於 } E$$

$$\left. \vphantom{\begin{array}{c} a \\ a \end{array}} \right] \qquad \text{——這個條件會成立。}$$

「也就是說，不管選擇什麼樣的 E，都可以找到一個適當的 D 對吧。」我說。「只要當 x 屬於 D 時，可使 $f(x)$ 屬於 E，那麼這個 D 就是適當的 D……而無論如何我們一定找得到一個這樣的 D。《距離的世界》中的《存在滿足 $x \in B_\delta(a)$ 之 δ》，到了《拓樸的世界》則轉變成《存在滿足 $x \in D$ 之 a 的開鄰域 D》。確實丟掉了距離的概念……嗯，真的把 ε-δ 定義法拿掉了呢！」

「在《拓樸的世界》中，所有距離的概念都會被捨棄。」米爾迦說。「只用集合術語中的 $\in$、拓樸術語中的 $\mathbb{B}(a)$、$\mathbb{B}(f(a))$，以及邏輯術語中的 $\forall$、$\exists$、$\to$ 等符號來定義連續的概念。」

「可、可以讓我把這兩種定義寫在一起比較看看嗎？」

連續的定義《距離的世界》與《拓樸的世界》

$$\forall \varepsilon > 0 \qquad \exists \delta > 0 \qquad \forall x \left[x \in B_\delta(a) \Rightarrow f(x) \in B_\varepsilon(f(a)) \right]$$

$$\forall E \in \mathbb{B}(f(a)) \ \exists D \in \mathbb{B}(a) \ \forall x \left[\qquad x \in D \Rightarrow f(x) \in E \qquad \right]$$

「確實很像呢……不過總覺得很難想像這種概念。」

就像是要回應蒂蒂的要求般，米爾迦畫出了這個圖。

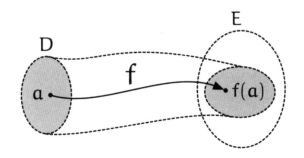

映射關係 f 將 a 的開鄰域 D 的所有點，
投射到 $f(a)$ 的開鄰域 E 之示意圖

「原來如此……確實和前面的圖（p. 93）很像呢。」蒂蒂說。

我也點了點頭。「要是 $f(a)$ 的開鄰域 E 很小，那就選一個也很小的開鄰域 D。就像在距離的世界中，要是 ε 很小，那就選一個也很小的 δ。」

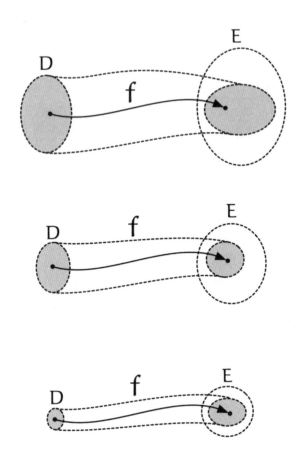

　　「E 可以隨我們喜好決定。」米爾迦說。「不管選出來的開鄰域 E 對 f(a) 來說有多窄都沒關係。對於任何 E，我們都可以找到適當之 a 的開鄰域 D。映射關係 f 可以將屬於 D 的所有點，都投射到 E 裡面。這時我們便可以說，映射 f 在點 x = a 的地方連續——就是這麼回事。而在任何點上都連續的映射，就稱作連續映射。」

　　「這種連續的定義還真是抽象呢。」我說。

「原來如此……」蒂蒂緩緩地說。不過她的眉頭馬上又皺了起來。
「可是，米爾迦學姊，我們成功《捨棄掉距離》，並用類似 ε-δ 定義法的方式，在《拓樸的世界》中定義了連續映射，這些我都聽得懂。雖然都聽得懂──但總覺得，該怎麼說呢，反而有種不曉得連續映射是在做什麼的感覺。比方說，假如定義兩個圖形連在一起的話就是連續，分開的話就是不連續，這樣對我來說就好理解多了。」

「蒂蒂的腦中似乎還是只有數線的概念呢。其實我們剛才講過的東西，就是在擴張這個概念。所謂的連續映射，與實數原來的概念不同。確實，我們剛才是藉由實數之間的關係來描述連續函數，就像蒂蒂是用圖來理解連續函數一樣。」

「……」我和蒂蒂兩人都默默聽著。

「但即使我們不用實數、拿掉距離的概念，也可以定義何謂連續映射。」

「我就是覺得這裡我不太能理解……有沒有除了實數以外的具體例子呢？」

「我想想看。對了，撲克牌的人頭牌不是有 Jack（J）、Queen（Q）、King（K）三種嗎？考慮由這三種元素所組成的集合 $S = \{J, Q, K\}$，以 S 做為基集合，可決定 $\mathbb{O}$ 及拓樸空間，並以此定義連續映射。」

「咦？」蒂蒂發出了不可思議的聲音。「這到底是什麼意思啊！」

「這個之後再講吧。我想先來說明同胚映射是什麼。」

「不好意思，在這之前，我可以先問幾個問題嗎？」蒂蒂舉起了手。「我有點在意的是，把 $\mathbb{B}(a)$ 稱做開鄰域的時候，似乎隱含著距離的概念在裡面。但如果不使用距離的概念，僅以《附近》來定義開鄰域的話──就會變成，只要是點 a 附近的某個點的集合就是《a 的開鄰域》。可、可是，如果這樣隨便定義的話，不就會變成什麼都行了嗎？這樣還算是數學嗎？」

「蒂蒂說的話簡直就像是我會說的台詞呢。」米爾迦微笑地說著。

我和蒂蒂不自覺地彼此互看一眼。

「還有開集的公理。」米爾迦說。「開集受到開集公理的限制。因此不能隨便決定開鄰域的範圍。」

「這樣啊。還有開集的公理。」蒂蒂說。

米爾迦用右手撫摸自己的左腕繼續說著。

「拓樸空間是由基集合 S 建立起來的結構，這與由群所建立起來的結構相同。就像我們可以用群的公理來規範什麼是群一樣，我們也可以用開集的公理來規範拓樸空間。拓樸空間中連續映射的定義方法，與我們之前學過藉由 ε-δ 定義什麼是連續函數時所用的方法十分相似。然而，拓樸空間的連續映射定義中，不會用到實數，不會用到 ε、δ、lim，不會用到絕對值。即使如此，這仍是一個《確實符合連續這個名稱》的概念。」

「我想再確認另外一件事。」蒂蒂又舉起了她的手。討論到現在，蒂蒂究竟舉起了多少次手了呢？「我們可以自由決定要使用什麼樣的開集嗎？」

「只要符合開集的公理就行。」米爾迦說。「所以很有趣的是，我們可以把之前捨棄掉的距離概念再撿回來用。也就是說，只要確定我們在《距離的世界》中用 ε 鄰域所定義的開集，符合《拓樸的世界》中的開集公理──不用說，一定會符合──便可將《距離的世界》中，所有實數的集合視為拓樸空間。用麗莎的話來說，就是將實數絕對值當作距離，將開集的概念《實裝》在實數上。」

「用絕對值來定義……」蒂蒂喃喃說著。

「我想起來了！就是絕對值！」我發出聲音。

「我們剛才就是在講絕對值啊。」米爾迦疑惑地看向我。

「啊，沒事沒事，只是剛好想到一些事。」

沒錯。就是絕對值。我和蒂蒂第一次面對面交談的時候，我們聊的就是絕對值的話題。在那個階梯教室內[*3]。

「拿群來對比的話，我就比較明白用公理來定義拓樸空間是什麼意思了。」蒂蒂說。「剛學到群的時候，我完全聽不懂那是什麼意思。之前我都以為在學校學到的數，以及計算方式就是唯一絕對的數學，所以剛開始完全無法理解群這種抽象化的概念。不過，後來我終於明白到，只要滿足群的公理，就可以用群的抽象化方式進行計算[*4]。就連鬼腳圖

[*3]《數學女孩》
[*4]《數學女孩／費馬最後定理》

也是如此。雖然鬼腳圖看似與數學計算沒有任何關係，但只要將相連這件事看成積，那麼鬼腳圖也可以視為一個群[*5]。」

「向量空間也是這樣喔。」我說[*6]。「藉由向量空間的公理，矩陣、有理數、代數擴張等原本截然不同的東西，都可以用同樣的方法整理出規則。」

「這就是數學的力量。」米爾迦說。「訂出一套公理，規定只要滿足公理的條件，就可以進行操作。雖然提高抽象程度會使其變得難以理解，但我們卻可藉此飛翔至天空。原本在地上行走時，看起來完全不同的東西，在天看起來卻是相同的結構。或者說，是我們賦予了它們相同的結構。這就是理論的力量。」

「原來如此。」我說。「賦予集合名為群的結構、賦予集合名為向量空間的結構。依此類推，我們剛才就是運用開集的公理，賦予集合名為拓樸的結構，就是這樣吧。」

「先用開鄰域來定義原本很抽象的《附近》是什麼意思，然後藉此將連續映射這個概念導入拓樸空間內。」

「這真有趣。拓樸學原本就是將圖形隨意變形的數學，而在剛才討論過程中，我們也隨意變形了各種概念。」

「那、那個，雖然有些暈頭轉向，但我想我應該有掌握到大致上的重點。我們剛才定義了連續映射是什麼，接下來，就要朝著我們的目標《相同形狀》，也就是《同胚》前進！」

「沒錯！」

「定義出拓樸空間，也定義出連續映射之後，就可以定義同胚映射是什麼了。與連續映射相比，同胚映射的定義就短多了。」

[*5]《數學女孩／伽羅瓦理論》
[*6]《數學女孩／伽羅瓦理論》

3.4.9 同胚映射

> **同胚映射的定義**
>
> 設 X、Y 為拓樸空間。設 f 為從 X 至 Y 的對射。當映射 f 與其逆映射 f^{-1} 皆連續時，稱 f 為同胚映射。而當拓樸空間 X 至 Y 的同胚映射存在時，稱 X 與 Y 為同胚。

「拓樸空間是一個包括拓樸結構的集合。也可以將其想成由開集定義的集合。定義開集之後，就可以定義開鄰域。定義開鄰域後，就可以定義連續映射。而如果這個映射 f 是對射，其逆映射 f^{-1} 便存在。那麼同胚的定義如下——

考慮拓樸空間從 X 至 Y 的對射 f，

若 f 與 f^{-1} 皆存在且連續，

則 X 與 Y 為同胚。」

「嗯…對射是什麼意思呢⋯⋯」

「如果對於 X 中任何一個元素 x，皆存在 Y 中唯一與之對應的元素 y，使 $y = f(x)$ 成立；且對於 Y 中任何一個元素 y，皆存在 X 中唯一與之對應的元素 x，使 $y = f(x)$，那麼 X 至 Y 的映射關係就是對射。而相對於對射 $y = f(x)$，可定義其逆映射為 $x = f^{-1}(y)$。」

「這時的 f 就是同胚映射是嗎。」我說。「為彼此對射的兩個拓樸空間賦予的對應關係⋯⋯」

「沒錯。同胚的兩個拓樸空間，在拓樸上會被當作《相同形狀》，或者說是擁有《相同形狀》的拓樸結構。」

「⋯⋯」

「唔——嗯⋯⋯」我努力思考著。「原本看似完全無關的集合，在加入拓樸的概念之後——也就是加入開集與開鄰域的概念之後——就可以定義連續是什麼，再利用連續定義同胚。這些都是在與《實際距離》

完全無關的情況下定義出來的……等一下，既然可以定義連續的話，應該也能以此定義極限吧。既然如此，不只是連續，連微分都可以定義不是嗎？」

「那可不行。若想定義微分，需要的不只是拓樸結構，還需要微分結構才行。而將微分納入考慮時的《相同形狀》，則稱作微分同胚 "diffeomorphism"。據說龐加萊提到同胚時，講的其實是微分同胚的概念。」米爾迦說。「先不管這個，在定義出同胚之後，我們可以注意到位相幾何學——拓樸學中最關心的一件事。」

「關心？」

3.4.10　不變性

「我們定義了同胚映射。我們將在拓樸學上的《相同形狀》定義為《同胚》。」米爾迦說。「同胚映射相當重要，在位相幾何學——拓樸學中，我們非常關心在同胚映射中不會改變的量——也就是不變量。這樣的量又稱作**拓樸不變量** "topological invariant"。」

「因為《不變之物有命名的價值》是嗎？」蒂蒂問。

「不變之物有命名的價值。」米爾迦重複了這句話。「當我們使圖形《扭來扭去》變形時，外型看起來也會跟著改變。然而，還是有些性質不會發生變化。我們關注的就是這些不會改變的性質。不管怎麼拉長、怎麼縮短——只要同胚映射存在，便永遠是同胚——在拓樸學上就是《相同形狀》。而我們想研究的，就是在相同形狀間皆保持相同的量——也就是拓樸不變量。」

「柯尼斯堡七橋問題！」我大喊出聲。「某個圖《能否用一筆劃完成》的性質。這也算是吧！不管邊如何伸長縮短，都不會改變一個圖能否一筆劃完成！」

「能以一筆劃完成一個圖，可以用『圖的《歐拉迴路》存在』來表示。」米爾迦說。「一個圖的歐拉迴路是否存在，是圖同構的不變量，和同胚映射的拓樸不變量是不同的概念。當然，在不變量的意義上，兩個概念類似。」

「原來是這樣啊。話雖如此，感覺到處都看得到歐拉呢。」我說。

「真是厲害呢……」蒂蒂說。

「歐拉老師很厲害吧？」米爾迦笑著說。

米爾迦總是把歐拉稱作歐拉老師。

3.5　蒂蒂的周圍

歸途。

米爾迦說要去一趟書店，於是我們途中便分開走。

我和蒂蒂一起往車站的方向走。我配合著蒂蒂的速度，放緩腳步前進。

研究不變的性質，研究拓樸不變量。這樣就能瞭解《形狀》的本質了嗎？

那麼家人——家人的本質又是什麼呢？看起來一直在改變，卻又一點也沒變。不變的性質又是什麼呢？所謂家人的性質又是指——

「米爾迦學姊說下星期也要去美國耶。」蒂蒂說。

「是啊。」我回答。

米爾迦不會參加日本的大學入學考試，而是要進入美國的大學就讀。這樣啊……她已經預見到她未來的《形狀》會是什麼樣子了。那我呢？

我一直追在分數與偏差值的後面跑，每天從早到晚都在為了考試而讀書。秋天有實力測驗。過了秋天就是冬天，我需依照《合格判定模擬考》的結果進行第一志願的合格判定。究竟，我有辦法拿到 A 判定嗎？現在已經進入正式考試的倒數計時了。

「不好意思，每次都佔用學長姊的時間。」蒂蒂說。

「沒關係啦，這可以當作轉換心情。」我回答。

「相同形狀的討論真的很有趣耶。全等、相似、同胚……《相同形狀》也有許多種類呢。」

「是啊。今天的蒂蒂，也和平常的蒂蒂《相同》嗎？」

我想起之前蒂蒂說過的話，不經意脫口問道。

「是的！」蒂蒂很有精神地回答我。「啊……不過，可能馬上就會變成《不同》的蒂蒂囉。人家也不可能永遠都是《相同》的蒂蒂嘛！」

「咦——那到底會變成什麼樣的蒂蒂呢？」

「其實呢……啊，這還是秘密。不過，已經決定名字了喔，今天決定的，就是 Eulerians 這個名字！」

「名字？是什麼的名字呢？」

「就是……不，這還是秘密。」

蒂蒂把食指放在唇上輕聲說道。

因為我們沒有辦法無限往根源追溯，
所以某些需要演繹的科學，特別是幾何學，
需要建立在數條不證自明的公理之上。
因此不管是哪一本幾何學著作，都要從這些公理開始敘述。
——昂利・龐加萊（Henri Poincaré）《科學與假設》

用撲克牌建構出拓樸空間與連續映射

拓樸空間

　　讓我們用撲克牌的 Jack（J）、Queen（Q）、King（K）來建構出拓樸空間與連續映射吧。設基集合 S 為

$$S = \{J, Q, K\}$$

而就這個 S，令所有開集的集合 $\mathbb{O}$ 為

$$\mathbb{O} = \big\{\{\}, \ \{Q\}, \ \{J, Q\}, \ \{Q, K\}, \ \{J, Q, K\}\big\}$$

$\mathbb{O}$ 可滿足開集的公理 1～4（p. 106）。

　　$\mathbb{O}$ 滿足公理 1。因為 $S = \{J, Q, K\} \in \mathbb{O}$。

　　$\mathbb{O}$ 滿足公理 2。因為 $\{\} \in \mathbb{O}$。

　　$\mathbb{O}$ 滿足公理 3。因為 $\{J, Q\} \cap \{Q, K\} = \{Q\} \in \mathbb{O}$、$\{\} \cap \{J, Q, K\} = \{\} \in \mathbb{O}$，依此類推，可確認到任兩個元素的交集皆為開集。

　　$\mathbb{O}$ 滿足公理 4。因為 $\{\} \cup \{Q, K\} = \{Q, K\} \in \mathbb{O}$、$\{J, Q\} \cup \{Q, K\} = \{J, Q, K\} \in \mathbb{O}$，依此類推，可確認到任兩個元素的聯集皆為開集。由於 $\mathbb{O}$ 的元素為有限個，故取任意個集合的聯集時，可以歸結回兩個集合的聯集。

　　因此，$\mathbb{O}$ 為集合 S 的拓樸結構，$(S, \mathbb{O})$ 為拓樸空間。

　　　J 的開鄰域為包含 J 這個元素的開集，即{J, Q}, {J, Q, K}這兩個開集。

　　　Q 的開鄰域為包含 Q 這個元素的開集，即{Q}, {J, Q}, {Q, K}, {J, Q, K}這四個開集。

　　　K 的開鄰域為包含 K 這個元素的開集，即{Q, K}, {J, Q, K}這兩個開集。

連續映射 f

定義從 S 到 S 的映射 f 如下。

$$f(J) = K, \quad f(Q) = Q, \quad f(K) = J$$

映射 f 為拓樸空間（$S, \mathbb{O}$）中的連續映射。因為對 S 的任意點 a 而言，不論 $f(a)$ 的開鄰域 E 為何，皆存在 a 的開鄰域 D，使得

$$\forall x \left[x \in D \Rightarrow f(x) \in E \right] \qquad \cdots\cdots \heartsuit$$

成立。

以下說明為什麼映射 f 在 J 處連續。

- 對於 $f(J) = K$ 的開鄰域 $E = \{J, Q, K\}$，可取 $D = \{J, Q, K\}$，使 $\heartsuit$ 成立。因為 D 的三個元素 J, Q, K 的映射 $f(J), f(Q), f(K)$ 皆為 E 的元素。
- 對於 $f(J) = K$ 的開鄰域 $E = \{Q, K\}$，可取 $D = \{J, Q\}$，使 $\heartsuit$ 成立。因為 D 的兩個元素 J, Q 的映射 $f(J), f(Q)$ 皆為 E 的元素。
- $f(J) = K$ 的開鄰域僅有 $\{J, Q, K\}$ 與 $\{Q, K\}$ 兩個，兩個皆符合 $\heartsuit$ 式，故顯示映射 f 在 J 處連續。

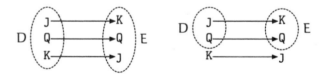

同樣的，我們也可確認映射 f 在 Q 與 K 處連續。

不連續映射 g

定義從 S 到 S 的映射 g 如下

$$g(\mathtt{J}) = \mathtt{Q}, \quad g(\mathtt{Q}) = \mathtt{K}, \quad g(\mathtt{K}) = \mathtt{J}$$

映射 g 在 Q 處連續，但在 J 與 K 處不連續。

以下說明為什麼映射 g 在 J 處不連續。

映射 g 之所以在 J 處不連續，是因為對於某個 $g(\mathtt{J})$ 的開鄰域 E 而言，不管選擇何種 J 的開鄰域 D，都無法使下式成立

$$\forall x \ \Big[x \in D \Rightarrow g(x) \in E \Big] \qquad \cdots\cdots \Diamond$$

對於 $g(\mathtt{J}) = \mathtt{Q}$ 的一個開鄰域 $E = \{\mathtt{Q}\}$ 而言，不存在任何屬於 $\mathbb{O}$ 之 J 的開鄰域 D 可滿足 $\Diamond$ 式。J 的開鄰域有 $\{\mathtt{J}, \mathtt{Q}\}$ 與 $\{\mathtt{J}, \mathtt{Q}, \mathtt{K}\}$ 這兩個，但不管是 $D = \{\mathtt{J}, \mathtt{Q}\}$ 還是 $D = \{\mathtt{J}, \mathtt{Q}, \mathtt{K}\}$，$D$ 的其中一個元素 Q 在映射後會得到 $g(\mathtt{Q}) = \mathtt{K}$，然而 $g(\mathtt{Q})$ 卻不是 E 的元素。

依此類推，我們可確認到映射 g 在 Q 處連續，但在 K 處不連續。

第 4 章
非歐幾里得幾何學

假設以下的前提成立。
……設一直線與兩直線相交，
若同側內角和小於兩個直角和，
將這兩條直線不斷延長，
則這兩條直線在同側內角和小於兩個直角和的那一邊會相交。
——公理（前提）《幾何原本》

4.1　球面幾何學

4.1.1　地球上的最短路徑

「我說哥哥啊，米爾迦大人還在美國嗎？」由梨問。

今天是星期六，這裡是我的房間。由梨和平常一樣來我的房間玩。我正在書桌前準備考試的時候，她則窩在房間的一隅看書。

「是啊，不過下星期應該就會回來了」我答道。

米爾迦——是和我是同一所高中的高三生，她已經決定未來的方向，畢業以後就去美國。想必會在美國念大學的同時，繼續和雙倉博士一起研究更艱深的數學吧——雖然後半段是我自己的推測，沒辦法100%確定，但大概也不會差太多。無論如何，能與米爾迦一起度過的高中生

活，很快就要結束了。這點我倒是100%確定。她會開始在海外的生活，我則留在日本。

「米爾迦大人好厲害啊喵。哥哥你被丟下了嗎？」

「你在說什麼啊。」我回答。雖然我想用和平時相同的語氣說，假裝不在意的樣子，但總覺得心聲像是被由梨看穿了一樣，不自覺地悶哼了一聲。

「為什麼飛機要像這樣繞一大圈呢？」由梨把她手上的書打開給我看。「直直地飛不是更快抵達嗎？」

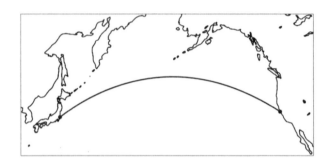

「啊，你看起來會彎彎的是因為地圖的關係啦，飛機確實是直直地飛過去沒錯。不過，因為地球是圓的，航道看起來就會彎彎的。」我用響亮得不自然的聲音回答。

「明明是直直地飛看起來卻會彎彎的？聽不懂你在講什麼。」

由梨晃動著她的栗色馬尾提出異議。

「雖然剛才我說是直直地飛，但用『最短路徑』這樣的說法比較正確。」我開始說明。「地圖上的最短路徑並不一定是地球上的最短路徑喔。地球上不是有緯線和經線嗎？兩者都是圓形，不過緯線中，赤道是最大的圓，越靠近南北極，圓就越小；經線的每個圓則都一樣大。」

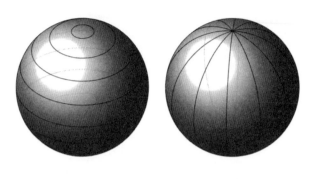

緯線   經線

　「用麥卡托投影法所描繪出來的地圖中，緯線會是橫線、經線會是縱線。然而地圖上的每條緯線卻都一樣長，每條經線也都一樣長。」

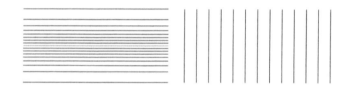

緯線   經線

　「哦——」
　「所以說，地圖上的緯線越靠近南北極，就會被拉得比實際長度還要長更多。反過來說，如果在地圖上移動固定的距離，越靠近赤道，實際上移動的距離就越遠。」
　「這樣啊……然後呢然後呢？」
　「如果飛機是沿著同一個緯度往東飛，地圖上看起來就是沿著緯線一直往右移動對吧。」

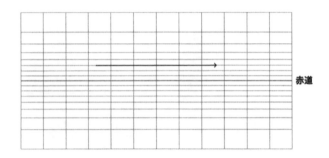

　　「是啊，這不就是最短距離嗎？」

　　「不一定喔。即使地圖上看起來移動了相同的距離，越靠近赤道，實際在地球上移動的距離就越長。所以說，在地圖上移動時，離赤道越遠，實際移動距離就越短。如果拿一條線，固定在地球儀上的兩個點並張緊，就可以看得出來囉。若把線固定在同緯度的兩個點上再張緊，線的中間部分會往高緯度的方向稍微漂過去。這就是數學上的最短路徑喔。實際上，飛機也會因為高速氣流的影響而改變航道就是了。」

　　「地球上的最短路徑啊……」

　　「是啊。通過起點、終點、地球中心這三個點做一個平面切過地球，最短路徑就在這個由地球橫切面所形成的圓上，而這個圓也稱作**大圓**。」

　　「大圓……」

　　「球面上的大圓就像平面上的『直線』一樣。而由部分大圓所形成的弧，則相當於平面上的『線段』。地球上最好理解的大圓就是赤道囉。赤道是緯線中唯一的大圓。若要在赤道上的兩點間移動，最短路徑就是沿著同緯度飛過去。緯線中只有赤道是大圓，而經線則全都在大圓上。」

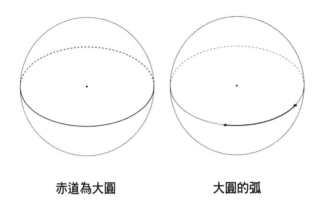

赤道為大圓　　　　　　　　大圓的弧

「雖然聽得懂，但覺得有點怪。」由梨說。

「哪裡怪？」

「因為啊，如果是直線的話，應該可以無限伸長才對。但大圓不就只是繞一圈後回到原點而已嗎？又沒有無限伸長！」

「是啊，由梨說的沒錯。球面上的『直線』不會無限伸長。或者也可以說它失去了無限延伸這個性質。之所以說大圓是『直線』，是因為它是《包含了最短路徑的曲線》喔。就這層意義而言，稱之為測地線會比較正確。」

「測地線？」

「球面和平面很不一樣，擁有很多有趣的性質。比方說，平面上的兩條直線，不可能相交於相異兩點對吧？」

「平面上的兩條直線？」由梨歪了一下頭。「兩條線的話一定會交於一點吧。啊，不對。平面上的兩條直線可能會不相交、交於一點，或者是重合！」

不相交　　　　　　交於一點　　　　　　重合

「沒錯，這就是平面上直線所擁有的性質。現在我們來看看球面上的『直線』，也就是大圓又是如何吧。兩個大圓——」

「啊，是要講這個嗎？等一下等一下！我知道啦。兩個大圓只可能會交於兩點，或者重合！」

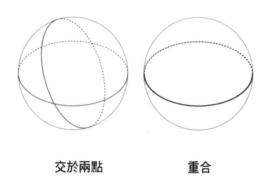

交於兩點　　　　　　　　**重合**

「是啊。所以，球面上不存在所謂的『平行線』喔。」

「平行線？」

「平面上，通過直線 l 外一點 P，只能作出一條與原本的直線 l 不相交的直線對吧。」

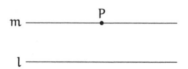

通過直線 l 外一點 P，只能作出一條與原直線 l 不相交的直線

「啊啊，是說平行線啊？」

「那麼在球面上又如何呢？通過大圓 l 外一點 P，可以作出與原本的大圓 P 不相交的大圓嗎？」

「嗯……作不出來吧。因為一定會交於兩點。」

「那這樣如何呢？你看，通過大圓 l 外的點 P，可以作出一個圓 m 不與 l 相交不是嗎？」

「這樣不對啊。因為 m 又不是大圓。m 的中心不是球的中心，所以 m 不是『直線』。」

「是啊，虧你看得出來耶……」

「我說哥哥啊，有沒有更有趣的話題呢？像是《大圓就是球面上的『直線』》之類的。」

「怎麼啦，突然那麼認真……我想想。那這個性質如何呢？平面上的《三角形內角和》永遠是 $180°$ 對吧。可是球面上的『三角形』，三個內角的和卻永遠都大於 $180°$！」

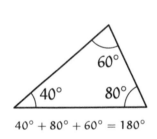

$40° + 80° + 60° = 180°$

$90° + 90° + 60° > 180°$

「這樣啊，因為膨脹起來了，所以三個內角的和就會比 $180°$ 大嗎？」

「是也可以這麼說。在球面上畫三角形時，三角形越大，三個內角的和就會越大喔。」

「嗯⋯⋯咦？難道說，決定三個角是多少之後，就決定三角形像什麼樣子了嗎？」

「是啊！就是這樣，由梨。在球面上以大圓畫出三角形時，只要決定三個角的大小，三角形的形狀大小就確定下來了。平面上的三角形可以在不改變形狀的情況下放大，但球面上的三角形卻沒辦法在不改變形狀的情況下放大。換句話說，球面幾何學中，全等與相似指的是同一件事。」

「這個話題我就收下了——！」由梨大聲說出。「下次和《那傢伙》見面時就和他聊這個！」

4.2　現在與未來之間

4.2.1　高中

這裡是我就讀的高中。現在是星期一的午休。

我和學妹蒂蒂一起在頂樓吃午餐。我和她提到了球面上的三角形，以及之前和由梨聊到的球面幾何學。

「在球面幾何學中，全等與相似是同樣的意思！這感覺蠻有趣的耶⋯⋯」蒂蒂點了好幾次頭。「再說，把大圓視為『直線』這件事本身就很有趣。這裡的『直線』雖然是球面上的最短路徑，卻不能無限延伸呢。」

「是啊。」

「啊啊，真羨慕由梨，可以常常聽到學長講這些有趣的事！」

「雖然是我講的沒錯，但我也是在許多書本上看到的啊，並不是我自己發現的。」我答道。

「不過，我覺得能夠學到自己還不知道的事，是一件很棒的事。不管那是自己發現的、是從書上學到的，還是其他人教的。」蒂蒂稍微加強了語氣。

「原來如此。對了，不覺得有點冷嗎？」我說。頂樓的風雖然舒服，但已帶有一些冷冽。已經到了這個季節了嗎。

「那個啊……人家最近正在考慮要開始和人合作。」蒂蒂沒有回答我的問題,而是說了這樣的話。「每個人擅長的事情都不一樣。如果能彼此合作,應該能做到一個人做不到的事情。另外,即使有些事情現在的我做不到,未來的我也可能做得到。我可以藉由和其他人的連結學習到這些事。」

「藉由和其他人的連結學習?」

「沒錯,就是這樣。」

「抱歉,我是很想詳細聽你說,可是室外太冷了,進去裡面吧。」

「春風和秋風很不一樣呢。」蒂蒂邊收拾著便當邊說著。「春風像是帶著喜悅,秋風卻像帶著寂寞。」

「是啊。不過與其說是秋風,這應該已經算是冬風了吧。」我說。「實在太冷了,不如就把今天當做在屋頂上吃午餐的最後一天吧。」

「這樣啊,雖然覺得有些可惜……」

「那,今天就是高中最後一次在屋頂吃午餐囉」我說。等明年天氣回暖、春風再臨時,我已經畢業了。

「咦、咦咦?」蒂蒂大喊出聲。

下午的預備鈴響了起來。

4.3 雙曲幾何學

4.3.1 所謂的「學習」

是啊。

我的高中生活即將結束。每一項行為都可以加上「高中生活最後的」這樣的形容詞,就是一個證據。

再幾個月我就要參加考試,並在還不知道考試結果的情況下畢業。我的高中生身分,再過幾個月就會結束。

這段時間，我埋首於考試的準備。噢，這不代表我討厭準備考試。對現在的我來說，有必要到大學繼續進修。依照目前的腳步前進，未來還會學到更多知識，還會有更多邂逅。邂逅？

會有這樣的想法，應該是因為剛才蒂蒂說了「藉由和其他人的連結學習」吧。不知為何，這句話讓我很在意。

確實，我一直在學習。和米爾迦、蒂蒂、村木老師，以及在高中以前碰到的所有人們一起學習。進入大學以後，應該也會有很多與其他人的邂逅，有很多學習新事物的機會吧。

伴隨著這樣的想法，我繼續在學校努力學習著。

4.3.2　非歐幾里得幾何學

下課後，我朝著圖書室走去。

圖書室內，米爾迦和蒂蒂正熱衷於討論某件事。

「若要討論非歐幾里得幾何學，自然得先從歐幾里得幾何學開始講起。」米爾迦開始了她的《講課》。

得先從歐幾里得幾何學開始講起。

我們正在學習的幾何學，是基於西元前 300 年左右，由**歐幾里得**寫成的十三冊《幾何原本》衍生出來的學問。雖然《幾何原本》原本想講的並不是幾何學。

《幾何原本》的內容是由**定義**與公設開始，一步步寫出各項證明。而《幾何原本》的寫作風格，便成為了數學式申論的典範。

這些就是定義。

1. 點不可以再分成部分。

2. 線是無寬度的長度。

3. 線的兩端是點。

4. 直線是與它自己上面的點相平齊的線。

5. 面只有長度和寬度。

6. 面的邊是線。

7. 平面是與它上面的直線相平齊的面。

$\vdots$

23. 平行線是在同一平面內，往兩端不斷延長卻不相交的直線。

　　『點不可再分成部分』這句話看起來不太像個定義。這裡可以把這句話看成是在宣告之後要使用『點』這個專用術語。

　　重要的是之後的公設。公設上寫著「要求」，這代表『以公設形式寫出的敘述不證自明。要求讀者無條件接受這些敘述』。換句話說，公設可說是不證自明的命題。有了公設以後，我們就可以使用點和直線這些工具證明其他命題，也可將公設視為定義專用術語用的敘述。公設也可稱為公理或設準。

　　讓我們實際看看這些公設吧。

要求下面的敘述（或前提）設定為準則：

1. 從一點向另一點可以拉一條直線。
2. 任意線段能不斷延伸成一條直線。
3. 給定任意點與距離（半徑），可以作一個圓。
4. 所有直角都相等。
5. 若有一條直線與另兩條直線相交，並且在同一邊的內角和小於兩個直角，則將這兩條直線不斷延長後，必在內角和小於兩個直角的一側相交。

在歐幾里得的《幾何原本》中，公理相當重要。因為所有定理都是從這些公理證明出來的——然而，在我們剛才讀過的這些公理中，有個很大的問題。

◎　◎　◎

「有個很大的問題。」米爾迦說完後，閉起了嘴巴。

「……很大的問題，是指什麼呢？」蒂蒂問道。

「是說平行線公理嗎？」我插話回答。說到非歐幾里得幾何學，那就一定得提到平行線公理。

「沒錯。把第五個公理讀出來吧，蒂蒂。」米爾迦說。

「啊，好的……我看看——

　　若有一條直線與另兩條直線相交，並且在同側的內角和小於兩個直角，則將這兩條直線不斷延長後，必在內角和小於兩個直角的一側相交。

——好長喔！這就是平行線公理啊……」

「畫出圖來看的話就好懂囉。」我說。「首先，畫出一條直線，並使其與兩條直線相交。假設一條直線 n 與兩條直線 l 與 m 相交——

——接著，使同一邊的內角和小於兩個直角。

——這麼一來，這兩條直線就會在內角和小於兩個直角的一側相交。」

「原來如此。看起來確實是這樣。」蒂蒂說。「這樣還有什麼問題嗎？」

「他剛才畫的只是說明平行線公理這個敘述時所用的圖而已。」米爾迦說。「問題並不在於平行線公理是否正確。問題在於，這個平行線公理是否有必要以《公理》的形式存在。」

「因為公理不能寫得那麼落落長嗎？」

「平行線公理確實很長。和其他四個公理相比，這個公理明顯長了許多。不過，長並不表示不好。數學家們懷疑，這個公理應該能用其他公理證明出來才對。歐幾里得總是將公理做為前提寫出證明，要是平行線公理可以由其他公理證明出來的話，就沒有必要賦予它《公理》的地位，對其另眼相看了。做為基礎的公理越少越好。歐幾里得認為，平行線公理有必要以《公理》的地位存在。不過，歐幾里得的想法是正確的嗎？如果有人可以用其他四個公理證明出平行線公理的話，就表示歐幾里的想法是錯誤的。」

「很大的問題就是指這個啊……」

　　「有許多數學家曾研究過能否以其他四個公理證明出平行線公理。如果成功證明出來，將會是一個非常重大的發現。然而卻沒有一位數學家成功。」

　　「變成未解決問題了嗎？」蒂蒂問。

　　「十八世紀的數學家，**薩凱里**嘗試用反證法來證明平行線公理。也就是說，他一開始假設平行線公理不成立，並希望由此推導出矛盾的結果。薩凱里在研究的最後得到了很神奇的結果，雖然推導出矛盾之處——也就是證明了平行線公理應設為公理——但這種矛盾卻不是邏輯上的矛盾。這種神奇的結果就是所謂的《薩凱里預言性的發現》。」

　　「薩凱里預言性的發現？」我說。我大概曉得非歐幾里得幾何學在討論些什麼，卻從來沒聽過薩凱里預言性的發現。

　　「就是這個發現。」米爾迦吟詠般地說道。

假設平行線公理並不成立，

　『平面』上的兩條『直線』將可能擁有以下之一的性質——

- 在兩個方向上，皆離得越來越遠，或者
- 在一個方向上離得越來越遠，但另一個方向上無限靠近。

　　「這好像謎語一樣呢」蒂蒂喃喃地說。

　　「薩凱里嘗試在沒有平行線公理的情況下，建立平面幾何學，卻發現三角形的內角和會小於 $180°$，但這卻不能說邏輯上有矛盾。另外，**朗伯**證明了：若存在相似卻不全等的三角形，則可導出平行線公理。但即使如此，也不代表朗伯證明了平行線公理。」

　　「說起來，在球面上也作不出相似但不全等的三角形耶……」我說。

「總而言之，」米爾迦繼續說了下去。「沒有人能夠證明平行線公理必須為公理，也沒有人能證明可以不是公理。直到十九世紀，**鮑耶**和**羅巴切夫斯基**整理出了非歐幾里得幾何學。」

「原來如此！」蒂蒂猛烈地點著頭附和。「就算一個人做不到，在鮑耶和羅巴切夫斯基兩個人的合作之下終於證明出來了！」

「並不是那樣。兩個人在互相不知道彼此的研究之下，各自發現了這個領域。兩人幾乎在同一個時期發現了非歐幾里得幾何學。不過，在這兩人之前，大數學家高斯也可算是非歐幾里得幾何學的發現者之一。」

「這樣的話，那麼……」蒂蒂說。「究竟他們證明了平行線公理成立，還是證明了平行線公理不成立呢？」

「都不是。」米爾迦說。

「都不是？」

4.3.3　鮑耶與羅巴切夫斯基

米爾迦繼續說了下去。

「薩凱里假設平行線公理不成立，並設法推導出矛盾之處。與之相比，鮑耶與羅巴切夫斯基則是使用一個不同於平行線公理的公理，設想出另一套不同於歐幾里得幾何學的幾何學體系，那就是非歐幾里得幾何學。歐幾里得幾何學是以包含了平行線公理在內的五個公理為出發點，推導出來的幾何學體系。鮑耶與羅巴切夫斯基則是拿掉平行線公理，以另一個公理取而代之，再用這五個公理為出發點，建立出非歐幾里得幾何學體系。鮑耶與羅巴切夫斯基所推導出來的幾何學，現在稱做雙曲幾何學。若以直線的數目來看的話，這些系統的性質可整理如下。」

- **球面幾何學**

  不存在通過直線 l 外一點 P 且不與 l 相交的直線

- **歐幾里得幾何學**

  存在 1 條通過直線 l 外一點 P 且不與 l 相交的直線

- **雙曲幾何學**

  存在 2 條以上通過直線 l 外一點 P 且不與 l 相交的直線

「我想問個問題。」蒂蒂舉起了她的手。「球面幾何學、歐幾里得幾何學、雙曲幾何學，這三種幾何學中，哪個才是真正的幾何學呢？」

「三個都不是真正的幾何學喔，蒂蒂。」我說。「或者說，三個都是真正的幾何學。不管是歐幾里得幾何學，還是非歐幾里得幾何學，都是真正的幾何學。基於公理，思考如何證明出定理，或者思考如何證明數學上的論述，就是所謂的數學，所以這三個都是真的數學，只是基於不同的公理建立而成。」

聽完我說的話之後，蒂蒂邊咬著指甲邊思考，然後說「這就是《假裝不知道的遊戲》對吧！」並接著說「我們做的事一直都相同，依照相同的模式推論。不管是討論群*1、討論數理邏輯學*2、討論機率*3，還是討論拓樸空間，我們都是用同一套方法處理。我們重視從公理可以推導出什麼敘述。幾何學也是這樣吧。」

「是啊。」我回答。

「數學家會先決定公理。」米爾迦說。「由公理證明出來的論述，就是定理。也因此，數學的研究不會被這個世界的規則束縛。不過，歐幾里得可能沒想到那麼多吧。」

「人家原本以為，幾何學研究的是我們周圍會出現的各種形狀。難道，其實和現實中的形狀無關嗎？」

「說無關就太誇張了。」米爾迦說。「從歷史來看，人們是因為想瞭解自己周遭的形狀，才發展出了幾何學。然而數學所研究的，並不限於現實中成立的幾何學——或者說不限於在我們的宇宙中成立的幾何學。」

---

*1《數學女孩／費馬最後定理》

*2《數學女孩／哥德爾不完備定理》

*3《數學女孩／隨機演算法》

「……」蒂蒂再度進入了沉思。

我和米爾迦也陷入沉默。

我們在圖書室內。圖書室外有學校、有城鎮、有國家、有地球、有宇宙。相較於整個宇宙，在這小小的地球、小小的國家、小小的城鎮、小小的學校、小小的圖書室內，我們三人正在思考。然而，我們思考的形狀，卻超越了宇宙的樣子。

「我們真的懂了嗎？」

米爾迦在說出口的同時站了起來。她抬起頭，黑色長髮隨之大幅擺動。

◎　◎　◎

我們真的懂了嗎？

我們知道什麼是直線，知道什麼是平行線。我們以為我們都懂了。但是，我們真的懂了嗎？

聽到直線時，我們會在腦中描繪出某種東西。聽到平行線時，我們會在腦中描繪出另一種東西。聽到要取直線外一點，並做一條新的直線通過這個點時，我們會在腦中描繪出「那樣的東西」。就算有多種可能的情況、就算要延伸到無限遠處，我們也能夠在腦中描繪出「那樣的東西」。

若問我們，通過直線外一點且與該直線平行的直線是否存在，我們會回答存在。若問我們，這樣的平行線是否唯一，我們會回答是唯一。只要直線延伸途中不會彎曲，那就只存在唯一的平行線。這是我們的想法。

明明我們腦中描繪出來的樣子那麼清楚，為什麼又想得到不存在平行線的幾何學呢？又為什麼想得到存在多條平行線的幾何學呢？

數學家都是脫離現實的幻想家嗎？

——不是那樣的。

數學家都是主張不曉得無限遠處會發生什麼事的不可知論者嗎？

——不是那樣的。

數學家都是認為直觀必定有誤的悲觀主義者嗎？

　　——不是那樣的。

數學家都是認為不可能畫出嚴格平行線的現實主義者嗎？

　　——不，不是那樣的。

數學家都只是重視邏輯的一群人而已。若將平行線公理換成其他公理，就會產生不同的幾何學。這種想法相當驚人。

非歐幾里得幾何學難以被世間的人們接受。就像《伽利略的遲疑》*4 一樣。《自然數與完全平方數之間存在對射關係》，就算不是伽利略，也能感覺到其不合理之處。然而，全體與部分之間的一對一對應，卻可用來定義無限。

平行線公理也是一樣。既然無法證明平行線公理，不就表示我們可以用平行線公理以外的命題，建立《另一種幾何學》嗎？這是一個很驚人的逆向思考。

在《平行線唯一》的要求下，誕生了歐幾里得幾何學這種幾何學；而在《平行線不唯一》的要求下，則誕生了另一種幾何學。

◎　◎　◎

「誕生了另一種幾何學。」米爾迦邊說著，邊坐到我的身旁。「也可以說，幾何學是由一連串的公理所推導出來的系統。」

「我，我知道啦。」我說。米爾迦的臉靠得太近，讓我不經意地後退。

「我有問題！」蒂蒂把手伸到我和米爾迦之間。「歐幾里得幾何學就是平面幾何學，球面幾何學則可以想像地球儀的樣子。但是雙曲幾何學具體來說又是像什麼樣子呢？球面幾何學還可以想像，就是在球面上畫圖對吧。可是雙曲幾何學實在很難想像⋯⋯」

---

*4《數學女孩／哥德爾不完備定理》

「非歐幾里得幾何學難以被理解的理由之一，就是因為一般人總是深信著歐幾里得幾何學的平行線公理，並把他當成不證自明的真理吧。直到克萊因、龐加萊、貝爾特拉米等人建立起非歐幾里得幾何學的《模型》之後，人們才逐漸開始瞭解非歐幾里得幾何學的概念。」

「模型……是指什麼呢？」

「放學時間到了。」

突如其來的聲音把我們喚回了現實。是瑞谷老師的放學宣言。已經到這個時間了嗎？

確實，窗戶外已變得相當昏暗。聽著米爾迦的講課，時間不知不覺就過去了。

4.3.4 　自家

晚上，我待在家中。媽媽和我吃完晚餐後，準備開始清理碗盤。

「爸爸今天會比較晚回來嗎？」我一邊問，一邊從餐桌上把餐具一個個拿到廚房。

「是啊。」媽媽邊洗著碗盤邊回答。

爸爸今天也要加班。媽媽恢復健康之後，爸爸也回到他的工作崗位上。我們家也變回以往的樣子。

「真是抱歉。明明你還在準備考試，卻要麻煩你做一堆事……」

「沒關係啦，這不算什麼。」

「明明你爸爸的工作也很忙，還讓他特地花時間照顧我，也花了不少錢啊。」

「有花那麼多錢嗎？」

「不用擔心這個喔。對了，你的工作又怎麼樣了呢？」媽媽用開朗的聲音問道。

「工作？」

「準備考試，就是你現在的工作，不是嗎？」

「……也是啦。」

「碗盤洗好了。你要喝可可亞嗎？還是要喝南非國寶茶呢？」

「不用啦。我想喝的時候自己會泡咖啡來喝。」我回答「那我去念書了。」

「深夜時別喝太多咖啡因比較好喔。因為啊——」

我邊聽著媽媽說著這些話，邊走進自己的房間。

我們家並沒有完全變回原來的樣子。媽媽出院後，我注意到她偶爾會露出疲累的樣子，以及眼角的皺紋。不曉得是媽媽真的變了，還是我變得特別留意媽媽的樣子。無論如何，媽媽老了是事實，意識到這點的我胸口一緊。歲月真的不待人。

兩小時後。

我在自己的房間內解題庫時，想起了蒂蒂說的話。她說她想要和別人合作。有些事就算一個人做不到，結合許多人的力量就有辦法做到。不過，準備考試就不是這樣了吧？最後還是要靠自己的實力，自己解開考試題目才行。因為這是「我的工作」。

不管是發現新的數學領域，還是證明定理都是這樣。米爾迦今天也說了，建立起非歐幾里得幾何學系統的鮑耶與羅巴切夫斯基，也是獨立證明了自己的發現。

總而言之，現在我應該要專注於「我的工作」才行。我的考試準備可以算順利嗎？要是不能預期到無限遠處是什麼樣子，就稱不上是真的順利吧。

也不用講到無限遠處。

只要到明年的春天就好。

能否合格，只要知道這一點就好。

4.4 跳脫畢氏定理

4.4.1 麗莎

隔天放學後，我一走出教室，就看到一個滿頭紅髮的女孩子站在我的眼前。這位把筆記型電腦夾在腋下、頭髮參差不齊的少女——名字叫做麗莎。

「我來叫你過去」她用有些沙啞的聲音說著。

「叫我……過去？是誰叫我過去呢？」

「米爾迦小姐。」

她簡短回答之後便自顧自地踏出腳步。麗莎是高一生，也是米爾迦的親戚。她很擅長寫程式，總是拿著顏色和她的頭髮一樣火紅的筆記型電腦走動。

她帶我來到視聽教室。教室前方已拉下了一塊大型白色屏幕擋在黑板前。

「終於來了。」坐在講台上，交叉著雙腳的米爾迦說。

「抱歉在你那麼忙的時候找你來。」最在最前排的蒂蒂說。

「找我來…有什麼事嗎？」我問。「我原本是想要直接過去圖書室的。」

「繼續昨天話題，來談談非歐幾里得幾何學的模型吧。」米爾迦說。「我想你應該也會有點興趣，很快就可以講完了。」

在米爾迦說話的同時，麗莎把電腦連接上視聽教室的機器，開始了她的操作。

「舞台燈暗。」麗莎這麼宣告後，按下了按鈕。隨著窗簾自動合起、天花板的燈暗下，屏幕上逐漸顯示出投影機投影出的影像。

4.4.2 距離的定義

　　「若我們想在平面上從點 P 走到點 Q，最短的路徑就是沿著直線前進。就像是這裡畫出的線段 PQ 一樣。」黑暗中的米爾迦說著。不，也不是完全黑暗。屏幕反射的亮光映照在每個人的臉上。「之所以說這是最短路徑，是因為我們有定義兩點間的距離如何計算。要是沒定義什麼是距離，就不曉得這條路徑是不是最短了。那麼蒂蒂，兩點間的距離應該要如何定義呢？」

　　「可以由兩點的座標計算出來。」蒂蒂說。「假設兩點是 $P(x_1, y_1)$ 和 $Q(x_2, y_2)$，那麼兩點間的距離可以由以下方式計算出來

$$距離 = \sqrt{(x_2 - x_1)^2 + (y_2 - y_1)^2}$$

」

　　「這個式子的背後是**畢氏定理**。」米爾迦繼續說著。

$$距離^2 = (x_2 - x_1)^2 + (y_2 - y_1)^2$$

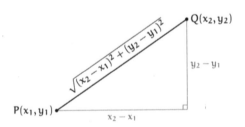

「這裡，我們可以用 x 座標的變化與 y 座標的變化定義距離。不管是多微小的變化都可以，設 x 座標的微小變化為 dx、y 座標的微小變化為 dy，便可定義微小的距離 ds。這裡的 ds 就稱作**線元素**。dx、dy、ds 之間的關係為

$$ds = \sqrt{dx^2 + dy^2}$$

也可表示為

$$ds^2 = dx^2 + dy^2$$

也就是說，歐幾里得幾何學中的距離，是由畢氏定理定義出來的；反過來說，由畢氏定理所定義出來的距離，就是歐幾里得幾何學。那麼接下來，就讓我們用與畢氏定理不同的方法，定義新的距離吧。」

「用與畢氏定理——不同的方法？」我說。

「沒錯。由新的距離定義，我們可以從歐幾里得幾何學衍生、建構出新的幾何學。這就是在歐幾里得幾何學之上建構出來的模型。」

◎　◎　◎

這就是在歐幾里得幾何學之上建構出來的模型。

用畢氏定理定義出距離之後，就可以沿著最短距離在兩點間直直地移動。然而，要是改變距離的定義，兩點間的最短距離在我們的眼中看起來就會彎彎的。

地球上的大圓雖然是地球上的最短路徑，在地圖上看起來卻是彎的，和這是同樣的道理。

讓我們試著在歐幾里得幾何學之上，建構出鮑耶和羅巴切夫斯基發展出來的雙曲幾何學模型吧。其中一種，就是**龐加萊圓盤模型**。

4.4.3　龐加萊圓盤模型

「就是龐加萊圓盤模型。」米爾迦說完後。屏幕上出現了一個很大的圓盤。

龐加萊圓盤模型

「這就是龐加萊圓盤模型嗎？」蒂蒂說。

「沒錯，這就是在『平面』上畫出一條『直線』時的樣子。龐加萊圓盤模型中的『平面』是座標平面上，以原點為中心之半徑為 1 的圓的內部。圓周沒有被包含在『平面』內。也就是說

$$D = \{(x, y) \mid x^2 + y^2 < 1\}$$

滿足上式的範圍 D，就是龐加萊圓盤模型的『平面』。」

「圓的內部就是『平面』……」

「而龐加萊圓盤模型的『點』，就是這個圓盤內的點；龐加萊圓盤模型的『直線』，則是與圓盤圓周垂直的圓弧。做為特例，相當於圓盤直徑的線，也被視為龐加萊圓盤的『直線』。不管是圓弧還是直徑，它們與圓盤圓周的交點都沒被包含在『直線』內。」

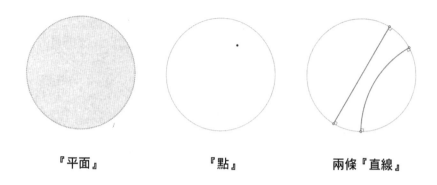

『平面』　　　　　　　　『點』　　　　　　　　兩條『直線』

「最右邊的圖是龐加萊圓盤模型中的兩條『直線』。其中一條畫成了圓弧的樣子，怎麼看都不像是最短路徑。不過，依照龐加萊圓盤模型所定義的距離，這確實就是最短路徑沒錯。」

「這條線看起來是彎的，卻是最短路徑啊……」蒂蒂說。「這個看起來彎彎的『直線』，是另一個圓的圓弧，而且和圓盤圓周垂直是嗎？」

「沒錯。」米爾迦點了點頭。「那麼，接下來就試著在這個龐加萊圓盤上畫出『平行線』，看看會像什麼樣子吧。考慮『直線』l，以及不在 l 上的『點』P，然後通過『點』P 描繪出其他『直線』──麗莎？」

在麗莎的操作下，屏幕上的圖切換成了另一組圖。

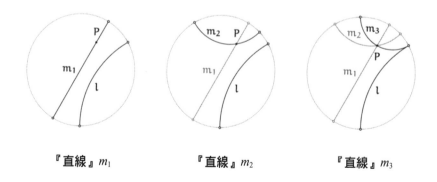

『直線』m_1　　　　　　　『直線』m_2　　　　　　　『直線』m_3

「從最左邊開始，我們可畫出一條條與 l 不相交的『直線』$m_1, m_2,$ m_3。m_1, m_2, m_3 都是通過 l 外一點 P 的『直線』，卻沒有與 l 共用的『點』。這裡雖然只畫出了 m_1, m_2, m_3 這三條線，但事實上可以畫出無

數條。歐幾里得幾何學中只能畫出一條平行線，然而雙曲幾何學卻能畫出無數條『平行線』。」

「請等一下。」蒂蒂說。「m_3 和 l 不是相切在圓周上嗎，那這個切點不就是這兩條線共用的『點』嗎？」

「不是喔，蒂蒂。」我插嘴說。「這個龐加萊圓盤圓周上的點並不是『點』。因為『平面』僅限於這個龐加萊圓盤的內側範圍，不包含圓周。所以說，l 和 m_3 之間並不存在共用的『點』……是這樣沒錯吧？」

「沒錯。」米爾迦點了點頭。「而這個龐加萊圓盤模型，剛好可以對應到《薩凱里預言性的發現》。l 與 m_1 的關係以及 l 與 m_2 的關係，正好就是《在兩個方向上，皆離得越來越遠》；而 l 與 m_3 的關係，正好就是《在一個方向上離得越來越遠，但另一個方向上無限靠近》。」

「不好意思，暫停一下。」蒂蒂說。「雖然剛才你說會無限靠近，但是因為這些線沒有辦法跑出圓盤外，所以距離應該是有限的才對吧。而且，從剛才起我就很在意一件事。龐加萊圓盤模型上的『直線』沒辦法無限延伸。這樣的話，是不是表示雙曲幾何學也和球面幾何學一樣，『直線』是有限的呢？」

「不，不是這樣的。龐加萊圓盤模型上的『直線』和歐幾里得幾何學中的直線一樣，可以無限延伸。」米爾迦說。「因為，龐加萊圓盤模型對『距離』的定義和歐幾里得幾何學不同。」

「對『距離』的定義不一樣……？」蒂蒂歪著頭說。

「歐幾里得幾何學中所定義的平面——也就是歐幾里得平面中，線元素 ds 可以用畢氏定理計算獲得。

$$ds^2 = dx^2 + dy^2$$

相較於此，雙曲幾何學之龐加萊圓盤中的『平面』中，線元素 ds 的計算方式可表示如下

$$ds^2 = \frac{4}{\left(1 - (x^2 + y^2)\right)^2}(dx^2 + dy^2)$$

比較後，可發現兩者差在有沒有乘上這個係數

$$\frac{4}{(1-(x^2+y^2))^2}$$

乘上這個係數後，便與畢氏定理分道揚鑣了。一般而言，決定空間中距離的函數又稱作**度量函數**。決定線元素的形式後，便可得到空間的度量函數，在這個空間內計算出距離。」

歐幾里得幾何學的座標平面模型中的線元素

$$ds^2 = dx^2 + dy^2$$

雙曲幾何學的龐加萊圓盤模型中的線元素

$$ds^2 = \frac{4}{(1-(x^2+y^2))^2}(dx^2 + dy^2)$$

「『點』越靠近圓盤的圓周，ds 就越大，是嗎？」我說。「因為如果『點』越靠近圓盤的圓周，分母 $1-(x^2+y^2)$ 就越靠近 0。」

「沒錯。隨著和原點之歐幾里得距離 $\sqrt{x^2+y^2}$ 的不同，線元素 ds 也會不一樣。假如說龐加萊圓盤內有一個『等速度』移動的『點』。我們觀察這個『點』時，會發現當這個『點』越靠近圓周，就會走得越慢，且永遠沒辦法抵達圓周。」

「明明是『等速度』移動，卻會越來越慢啊。」蒂蒂說。

　　「這裡說的『等速度』，指的是用龐加萊圓盤模型上的『距離』所計算出來的『速度』保持一定。」米爾迦說。「然而這裡說的越來越慢，則是用歐幾里得距離的角度觀察到的結果。我們可以用積分來定義『點』所移動的『距離』。」

◎　◎　◎

　　我們可以用積分來定義『點』所移動的『距離』。

　　假設時間為 t 時，點位於 $(x(t), y(t))$ 位置上。隨著時間 t 的變化，點也會跟著移動，進而畫出曲線。x 方向與 y 方向上的速度分別是 $\frac{dx}{dt}$ 和 $\frac{dy}{dt}$。由此得到移動速度 $\frac{ds}{dt}$ 為，

$$\left(\frac{dx}{dt}\right)^2 = \left(\frac{dx}{dt}\right)^2 + \left(\frac{dy}{dt}\right)^2$$

整理後可得

$$\frac{ds}{dt} = \sqrt{\left(\frac{dx}{dt}\right)^2 + \left(\frac{dy}{dt}\right)^2}$$

　　在歐幾里得幾何學中，將這裡的 $\frac{ds}{dt}$ 對 t 積分後，便可求出移動距離。當時間 t 從 a 變成 b 時，移動的點所畫出來的曲線長度，也就是從 $(x(a), y(a))$ 到 $(x(b), y(b))$ 畫出來曲線長，可用以下積分式具體定義出來。

$$\int_a^b \sqrt{\left(\frac{dx}{dt}\right)^2 + \left(\frac{dy}{dt}\right)^2}\, dt$$

　　考慮龐加萊圓盤模型中的相同情況。我們同樣可以積分式定義出曲線長度如下。

$$\int_a^b \frac{2}{1 - (x^2 + y^2)} \sqrt{\left(\frac{dx}{dt}\right)^2 + \left(\frac{dy}{dt}\right)^2}\, dt$$

　　龐加萊圓盤模型的線元素ds，越靠近龐加萊圓盤的圓周，代表的距離就越大。就算在歐幾里得幾何學中看起來是同樣的長度，從雙曲幾何學的角度來看，越靠近圓周就越長。這就像是在用麥卡托投影法所畫出來的地圖中，越靠近南北極，地圖上的陸地就會放得越大一樣。

　　剛才蒂蒂說，龐加萊圓盤模型的『直線』不會無限延伸。但這其實是從歐幾里得幾何學的角度來定義長度的結果。如果從龐加萊圓盤的角度來定義『長度』的話，就不是這樣了。對雙曲幾何學的居民來說，圓盤的圓周就像是在遙遠彼端的地平線一樣，不管走多久都抵達不了圓周。

　　這就是龐加萊圓盤模型。

◎　◎　◎

　　「這就是龐加萊圓盤模型。」米爾迦說。「讓我們再看一些有趣的東西吧。我們可以用正三角形、正四邊形、正六邊形磁磚來填滿歐幾里得平面。」

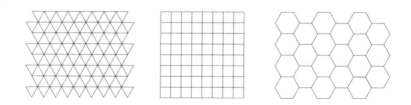

我們可用正 n 邊形來填滿歐幾里得平面

　　「讓我們試著用同樣的概念，在龐加萊圓盤上填滿『正 n 邊形』的磁磚吧。」

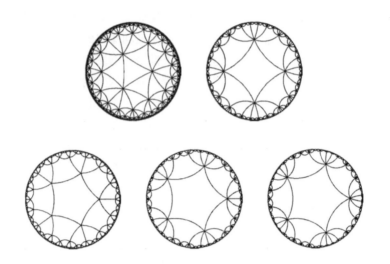

用正 n 邊形填滿龐加萊圓盤

「這看起來好像艾雪的版畫喔！」蒂蒂大聲說出感想。

「沒錯。版畫家 M. C. 艾雪以雙曲幾何學的龐加萊圓盤模型為基礎，創作了許多版畫作品。」米爾迦回答。

「原來是這樣啊……」我說。

「就像薩凱里的發現一樣，雙曲幾何學中，三角形內角和確實小於 180°。而且，在龐加萊圓盤的度量方法下，這個『正 n 邊形』的每個邊皆『等長』。」

「越靠近圓周的話，『邊』看起來就越短耶。」

「沒錯，龐加萊圓盤模型中，『等長』的『線段』越靠近中心看起來就越長，越靠近圓周看起來就越短。這是因為在龐加萊圓盤模型的度量方法下，『長度』會隨著和中心的歐幾里得距離而改變。」

「這表示當我們看著龐加萊圓盤的時候，就可以看到世界的盡頭了是嗎！」

「原來如此。」我說。「仔細想想，當我們站在歐幾里得平面上眺望地平線時，同樣也在有限的視野內看到了無限的盡頭對吧。原理就和這個一樣……」

然後，蒂蒂接著說「小麗莎是用電腦畫出許多這種圖的嗎？」
「不要加《小》」麗莎說。「用繪圖工具就畫得出來了。」
「我一定要把這個圖也放進去。」蒂蒂像是下定決心般說著。

4.4.4　半平面模型

「雙曲幾何學的模型不是只有龐加萊圓盤模型而已。」米爾迦說。
「就拿半平面模型來說，讓我們試著在這個模型上畫出兩條『直線』
吧，就像我們剛才在龐加萊圓盤模型中做的一樣。」

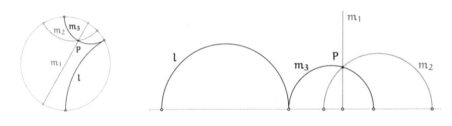

龐加萊圓盤模型　　　　　　　　　　　半平面模型

「定義半平面上的 H^+ 如下

$$H^+ = \{(x, y) \mid y > 0\}$$

並定義線元素 ds 如下。這就是半平面模型。」

雙曲幾何學的半平面模型中的線元素

$$ds^2 = \frac{1}{y^2}(dx^2 + dy^2)$$

「如這條式子所示，ds 會隨著 y 改變。當 y 越接近 0 時——也就是越靠近 x 軸時，線元素 ds 就越大。對於這個雙曲幾何學的居民而言，半平面模型的 x 軸位在無限遠處，是永遠無法抵達的地平線盡頭。」

「永遠無法抵達的地平線盡頭……」蒂蒂說。

「龐加萊圓盤模型中《圓盤的圓周》是永遠無法抵達的地平線盡頭，而半平面模型中與之對應的則是《x 軸與無限遠的點》。」

4.5　超越平行線公理

「原來如此……」我說。「由線元素 ds 的計算，可以知道隨著座標平面上的點（x, y）的不同——也就是隨著位置的不同——微小距離所代表的長度也會不一樣。即使同樣都是雙曲幾何學，隨著線元素定義的不同，可以衍生出龐加萊圓盤模型和半平面模型等不同模型。就像繪製地圖時，可以使用麥卡托投影法、摩爾魏特投影法（Mollweide projection）、等距方位投影法（azimuthal equidistant projection）等不同投影方式，將同一個地球畫成不同的地圖。」

「關於這點，」米爾迦指著我說。「我們可以試著考慮如何藉由線元素的定義方式，也就是距離的度量方式，將所謂的幾何學一般化。」

「一般化？」將幾何學一般化？那是什麼意思呢？

「回想非歐幾里得幾何學從歐幾里得幾何學中誕生的經過，可以知道關鍵就在平行線公理。」米爾迦說。「羅巴切夫斯基和鮑耶就是用另一個公理替換掉平行線公理，進而建構出雙曲幾何學。在雙曲幾何學中，通過『直線』外一『點』且與其平行的『直線』有無限多條。」

「是啊。」蒂蒂點了點頭。「依照平行線數目的不同，幾何學可以分成三種。分別是球面幾何學、歐幾里得幾何學，還有雙曲幾何學……」

「不過，黎曼超越了對平行線公理的執著，再往前踏了一步。」米爾迦說。「他試著將度量方法一般化。他並非把焦點放在新的幾何學上，而是把注意力放在能開創出新幾何學的度量方法。只要改變度量方法，就會有新的幾何學誕生。所以他想藉由研究度量方法，開創出無限

種幾何學。像這種將度量方法納入考量的幾何學，就稱作**黎曼幾何學**。」

「雖然我有聽過黎曼幾何學，但沒想到原來是這樣的東西啊。我原本還以為黎曼幾何學是非歐幾里得幾何學的一種。」

「黎曼幾何學這個術語有兩個不同的意思。首先，黎曼幾何學可能是指由黎曼發展出來的非歐幾里得幾何學。」米爾迦說。「不過，黎曼幾何學之所以那麼重要，是因為它引入了度量方法的概念，將幾何學一般化。故這裡的黎曼幾何學指的就是無數種幾何學的總稱。」

「原來是這個樣子啊。」蒂蒂說。「所謂的黎曼幾何學——就是歐幾里得幾何學和非歐幾里得幾何學，再加上許多我不曉得的無數種幾何學後，得到的幾何學總稱。在黎曼幾何學的各種幾何學中，歐幾里得幾何學只是 one of them 嗎!?」

「就是這個樣子。」米爾迦說。

◎　◎　◎

就是這個樣子。

龐加萊圓盤的線元素可表示為

$$ds^2 = \underbrace{\frac{4}{\left(1-(x^2+y^2)\right)^2}}_{g(x,y)} \left(dx^2 + dy^2\right)$$
$$= g(x,y)\left(dx^2 + dy^2\right)$$

而 dx^2 和 dy^2 可分別改寫成 $dxdx$ 和 $dydy$，接著再將 $dxdy$ 和 $dydx$ 明示寫出，那麼 ds^2 便可表示如下。

$$ds^2 = g(x,y)\,dxdx + 0\,dxdy + 0\,dydx + g(x,y)\,dydy$$

再來，將上式的係數 $g(x,y), 0, 0, g(x,y)$ 分別設為 $g_{11}, g_{12}, g_{21}, g_{22}$；將 x, y 分別改寫為 x_1, x_2，可得到下式。

$$ds^2 = g_{11}\,dx_1dx_1 + g_{12}\,dx_1dx_2 + g_{21}\,dx_2dx_1 + g_{22}\,dx_2dx_2$$

或者可將 ds^2 寫成這個樣子。

$$ds^2 = \sum_{i=1}^{2} \sum_{j=1}^{2} g_{ij} \, dx_i \, dx_j$$

這時的 g_{ij} 就是用來表示某個點在某個方向上的長度，和歐幾里得幾何學中的長度差多少的函數。若再為這裡的 g_{ij} 加上某些條件，這種形式的度量方法就稱作 **黎曼度量**。定義出黎曼度量中的線元素 ds 之後，將其積分，就可得到這個空間上某個曲線的『長度』了。

　　給定度量方法以及連接兩點的曲線，就可以用積分定義出曲線的長度。接著可再由曲線的長度定義出兩點間的距離。在歐幾里得空間中，這兩點間的距離，就是連接兩點線段的長度。

　　度量是距離計算方法的一般化。不管是在歐幾里得幾何學、球面幾何學，還是在雙曲幾何學中，度量都不會因為方向的不同而有所差異。雖然我們一般認為，在空間中不管從哪個方向量測距離，量到的距離應該都相同，但其實我們還可以考慮距離會隨著位置及方向改變的情形。

　　鮑耶和羅巴切夫斯基原本是想證明平行線公理，後來卻發展出了雙曲幾何學。雙曲幾何學就是非歐幾里得幾何學的一個例子。

　　定義出度量方法後，就可以在歐幾里得幾何學之上建立起雙曲幾何學的模型。也就是龐加萊圓盤模型和半平面模型。黎曼又更進一步，藉由度量創造出了無數的幾何學。黎曼在他的初次登台演講中說明了這個想法，聽到這個想法的高斯大為振奮。那時黎曼只有 27 歲，高斯則是 77 歲。或許高斯從中看見了幾何學未來。

　　幾何學原本是以平行線公理作為起點所建構出來的體系，在我們引入其他公理取代平行線公理時，又建構出了新的幾何學。接著，黎曼不再執著於平行線公理，改由度量方法的調整，建構出無數的幾何學。這使得人們對於空間這個主題的研究前進了一大步。而其研究對象，在現代數學中就稱作 **黎曼流形**。

◎　◎　◎

「稱作黎曼流形。」米爾迦說。

放學鈴聲在這時響起。

「開始撤退。」麗莎說。

4.6 自家

當天晚上。

我的書桌上擺著一杯盛有溫熱南非國寶茶的馬克杯。是媽媽剛才泡給我的。

我想起了今天米爾迦說過的話。

我以為，我早就明白什麼是歐幾里得幾何學了，畢竟這是數學書籍中常出現的話題。我聽過鮑耶、羅巴切夫斯基、黎曼等人的名字，也看過許多球面幾何學或其他形狀奇怪的圖形，當然也知道平行線公理有什麼樣的意義。

然而，我卻從來沒有想過跳出平行線公理、跳出畢氏定理的規範後會發生什麼事。雖然看過艾雪（Escher）的版畫，卻不曉得那和雙曲幾何學的龐加萊圓盤模型有什麼關係。也沒想到原來只要改變度量方法，就可以建構出無數種幾何學——藉此研究無數種空間。

怎麼會這樣呢？這連《假裝不知道的遊戲》都稱不上。我甚至從一開始就什麼不知道！

焦慮。

我什麼都不知道。世界上到處都是我不明白的事物。我還沒作好面對世界的準備。就像是考前準備逼得我快喘不過氣來一樣，我對自己的無知感到相當無力。

我一邊體會著這樣的焦慮，一邊機械性地將馬克杯移向嘴巴。至少我還能感覺到溫熱的南非國寶茶流過我的喉嚨。

不對、不對、不對。思考的方向錯了。正因為無知，才要學習；正因為準備不足，才要好好準備。

　　忘了是什麼時候的事，記得由梨曾和我說過「數學不會逃跑」之類的話。所以不要擔心。所以不要焦慮。

　　數學不會逃跑。

　　於是，我今天也開始解題。
　　這是為了我的明天，也是為了我的未來。

幾何學的公理
並不是先天性的綜合判斷，
也不是實驗性的事實。
那是規範。
——昂利・龐加萊《科學與假設》

第 5 章
跨入黎曼流形

於是我將「拓展至多維空間」的概念，
用一般的數量概念建構成新的問題。
自此之後「拓展至多維空間」一事，
便與各種屬量方法有關。
故我們可以得到，所謂的三維空間，
也只是「拓展至三維空間」這種特例而已。
——波恩哈德‧黎曼（Bernhard Riemann）

5.1 跳脫日常

5.1.1 輪到自己接受測試

高中一年級、高中二年級，然後是高中三年級。

我的高中是前段高中，從入學起，升大學的話題就常出現在我們的周圍。給監護人看的高中介紹手冊，也總是寫著有多少人考上了哪個大學這種自我推銷的句子。還有像是各大學醫學系入學考試的合格率、國立公立大學的入學成績等等。

高中一年級、高中二年級，然後是高中三年級。

我們看著學長姐們參加考試，然後畢業。現在，屬於我們自己的考

季也終於正式來臨。沒錯，與逐漸降低的氣溫、逐漸冷冽的寒風一起降臨。

　　站在大考的《外面》眺望，和處於大考的《裡面》拼搏，是完全不一樣的感覺。旁觀者可以像是事不關己般，用輕浮的態度說著自己的預測結果，但身在其中的人卻得堅持著，讓自己不輕易被狂潮般的資訊吞沒。在自己的周圍，也只能看到世界的一小部分。若不曉得自己的位置，就不曉得未來在哪裡。所以我們也只能戰戰兢兢地小心前進。

　　然後，突然地，我們就畢業了。學長姐們也是這樣撐過一波波壓力的嗎？直到自己成為當事者，才曉得這樣的壓力有多驚人。我對大學入學考試感到恐懼，恐懼自己被測試的那一天逐漸逼近。

　　我──真是個愚蠢的人啊。在成為當事者以前，居然從來沒想過那麼簡單的事。

5.1.2　為了打倒龍

　　「我說哥哥！有聽到由梨講話嗎？」

　　由梨的大聲呼喊打斷了我的思考。

　　今天是星期六，這裡是我的房間。

　　表妹由梨和平常一樣來我家玩。

　　「由梨還真是輕鬆呢。」我嘆了口氣說。「我現在正忙著讀題庫的詳解喔。」

　　「不是解出來了嗎？那就好啦。」

　　「寫題庫的時候，重點並不是在有沒有解出答案喔。重要的是確定自己的理解正不正確，有沒有其他更好的想法之類的。讀詳解的時候，常可找到自己的弱點，找到弱點之後再加以補強。如果不是這樣的話，寫題庫就沒有意義了不是嗎？給自己回饋是很重要的喔。」

　　「嗚哇，好認真。考試的準備還順利嗎？」

　　「還算順利喔。不過有時候會被表妹會打斷就是了。」

　　「你在說什麼啊。準備考試不就是解題庫嗎？總之一直解題就對了。」

「但是大學考試的時候，不一定會出和題庫內一樣的考題啊。秋天時會有實力測驗，到了冬天，聖誕節前還會有《合格判定模擬考》。我想在這個判定模擬考中得到好成績，但是剩下的時間不多了」……為什麼我要對一個國中生講這些呢？「由梨不是也有高中入學考的判定模擬考嗎？」

「好像有吧。不過那個順其自然不就好了嗎？啊——還好我是國中生！」由梨一邊說著，一邊鬆開她的馬尾，開始編起了麻花辮。「一本正經的哥哥，就像要去打倒龍一樣。」

5.1.3 由梨的疑問

「先別管龍啦。為什麼要叫我呢？」我說。

「四維骰子是什麼啊？」由梨說。

「四維骰子？」

由梨拿了一本文庫本給我看。那是我在國中時很喜歡看的數學讀物。

「這本書上寫的。它說四維骰子沒辦法拿到三維空間裡，可是我根本不知道四維骰子長什麼樣子啊。」

「四維骰子不就是四維骰子嗎？」

「不要呼嚨我啦！所以說，四維骰子到底是什麼啊？」

「仔細想想就知道囉。我國中的時候也曾經自己想過這個問題。我們的世界是三維的空間，也知道骰子長什麼樣子。這樣的話，四維骰子應該會像什麼樣子呢？」

「只要想想看就能想像出四維空間了嗎？」

「由梨正在讀的那本書中，就有寫到四維空間像什麼樣子囉。四維空間就是三維空間再多加一維之類的……咦，這個話題之前也有聊過吧[1]。」

「哎呀——別這麼說嘛。」

「不過，還是沒辦法解釋得很詳細。畢竟我們沒辦法親眼看到四維

---

[1]《數學女孩／伽羅瓦理論》

的世界嘛。不過，我們可以用我們已知的東西去類推四維骰子的樣子喔。」

「已知的東西是什麼啊？可以推論出四維的什麼東西呢？」

「突然要討論四維空間像什麼樣子可能有點困難，所以我們可以試著從低維的空間思考。國中的時候，我們可以藉由直覺，理解到一維到三維像什麼樣子。這就是我們已知的東西。

- 一維……線的世界
- 二維……面的世界
- 三維……立體的世界

一維、二維，然後是三維。我們大致可以想像這三個世界的樣子。如果仔細研究這些世界像什麼樣子，應該可以類推出四維的世界像什麼樣子才對。這就是我在國中時的想法。」

「咦，哥哥你在國中時就想到這些了嗎？」

「我沒有講過嗎？」

「喵喵喵。再多講一些嘛！」

於是我們就這樣踏上了尋找四維骰子的旅程。

5.1.4　考慮低維情形

「那就照著我國中時的思考順序一個個說明吧。」我說。

「正如我所望！」由梨回答。

「首先我想到的是三維世界中的立方體。骰子是立方體對吧。於是我就在想——立方體的結構是什麼樣子呢？」

於是我就在想——立方體的結構是什麼樣子呢？當然，我很清楚實際上的立方體長什麼樣子。不過，就讓我們再仔細看一遍立方體的結構有什麼性質吧。接著再把這些性質帶到四維空間，說明四維空間的立方體就容易多了。我是這樣想的。

在我努力思考後，得到的結論是：

立方體是由正方形黏合在一起的形狀。

想像一下骰子的樣子應該就知道了。骰子有 ⚀ 到 ⚅ 六個面，而且每個面都是**正方形**。這六個正方形黏合在一起後才會變成一個骰子。所以，我們可以說立方體是由六個正方形黏合起來的形狀。

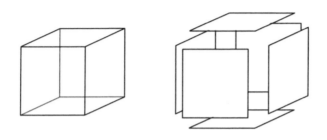

立方體是由正方形黏合起來的形狀

接著，我突然有了一個關於正方形的驚人發現。那就是

正方形可以說是二維的立方體！

把正方形說成立方體好像有點奇怪，但我硬是讓自己想像《正方形是二維的立方體》這樣的概念。這個發現讓我非常興奮。

為什麼我會那麼興奮呢？因為，我注意到

立方體是由正方形黏合起來的形狀

如果把這句話換個方式來說，就會變成

三維立方體是由二維立方體黏合起來的形狀

這件事。

還是國中生的我，雖然很想瞭解四維的立方體，卻連四維立方體像什麼樣子都不知道。不過，當我確認到三維立方體是由二維立方體黏合而成時，就前進了一大步。因為只要把兩者維度再加一，就可以得到以下的推論！

四維立方體是由三維立方體黏合起來的形狀

如果要製作四維的立方體，就把三維立方體——也就是一般的立方體黏合起來就好了！當時我覺得這種想法非常正確。我覺得很正確、很自然、很漂亮。因為其中包含著一貫性。

◎　◎　◎

「因為其中包含著一貫性。」我對由梨說。

「好有趣喔！哥哥，好好玩的樣子喵！」

「我沉迷在這樣的想法中，讓我有點害怕。」

「害怕什麼呢？」

「害怕我想的是錯的啊。」我說。「雖然我有想到四維的立方體是由三維立方體黏合而成，但那畢竟只是我天馬行空地亂想想出來的東西。究竟這個我亂想想出來的東西是不是真的正確呢？我很想好好確認這點。」

「哦哦——」

「所以，我試著思考看看少一維的情形。」

◎　◎　◎

所以，我試著思考看看少一維的情形。三維的立方體就是平時的立方體；二維的立方體就是正方形。

那麼，一維的立方體又是什麼樣子呢？而當我們把一維的立方體黏合起來的時候，有辦法得到二維的立方體——也就是正方形嗎？

我馬上就想到了。

所謂一維的立方體，其實就是正方形的一邊，也就是線段。當我們把一維的立方體——線段黏合起來時，也確實可以得到二維的立方體——正方形！

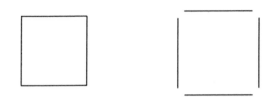

正方形是由線段黏合起來的形狀。

這讓我相當興奮。拿掉一維之後，確實可以得到

　　二維立方體是由一維立方體黏合起來的形狀

這樣的結論。不過，我卻發現這裡有個很大的問題。

◎　◎　◎

「不過，我卻發現這裡有個很大的問題」我說。

「很大的問題……是指？」

「那就是內部是否實心這件事。我發現在製作骰子的時候有兩種可能的情況。一種是用黏土之類的東西製作骰子，做出來的是一個實心的立體。另一種則是用紙張摺出來的骰子，這是一個只有表面有東西，內部中空的立體圖形。」

「兩個不都一樣嗎？這兩個都是立方體嘛。這很重要嗎？」

「很重要啊。國中生的我是從《立方體是由正方形黏合而成的形狀》做為思考的起點。但是，當我們將正方形板這種實心的正方形黏合起來時，得到的卻是中空的立方體。這表示在『內部是否實心』這件事上，產生了前後不一致的狀況。」

「這樣啊……我懂了。明明是拿實心的二維立方體黏合而成，卻得到了空心的三維立方體！這太奇怪了！……是這樣嗎？」

「沒錯。國中時的我在類推這件事上很不服輸。所以覺得內部實心與否，前後應該要一致。」

「哥哥好聰明喔喵。然後呢？後來怎麼解決？」

「只要把實心的圖形，和只有表面的圖形分開來看就可囉。也就是說，分成以下兩類，

- 把實心的圖形稱作骰子體，
- 把只有表面有東西，裡面卻空心的圖形稱作骰子面。

這樣的話，我剛才提到的發現，就有必要稍微修正一下。」

- 一維骰子面是由四個一維骰子體黏合起來的形狀
  （正方形的外框是由四個線段組合而成）
- 二維骰子面是由六個二維骰子體黏合起來的形狀
  （立方體的表面是由六個正方形組合而成）

「哦──原來如此！」

「有了這些證據，我就更加確信自己有辦法跨入四維的世界了。也就是說……」

- 三維骰子面是由三維骰子體黏合起來的形狀！

「好厲害！」由梨大叫。「咦？可是好奇怪喔。我們想做的不是三維骰子面啊，應該是四維骰子面才對吧？」

「這就是個特別需要注意的地方了。用我想的方式命名的話，應該要稱做三維骰子面才對。因為用紙摺出來骰子，就叫做二維骰子面。只有表面的骰子，就算放進三維世界裡面，還是一個只有二維的骰子面。」

「這樣啊……」

「所以說，再往上加一維的話，就應該會得到三維骰子面。我想像中的東西，就是一個可以放進四維世界的三維骰子面。」

「原來如此！」

「接著我就開始思考，要怎麼用三維骰子體黏合出這樣的東西。」

「等一下等一下。」由梨用像是在發光的眼神制止了我。「由梨，我覺得啊，我應該猜得出三維骰子體是用什麼方式黏合成三維骰子面的喔！」

「哦——」

「因為啊，」由梨像是在挑選用詞般慢慢說著。「我們在思考的問題是這個吧？

- 該怎麼黏合三維骰子體，
才能做出三維骰子面？

這樣的話，就像國中時的哥哥一樣，研究

- 該怎麼黏合二維骰子體，
才能做出二維骰子面？

不就好了嗎？」

「由梨好厲害喔！就是這樣沒錯！思考低維時的情況就行了！」

「嘿嘿。」由梨害羞地搔了搔頭。「再多讚美我一點嘛。」

「先這樣就好。」

「小氣！……總之，所謂的二維骰子體就是實心的正方形，對吧？把這些正方黏合成二維骰子面的時候……每個正方形的邊都會和與其相鄰之正方形的邊重合。」

「沒錯。」

「製作二維骰子面的方法，就是讓正方形與相鄰正方形的邊重合……可以這樣說嗎？」

「可以這樣說沒錯，由梨。蒐集六個二維骰子體，使相鄰正方形的邊重合，就可以得到二維骰子面。如果把組成二維骰子面的其中一個二維骰子體塗上顏色，就會像這樣。」

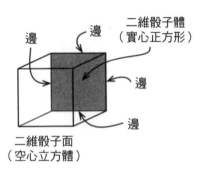

二維骰子體
（實心正方形）

邊

邊

邊

邊

二維骰子面
（空心立方體）

將多個二維骰子體黏合起來

「哦哦！那，只要把三維骰子體用同樣的方式黏合起來就行了吧。三維骰子體有六個面，所以只要讓這六個面和相鄰的三維骰子體重合，就可以製作出三維骰子面了——雖然是這樣講，但這辦不到啦！」

「為何辦不到？」

「因為啊，三維骰子體不就是實心的立方體嗎？我們得蒐集好幾個立方體，再把它們的每個面一個不剩地互相黏起來——這樣黏出來的骰子不就會歪七扭八了嗎？」

「是啊，就和由梨說的一樣。」

「所以根本辦不到嘛。骰子如果歪七扭八的話，就不是立方體了啊。」

「在三維空間中是這樣沒錯。」

「？」

5.1.5　會歪成什麼樣子呢

「我們現在想做的是，把三維骰子體，也就是實心的骰子黏合起來。把許多個實心的立方體黏合起來後，就會得到四維空間中的三維骰子面。但是站在三維的角度，很難表現出這個骰子的樣子。不得已只好把它扭歪。」

「咦——可是，這樣不就看不到骰子真正的形狀了嗎？」

「哥哥我還是國中生的時候，和由梨一樣，覺得不能扭歪這些形狀。不過後來我發現到，我們平常本來就很常看到歪掉的骰子。」

「咦？」

「也就是說，我們現在想做的是

把四維空間中的三維骰子面，用三維空間呈現

如果把維度降低一維的話，就會是

把三維空間中的二維骰子面，用二維空間呈現

你知道該怎麼做到這點嗎？」

「要在二維空間呈現的話，畫在紙上不就好了嗎？」由梨說。

「如果用二維空間來呈現二維骰子面的話，就會像這樣歪歪的喔。」

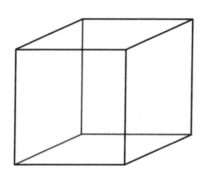

用二維空間呈現二維骰子的樣子

「沒有歪啊，因為全都是正方形嘛。」

「不不不，由梨，你說得不對喔。我們會在腦中自動把這六個形狀轉換成正方形，但實際上，紙面中只有面向我們的這一面，還有背對我們的那一面是正方形對吧？剩下的上下左右的四個形狀都是平行四邊形。我說的歪掉，指的就是這個意思。整理後可以得到——

● 如果把三維空間中的二維骰子面，用二維空間呈現的話
  二維骰子面內的數個二維骰子體會歪掉。

所以說，

- 如果把四維空間中的三維骰子面，用三維空間呈現的話
  三維骰子面內的數個三維骰子體會歪掉。

——就是這個意思。」

　　「哦——原來如此——……這樣的話我就知道了，可是沒有實際看到還是不太確定耶。哥哥，可不可以把用三維骰子體黏合起來的三維骰子面畫出來呢？就算是歪掉的也沒關係！」

　　「畫出來的立體圖形大概會長這樣。」

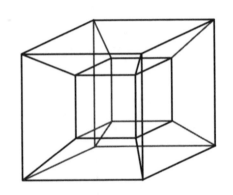

用三維空間呈現出來的三維骰子面

　　「哦哦？」

　　「要看懂這個圖，可能得發揮一些想像力才行呢。這其實是一個立體模型，但現在卻被畫在紙上。所以嚴格來說，我們是用二維空間來呈現『用三維空間呈現出來的三維骰子面』。」

　　「唔——嗯……」

　　「這是由八個骰子組合出來的形狀。不管是每個骰子的每個面，都會與相鄰骰子的面重合在一起。最容易理解的是位於中央的小骰子。這個骰子的六個面，分別與周圍六個骰子的面彼此重合。而這六個歪掉的骰子，外形看起來就像頭被切掉的金字塔。圖中六個頭被切掉的金字塔方向都不一樣，譬如說，這是其中一個頭被切掉的金字塔。」

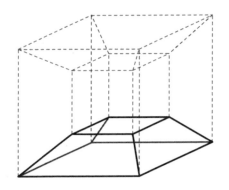

其中一個頭被切掉的金字塔

「……」

由梨閉起了嘴巴。在秋日陽光的照射下，重新編好的頭髮閃耀著金色光芒。她似乎已進入了《思考模式》。我則是靜靜等待著她回到現實世界。

「哥哥啊……」由梨終於開口說了話。「這很奇怪耶。我知道這幾個立方體為什麼會歪掉，也知道中央小骰子的每個面都和周圍每個金字塔的面彼此重合。可是從這張圖看來，金字塔底面的大正方形，卻沒有和任何一個面重合不是嗎？」

「沒有這種事，每個金字塔底面都和最外側那個最大的骰子重合喔。」

「咦？最外側那個最大的骰子是什麼啊……全部骰子都在這張圖裡啊？總共有七個骰子吧？中央有一個骰子，周圍有六個外形像是頭被切掉的金字塔的骰子。」

「由梨的思路和我以前一模一樣喔，我國中時也在煩惱著同樣的事。這張圖裡面確實有八個骰子沒錯。包括一個小小立方體、六個頭被切掉的金字塔、還有一個位於最外側的大型立方體。」

「聽不懂你在說什麼。」

　　「用同樣的方式畫下二維骰子面，比較一下，應該就聽得懂囉。把骰子的上方的正方形往下用力壓扁，就可以將『用三維空間呈現出來的二維骰子面』改用二維空間來呈現。被壓扁的正方形就相當於最外面的大正方形⑥。」

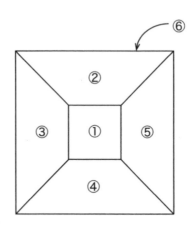

將原本『用三維空間呈現出來的二維骰子面』壓扁，改用二維空間來呈現。

　　「是這麼回事啊……」

　　「讓我們試著想像用同樣的方式處理剛才的三維骰子面。也就是說，將『用四維空間呈現出來的三維骰子面』壓扁，改用三維空間來呈現，得到的就是剛才那個圖，外側會有一個較大的立方體包住。」

　　「嗯——，不過還是覺得裡面的正方體和外側的正方體有點奇怪喵……」

　　……我和由梨的一天就這樣緩緩度過。

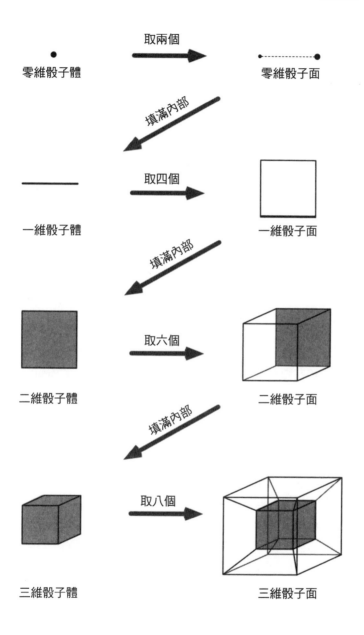

5.2　跨入非日常

5.2.1　櫻花樹下

在我的高中，每個星期一的早上有全校集會。每週，全校學生都得在講堂集合，接受校長的「諄諄教誨」才行。

秋意漸濃——這是最適合集中精神讀書的季節——特別是對高三學生來說，這將會是最後的衝刺——。

為什麼我必須在這裡聽這些我早就知道的事呢。我假裝要調整眼鏡的位置，掩飾我咬牙撐著不打哈欠的樣子。

全校集會結束，在大家走回教室的途中，我擅自遠離了校舍。反正第一節課大概也是自習課吧。我緩慢地走過校內一棵棵排列整齊的樹木，周圍一個人都沒有。

前方出現了一棵大樹。我走近抬頭一看——沒錯，就是那棵櫻花樹。

如果現在是春天的話，樹梢應該會染上一整片的櫻花色，成為一棵非常顯眼的櫻花樹吧。不過現在是秋天，只是一棵很大的樹而已。

「還記得嗎？」

聽到聲音的我轉過頭，米爾迦就站在我的正後方。

「當然，記憶猶新。」我回答。

高一的春天，我和米爾迦在這棵櫻花樹下相遇。

她和我一起抬頭仰望櫻花樹。柑橘般的香氣撲鼻而來。

「我也記得。」米爾迦說。

我們就這樣一言不發的站著。位於校舍另一端的操場，傳來了學生們的吆喝聲。大概是哪個班級在這寒冷的天氣中上著體育課吧。不過，這棵櫻花樹下只有我和米爾迦兩人。

「這麼看來，」耐不住沉默的我終於開了口。「米爾迦可以說是沿著最短路徑，走向自己的未來吧。」

「最短路徑？」米爾迦直盯盯地看著我。

（視線也是最短路徑呢）我想著。

「去《Beans》聊吧。」她說。

那我先回去拿書包——原本這麼想著的我，卻說不出話來。米爾迦都說要現在去了，那我也跟著去吧。立刻出發。

5.2.2　內外翻轉

我們進入車站前的咖啡廳《Beans》，找了個桌子面對面坐下。

「你考試準備得如何呢？」她說。

「大概還行吧。不過希望你能別用和我媽一樣的方式問我這些事啊。」我說。最近大家總是問我同樣的問題。

「我才不像你媽媽那麼溫柔。」米爾迦一邊將剛送來的咖啡拿起，一邊說著。她的金屬框眼鏡起了薄薄的霧氣。「她身體還好嗎？」

「嗯，看來應該是沒事了。」她是在問我媽媽突然倒下住院的事。

「由梨又怎麼樣了呢？最近都沒看到她。」

「和平常一樣喔。偶爾讀點書，思考一些數學問題之類的。」我回答。接著我提到前幾天我們聊到的四維骰子……也就是三維骰子面，簡單交代了經過。「將八個三維骰子體黏合在一起時，就可以得到三維骰子面。不過，由梨覺得降低一個維度的時候，骰子會彼此重疊這件事很奇怪。」

「這樣啊……那把它當成**內外翻轉**後，一直延伸到無限遠處的話又怎麼樣呢？」

「內外翻轉？」

我想繼續問下去時，米爾迦做出了寫東西的手勢。那是要我拿出紙筆的暗號。雖說如此，我的文具都還放在學校裡……於是我和《Beans》的店長借了紙筆。

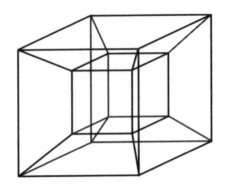

用三維空間呈現出三維骰子面

「我們可以把這個東西想成是一個很大的立方體內外翻轉後的樣子。」

「什麼意思呢？」

「你現在應該是把這個圖形外側的整個宇宙，都當成立方體的《外側》對吧。試著把圖形外側的部分想成是立方體的《內側》吧。換句話說，整個宇宙都在三維骰子體的《內側》。」

「呃，我聽不太懂這是什麼意思。」

「想像我們在一個無邊無際的宇宙。宇宙內漂浮著一個這樣的立體圖形，而其外圍的整個宇宙，就是第八個立方體的《內側》。這個內外翻轉、《內側》包含了整個宇宙的立方體有六個面，且每個面分別與六個金字塔的底面黏合。」

「喔！」這個想法讓我不由自主地大叫了一聲。居然可以這樣想！

「看出來了吧。」

「看出來了。就是把整個立方體往外翻對吧！」

「沒錯。將三維骰子面強行壓掉一個維度，以三維空間的形式呈現時，確實可以畫成這個樣子，但就拓樸空間而言，應該要把它當成延伸到無限遠處才對。」

「……沒想到居然可以這樣理解。」

「在較低維度時的情形也相同。譬如說，讓我們試著把二維骰子面

強行壓掉一個維度，以二維空間的形式呈現出來。」

「這我知道啦，就是把一個正方形壓扁，覆蓋住其他正方形，對吧。」

「但這樣就會重疊到，所以我們可以試著把正方形外圍的區域都當成第六個正方形的《內側》。並在第六個正方形《內側》的區域標上編號⑥。」

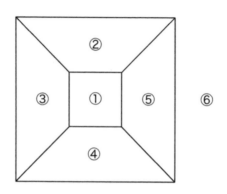

「這樣一來……確實是二維版的情形。」

5.2.3 展開圖

「除了把形狀壓扁、把形狀內外翻轉以外，還有一種不需要扭歪形狀的方法可以幫助理解。」米爾迦說。

「不需要扭歪形狀的方法？」

「首先，試著畫畫看二維骰子面的展開圖吧。切開二維骰子面中數個互相黏合的邊，再將其攤平。這麼一來，就能在不扭曲正方形的情況下將其攤開在平面上。而被切離的共用邊，在展開圖中會分散在兩個地方。這張圖中，以箭頭標示出了原本互相重合的邊。」

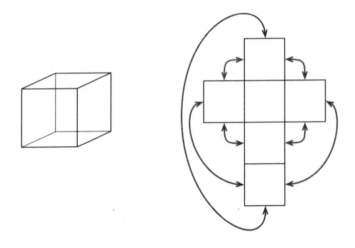

二維骰子面的展開圖（六個二維骰子體）

　　「原來如此。接著我們要用同樣的方式處理三維骰子面對吧。二維骰子面的展開圖是許多個正方形，這表示三維骰子面的展開圖就是許多個立方體囉！」

　　「沒錯。往上加一個維度，然後進行同樣的操作。」米爾迦點了點頭。「這就是三維骰子面的展開圖。切開三維骰子面中數個互相黏合的面，再將其攤開來。這麼一來，就能在不扭曲立方體的情況下將其攤開在空間中。而被切離的共用面，在展開圖中會分散在兩個地方。這張圖中，以箭頭標示出了原本互相重合的面。」

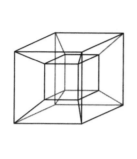 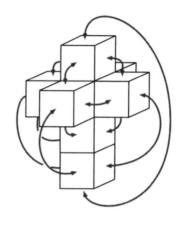

三維骰子面的展開圖（八個三維骰子體）

「我知道三維骰子面的展開圖像什麼樣子啦。這個形狀確實很有趣。」

「如果在其中移動的話，也可以想像得到《有限、卻無盡頭》的樣子。」

「有限……卻無盡頭？我知道為什麼三維骰子會《有限》，但《無盡頭》又是什麼意思呢？」

「如果有個生物住在這個三維骰子面上，那麼不管牠朝哪個方向前進，都可以一直往前，不會抵達盡頭。當牠從立方體的一端飛入後，會從另一端飛出，並進入另一個立方體。比方說，假如牠從這個面進入，並一直往前飛的話，會變什麼樣子呢？」

我看著米爾迦所畫的三維骰子面的展開圖，深深思考著。

「原來如此，會在通過四個立方體之後回到原點，是嗎？」

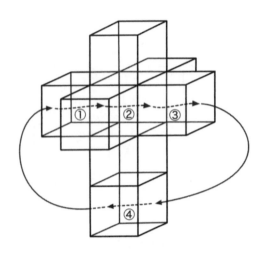

一生物在三維骰子面中一直前進的樣子

　　「雖然這個生物會覺得自己正在一直往前進，」米爾迦說。「但實際上，卻只是在有限的範圍內──也就是這四個立方體中──一直繞圈圈而已。住在三維骰子面上的三維生物，無論怎麼做都沒辦法逃到三維骰子面的《外面》。因為不管朝哪個方向飛，都會進入相鄰立方體。」

　　「確實如此。這就像是住在二維骰子面上的二維生物，無論怎麼做都沒辦法逃到二維骰子面的《外側》一樣。」

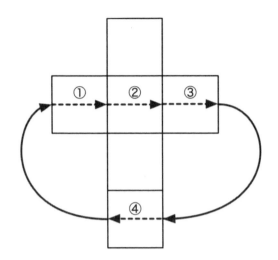

一生物在二維骰子面中一直前進的樣子

「就是這樣。」米爾迦說。「在二維骰子面上移動的二維生物，無論怎麼做都沒辦法移動到骰子面的《外側》。因為不管朝哪個方向移動，都會進入相鄰正方形。」

「總覺得很難想像這條三維空間中的移動路徑耶。」

「會嗎？我們之前不是親手摸過莫比烏斯帶和克萊因瓶等立體圖形的表面嗎？那可以想成是在二維空間移動的樣子。我們可以《撫摸》二維空間，然而我們比較不會用《撫摸》一詞來形容在三維空間中的移動。因為在我們的想像中，東西是在三維空間的《內側》移動。但如果是四維生物的話，應可從三維空間的《外側》看到這個形狀，故可以《撫摸》這個圖形。」

「三維生物很難想像從《外側》觀看三維空間的樣子，就好比二維生物很難想像從《外側》觀看二維空間的樣子一樣，對吧？」

「如果在這個世界中，不管怎麼走都走不到盡頭，」米爾迦說。「就代表這個世界《沒有盡頭》。然而，這還可以分成《無限，而沒有盡頭》以及《有限，卻沒有盡頭》兩種情況。歐幾里得平面與歐幾里得空間就是《無限，而沒有盡頭》。二維球面和三維球面則是《有限，卻

沒有盡頭》。」

「二維球面可能是這樣，但三維球面就不是了吧。」我提出了異議。「二維生物沒辦法跑出二維球面之外，但三維生物應該可以跑出三維球面之外吧。」

「那還真是屬害啊。」米爾迦刻意用很誇張的語調說著。「但那其實只是你的誤會而已。你誤會三維球面的樣子了，三維球面其實是三維流形的一種。」

「流形？」

「若有一個空間與 n 維歐幾里得空間局部同胚，則稱這個空間為 n 維流形。二維球面是二維流形的一種；三維球面是三維流形的一種。三維球面中，不管是哪個點，其鄰域皆可看成是一個三維歐幾里得空間。而二維球面與三維球面都沒有邊界，故三維球面內的三維生物沒辦法跑到《外面》。」

「咦……所以是我誤會三維球面的意思了嗎？」

「你知道龐加萊猜想嗎？」

5.2.4 龐加萊猜想

「龐加萊猜想的話我知道啊。雖然只是在電視上看過而已。」

「龐加萊猜想中有提到名為 S^3 的**三維球面**。然而，許多人會把三維球面 S^3 誤解成二維球面 S^2。提到三維球面，許多人會想到像球的表面那樣的立體圖形，也有人會把三維球面誤以為是實心的球。」

「我大概也是這樣吧。聽到三維球面的話，會把它想成是實心的球。」

「其實三維球面這東西，和你國中時想到的三維骰子面是用同樣的方式命名的喔。」

「……是這樣啊。」我意識到了自己想法的矛盾之處。「之所以會想成實心的球，應該是因為我在電視裡看到龐加萊猜想的時候，看到他們拿捲著繩子的球來比喻的關係吧。那在我腦中留下了印象。」

「那是在下降了一個維度後的說明。」米爾迦說。「球的表面是二維表面，與三維球面是完全不同的東西。二維骰子面和三維骰子面也是

完全不同的東西不是嗎？」

「……確實。」

「龐加萊猜想中登場的三維球面並不是球的表面，也不是實心球。用我們剛才的方式來說明的話，三維球面是類似空間般的東西。」

「嗯——……可是，雖然我可以把三維骰子面想像成被扭歪的立方體，也可以想像到它的展開圖，但總覺得沒辦法想像到三維球面像什麼樣子耶。」

「三維球面和三維骰子面同胚，是三維流形的一種。所以我們可以把三維球面和三維骰子面當成同樣的東西。」

5.2.5　二維球面

我們可以把三維球面和三維骰子面當成同樣的東西。

不過首先，讓我們來思考看看二維球面的情況吧。想像一個由橡膠吹成的氣球，由氣球做成的地球儀。這就是一個二維球面。若將這個地球儀從赤道的地方切開，分成北半球和南半球，並各自攤平，就會變成兩個圓板。而我們可以沿著赤道這個圓周黏合南北半球，換句話說，我們可藉由一維球面黏合南北半球。

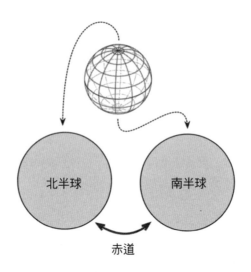

將地球儀的表面切成兩個圓板

　　二維生物在二維球面上移動時，可以從北半球出發，穿過赤道來到南半球，再繼續前進，穿過赤道回到北半球。這個生物可以往任何一個方向一直走下去，然而這個球面卻是有限的。這和住在地球上的我們類似，因為地球表面也是一個《有限，卻沒有盡頭》的世界。

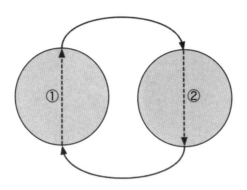

二維生物繞行二維球面一周的樣子

5.2.6 三維球面

「嗯，我知道二維球面是怎麼回事了。沿著赤道切開後可以得到兩個圓板。那三維球面呢？」

「將兩個實心圓板沿著圓周黏合起來後，便可得到一個和二維球面同胚的面。若把維度往上加一級，也會得到一樣的結果。也就是說，如果把兩個實心球體沿著表面聯合起來，就可以得到一個和三維球面同胚的形狀。」

「咦……沿著球面黏合起來？」

「用點想像力就可以想像出來了。就像二維生物繞球面一圈時，會穿過兩個圓板間之赤道一樣，請你試著想像三維生物繞球面一圈時，穿過兩個球體間之球面的樣子。」

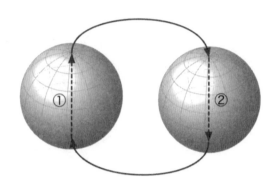

三維生物繞行三維球面一周的樣子

「很難想像耶……是要先在其中一個球體的《內側》移動，移出表面後，再進入另一個球體的《內側》嗎？」

「沒錯。」米爾迦點了點頭。「雖然這裡畫成了一個迴圈的樣子，但要注意，當生物從其中一個球體的表面某處時，就會同時進入另一個球體的《內側》。」

「原來如此……這是因為我們把球體的兩個表面黏合在一起的關係吧。這樣我就知道把兩個球體的表面黏合在一起是什麼意思了。」

「看到這兩個球體之間的關係，應該就能掌握到三維球面的樣子了吧。n 維球面一般會以 S^n 來表示，而在數學式中，為了表現其一貫性，也會用 S^n 來表示。」

$$x^2 = 1 \qquad \text{零維球面 } S^0 \text{（兩點）}$$
$$x^2 + y^2 = 1 \qquad \text{一維球面 } S^1 \text{（圓周）}$$
$$x^2 + y^2 + z^2 = 1 \qquad \text{二維球面 } S^2 \text{（球面）}$$
$$x^2 + y^2 + z^2 + w^2 = 1 \qquad \text{三維球面 } S^3$$

$$\vdots \qquad\qquad \vdots$$

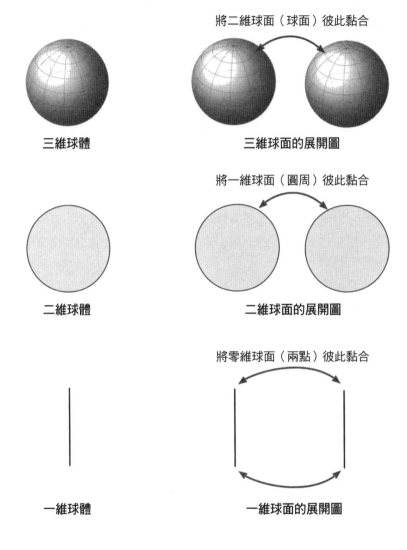

將二維球面（球面）彼此黏合

三維球體　　　　　　　三維球面的展開圖

將一維球面（圓周）彼此黏合

二維球體　　　　　　　二維球面的展開圖

將零維球面（兩點）彼此黏合

一維球體　　　　　　　一維球面的展開圖

　　「對了，剛才米爾迦不是有提到 n 維流形的話題嗎？你說三維球面就是三維流形的一種。」

　　「嗯？」她喝著已經完全冷掉的咖啡，對我投來視線。「怎麼了嗎？」

「三維流形與局部的歐幾里得空間同胚——這代表，站在三維球面內觀看周圍，和站在三維歐幾里得空間內觀看周圍，在拓樸上分不出兩者的差別是嗎？」

「大致上來說，是這樣沒錯。」米爾迦說。「不過這只是局部的狀況，二維球面在局部上和二維歐幾里得平面同胚，但整體上來看並非如此。三維球面在局部上和三維歐幾里得平面同胚，但整體上也不是這樣。」

「局部看來分不出差別，整體看來卻可以分出差別，這概念感覺不太好懂耶。因為所謂的《整體上來看》，就是要從《外側》來看這個圖形對吧。二維曲面的話勉強還可以理解，但三維以上的情況中，自己就在那樣的空間內，又該如何看到整體的樣子呢？如果在歐幾里得的空間中睡著，醒來時卻在三維球面內，就算觀看周圍的樣子也分不出來自己在哪種空間裡吧。」

「真是饒富詩意的比喻呢。我們可以使用《判斷形狀的道具》來判斷空間的種類。」米爾迦說。

「判斷形狀的道具？」

「就是『群』。」

……我和米爾迦就在這些閒聊下度過了一整天。

5.3　要跨入，還是要跳出？

5.3.1　醒過來時

「學長？」

聽到這個聲音，讓我猛然抬起了頭。

我的眼前有一位有著大大眼睛的短髮女孩，她用擔心的眼神看著我。

「……蒂蒂？」

我環顧周圍，這裡有大量桌椅，牆壁旁有我熟悉的書櫃。遠處有青

銅做成的哲學家胸像，胸像旁則有一個堆著許多書、裝有小車輪的置書架……啊，這裡是高中的圖書室。

「學長？」學妹蒂蒂重複喚著。「抱歉在你忙碌的時候打擾。再過不久就要放學了——」

「啊啊，已經是這個時間了嗎？」我回答。確實，窗外已經變暗了許多。

我在今天課程結束後，來圖書室寫題庫。沉浸在計算中的我，被蒂蒂的聲音喚了回來。我從思緒的世界中跳出，瞬間回到現實世界。不，應該說是睡著了嗎？

「瑞谷老師等一下就會來宣布放學了，學長應該也要離開了對吧。所以我，那個就是……」蒂蒂的雙手時而握緊時而張開，言詞有些躊躇。

「嗯，一起回去吧。」

「好的！」

5.3.2　Eulerians

我和蒂蒂一起走向車站。

說起來，最近似乎很少有像這樣和蒂蒂兩人相處的機會。在頂樓吃午餐時只覺得冷，聊數學的時候通常也是和米爾迦三人一起。而且，我自己也為了準備考試而忙得不得了。

走在住宅區彎彎曲曲的小路上，蒂蒂先開了口。

「我想組一個 Eulerians。」

「記得你之前也有提過對吧。Eulerians——那是什麼呢？」

「Eulerians 是一個數學社團喔！」

「數學社團？你想找人成立一個社團嗎？」

「是的，就是這樣！……雖說如此，但成員也只有我和小麗莎而已。Eulerians 是我和小麗莎的團名。這個字的意思是，由歐拉（Euler）的粉絲、愛好者所組成的集團！小麗莎知道怎麼用電腦寫程式，還有製作龐加萊圓盤的圖形。雖然我也想做做看，但是我還沒能上手，所以我可能先負責寫文章。」

　　蒂蒂邊說邊用手比劃著，不過我一時間還是不曉得她想做些什麼。

　　「然後呢。人家、我們想把我們的研究成果整理成冊，以《Euler-ians》的名義發行獨立出版雜誌。可以是獨立出版雜誌，也可以是小手冊、會誌……之類的，總之就是小本的書。雖然還不確定要做成幾頁，但總之就是想把我們想到的東西、做的研究印出來！」

　　「啊，就像同人誌那樣嗎？」我說。那個活潑的《元氣少女》，原來在想著這些計畫。

　　「我想把學到的東西化為有形的東西。」蒂蒂熱情地繼續說著。「去年我們在雙倉圖書館的那個 Iodine 講堂內，面對許多國中生和高中生，發表了亂數快速排序[*2]……那時候真的很緊張而有些失敗，不過那次經驗對我來說是很重要的經驗。許多人聽完覺得很開心，我也學到了不少東西。而且——我覺得我也找到了實感。確實有那種，我，就在這裡的感覺。」

　　「……」我說不出話來。

　　「可是，」蒂蒂繼續說著。「有聽到我的發表的人，只有那時聚集在講堂裡的人而已。雖然我有把沒辦法在口頭發表時講清楚的內容印在紙上發給大家，但因為準備時間不夠，沒辦法寫得很詳細。也就是說，我那天的發表內容可說是散落在時空的各處。」

　　蒂蒂一邊說著，一邊將雙手舉向夜空，做出天女散花般的動作，像是在向全世界做出宣言。

　　十字路口。

　　我們在紅燈前停下。我持續沉默著，蒂蒂則是繼續用誇張的手勢述說著她的想法。

　　「人家想多了解原本不知道的形狀，想把自己的想法化為有形之物。但是，只有我一個人的話能力有限。所以我決定請小麗莎和我一起組成《Eulerians》，畢竟之前的發表也有請小麗莎幫我的忙嘛——」

　　燈號轉綠，於是我們踏出腳步。我仍保持著沉默。雖然《元氣少女》一直說著話，我卻一句話都說不出來。那還真是厲害耶！我會幫你

---

*2《數學女孩／隨機演算法》

加油的喔！⋯⋯雖然我想說出這些話，卻一個字都說不出口。

「而且啊，人家除了斐波那契手勢之外，也想到了新的暗號⋯⋯學長？」

當我們兩人經過空無一人的公園時，蒂蒂終於發現了我一直閉口不言。於是她停下腳步，抬頭看著我。

一個字都說不出來的我，沒辦法真心誠意地鼓勵蒂蒂的計畫。

「我沒有那個餘裕。」

最後說出來的卻是這樣的話。明明我想說的不是這個。

「咦，不是啦不是啦。我們不會麻煩到學長啦。因為學長光是準備考試就很忙了嘛，人家只是——」

「我有一大堆弱點。」

「學長？」

「我覺得很害怕。」

「⋯⋯」

「我需要實感。我的心中沒有那種餘裕，只有一大堆弱點；明明覺得害怕，卻很想要存在的實感。然而，我所追求的實感，只是《第一志願合格》這種微不足道的東西。除此之外，心中已沒有餘力再思考其他事。」

我坐在公園的長凳，在路燈下半自言自語地說著。

「我覺得蒂蒂的決心——創立《Eulerians》這個同人誌的計畫很棒。我會支持你的。相比之下，我自己的煩惱顯得相當渺小，讓我覺得很慚愧。」

蒂蒂坐在我的旁邊。我感覺到她的手觸碰到了我的背，以及淡淡的香味。

「學長⋯⋯請不要說這種話。人家和學長、米爾迦學姊相遇後，學到了很多東西。你們讓我瞭解到學習是一件很棒、很有趣、很快樂、很美、很讓人感動的事。所以，我想把這樣的感動傳達給其他人。因為學長教了人家很多事情，人家才會想要去學習更多事情。所以學長，請不要說這種話⋯⋯」

　　蒂蒂的聲音像是快哭出來了一樣，她放在我背上的手也在微微顫抖。

　　我抬頭看向夜空。
夜空垂掛著繁星。

　　空中繁星看似繞著同一個點旋轉。
然而，一直在同一個地方打轉的卻只有我。
在這個空無一人的空間內，
我一直在原地打轉。
一邊苦惱著，
一邊在同一個地方繞圈子。

當我們把空間拓展到無法測量的大小時，
需區別出這種空間是沒有盡頭，還是無限大。
前者是拓展方式的問題，後者是量的問題。
——波恩哈德・黎曼（Bernhard Riemann）

第 6 章
掌握看不到的形狀

> 我的研究目標，
> 是判斷有根號的方程式要有哪些性質，
> 才有辦法解得出來。
> 在純解析問題中，沒有任何一個問題比這個更困難，
> 也沒有任何一個問題像這個問題般孤立於其他問題之外。
> ——埃瓦里斯特·伽羅瓦（Evariste Galois）*1

6.1　掌握形狀

6.1.1　沉默的形狀

　　F1賽車手在起跑前會先稍微熱身。我在考試前也有自己的一套熱身方式。去一趟廁所，然後做些簡單的伸展。將文具、准考證、無鬧鈴的計時器放在桌上。調整好狀況，讓自己在考試時能全神貫注在解題上。

　　隨著模擬考的次數增加，對這些步驟也逐漸習以為常。然而，有些東西不管考過多少次模擬考都習慣不了，那就是沉默。考試開始前的寂靜氣氛，我永遠都無法習慣。

---

*1彌永昌吉《伽羅瓦的時代 伽羅瓦的數學 第二部 數學篇》

　　工作人員正把一張張試券分到每個桌子上，考場內所有考生的注意力都在他們的動作上。耳朵只聽到考生們緊張的乾咳，心中卻感覺到前所未有的煩躁。無論如何，我都無法習慣這種令人煩躁的沉默。

　　考試時就不會有這些感覺了，考試時我只能盡可能讓頭腦全速運轉，拼命思考如何解題。但在考試開始之前，我什麼也做不到。在一片寂靜中，沒有東西能拿來思考的我，開始想一些有的沒的。

　　有的沒的——譬如說，自己在蒂蒂的面前暴露出了醜態。前幾天，我在公園讓她看到了我不長進的一面。隔天到了學校時，她卻像什麼也沒發生過般，和平常一樣對我露出笑容，就像天使一樣……這樣形容可能有點誇張吧。她很率直、很有精神、很認真聽我說話。雖然有時有些浮躁，卻給人一種天真浪漫的感覺。像是個有些急躁的天使——

　　這時，教室內的鈴響了起來。所有人一起打開了試卷。

　　模擬考——開始。

6.1.2 問題的形狀

> **問題 6-1（遞迴式）**
> 設 $\theta = \frac{\pi}{3}$。
> 設實數數對 (x, y) 可藉由 f 映射至實數數對 $(x\cos\theta - y\sin\theta, x\sin\theta + y\cos\theta)$，其中 f 可表示為
>
> $$f(x, y) = (x\cos\theta - y\sin\theta, x\sin\theta + y\cos\theta)$$
>
> 設數列 $\langle a_n \rangle$ 與 $\langle b_n \rangle$ 各項可表示為以下遞迴式。
>
> $$\begin{cases} (a_0, b_0) & = (1, 0) \\ (a_{n+1}, b_{n+1}) & = f(a_n, b_n) \qquad (n = 0, 1, 2, 3, \ldots) \end{cases}$$
>
> 試求
>
> $$(a_{1000}, b_{1000})$$

在時間有限的考試內看到複雜的算式時，很容易讓人緊張，這無可厚非。然而，只要冷靜下來，觀察方程式的形式，就可以找到解題的方法。

這個問題也一樣。重點在於看出題目中這個式子

$$f(x, y) = (x\cos\theta - y\sin\theta, x\sin\theta + y\cos\theta)$$

所代表的意義。這裡的映射 f，可以將座標平面上的點 (x, y) 移動到點 $(x\cos\theta - y\sin\theta, x\sin\theta + y\cos\theta)$。這裡的映射 f，可以將座標平面上的點以原點為中心旋轉 θ，是一個我已經看過很多次的式子。映射 f 可表示為以下矩陣，這樣看起來就清爽多了。

$$\begin{pmatrix} \cos\theta & -\sin\theta \\ \sin\theta & \cos\theta \end{pmatrix}$$

該矩陣與向量的乘積為

$$\begin{pmatrix} \cos\theta & -\sin\theta \\ \sin\theta & \cos\theta \end{pmatrix} \begin{pmatrix} x \\ y \end{pmatrix} = \begin{pmatrix} x\cos\theta - y\sin\theta \\ x\sin\theta + y\cos\theta \end{pmatrix}$$

所以點會移動到

$$\begin{pmatrix} x \\ y \end{pmatrix} \overset{f}{\longmapsto} \begin{pmatrix} x\cos\theta - y\sin\theta \\ x\sin\theta + y\cos\theta \end{pmatrix}$$

就像夜空中各的星座會以北極星為中心旋轉一樣,這個點也會以原點為中心旋轉。

　　知道這些事之後,剩下的就很簡單了。簡單來說,這個問題就在問重複 1000 次映射 f 之後會得到什麼結果。

$$\begin{pmatrix} 1 \\ 0 \end{pmatrix} \underbrace{\overset{f}{\longmapsto} \begin{pmatrix} a_1 \\ b_1 \end{pmatrix} \overset{f}{\longmapsto} \cdots \overset{f}{\longmapsto} \begin{pmatrix} a_{999} \\ b_{999} \end{pmatrix}}_{\text{重複 } 1000 \text{ 次映射 } f} \overset{f}{\longmapsto} \begin{pmatrix} a_{1000} \\ b_{1000} \end{pmatrix}$$

　　旋轉角度為 $\theta = \frac{\pi}{3}$,也就是 60°。這表示轉六次會轉 360°,回到原來的位置。不要被 1000 次這個很大的數字嚇到。因為轉六次後就會回到原來的點,所以我們只要計算 1000 除以 6 的餘數就可以了。1000 除以 6 會餘 4。mod 就是用來求餘數的計算方式!

$$\begin{pmatrix} a_{1000} \\ b_{1000} \end{pmatrix} = \begin{pmatrix} a_{1000 \bmod 6} \\ b_{1000 \bmod 6} \end{pmatrix}$$
$$= \begin{pmatrix} a_4 \\ b_4 \end{pmatrix}$$

　　旋轉 θ 角四次,就相當於旋轉 4θ 一次。也就是說,把點 $\begin{pmatrix} a_0 \\ b_0 \end{pmatrix} = \begin{pmatrix} 1 \\ 0 \end{pmatrix}$ 旋轉 4θ,即為所求。

$$\begin{pmatrix} a_{1000} \\ b_{1000} \end{pmatrix} = \begin{pmatrix} \cos 4\theta & -\sin 4\theta \\ \sin 4\theta & \cos 4\theta \end{pmatrix} \begin{pmatrix} a_0 \\ b_0 \end{pmatrix}$$

$$= \begin{pmatrix} a_0 \cos 4\theta - b_0 \sin 4\theta \\ a_0 \sin 4\theta + b_0 \cos 4\theta \end{pmatrix}$$

$$= \begin{pmatrix} 1 \cdot \cos 4\theta - 0 \cdot \sin 4\theta \\ 1 \cdot \sin 4\theta + 0 \cdot \cos 4\theta \end{pmatrix} \qquad \text{由於 } a_0 = 1, b_0 = 0$$

$$= \begin{pmatrix} \cos 4\theta \\ \sin 4\theta \end{pmatrix}$$

這樣就行了。答案是（$\cos 4\theta$, $\sin 4\theta$）。那麼，下一個問題——

6.1.3　發現

考試結束的鈴聲響起。

這場考試中，自己已經盡了力。答案紙被收回時，有一股難以言喻的安心感。特別是數學考試。平常我就習慣推導數學式了，所以解題時不覺得有什麼障礙。用蒂蒂的方式來說的話，就像是《和數學式做朋友》。其他科目我不曉得，不過這次數學應該會是滿分。

離開做為模擬考會場的補習班，我帶著愉快的心情走向車站。雖然氣溫很低，但寒風吹在興奮中的頭腦和火熱的臉頰上時，卻覺得很舒服。

看穿題目給定的數學式有什麼意義，是件很重要的事。這次數學的第一個問題也是如此。能否看穿那是一個表示旋轉的式子，就是關鍵。

說到旋轉，就讓我想起之前和米爾迦的事。那是一段時間前的事了。那時候，注意到《振動是旋轉的投影》的我，卻被她說是「頭腦不靈活」。我和米爾迦一起解了許多題目，一起思考了許多數學問題。

這次的問題中，轉六次後會回到原點，可以想成是循環群 C_6 吧。

群的公理——

群的定義（群的公理）

符合以下公理的集合 G，稱做群。

- 運算 $\star$ 在集合內有封閉性。
- 對於任何元素而言，結合律成立。
- 單位元素存在。
- 對於任何元素而言，該元素皆存在反元素。

　　由所有旋轉矩陣所構成的集合，以及矩陣的積運算，可以構成一個群。矩陣的積本身具有封閉性，結合律也成立。其單位元素即為單位矩陣 $\begin{pmatrix} 1 & 0 \\ 0 & 1 \end{pmatrix}$，這也是 $\theta = 0$ 的旋轉矩陣。至於反元素……自然就是反矩陣了。沒錯，旋轉矩陣的反矩陣就是反向旋轉，或者說是將旋轉後的結果回復原樣的操作。旋轉角度 θ 的旋轉矩陣，和旋轉角度 $-\theta$ 的旋轉矩陣的乘積，就是單位矩陣。

$$\begin{pmatrix} \cos\theta & -\sin\theta \\ \sin\theta & \cos\theta \end{pmatrix} \begin{pmatrix} \cos(-\theta) & -\sin(-\theta) \\ \sin(-\theta) & \cos(-\theta) \end{pmatrix}$$

$$= \begin{pmatrix} \cos\theta & -\sin\theta \\ \sin\theta & \cos\theta \end{pmatrix} \begin{pmatrix} \cos\theta & \sin\theta \\ -\sin\theta & \cos\theta \end{pmatrix}$$

$$= \begin{pmatrix} \cos^2\theta + \sin^2\theta & \cos\theta\sin\theta - \sin\theta\cos\theta \\ \sin\theta\cos\theta - \cos\theta\sin\theta & \sin^2\theta + \cos^2\theta \end{pmatrix}$$

$$= \begin{pmatrix} 1 & 0 \\ 0 & 1 \end{pmatrix}$$

也就是說，$-\theta$ 的旋轉矩陣，就是 θ 的旋轉矩陣的反矩陣。

$$\begin{pmatrix} \cos\theta & -\sin\theta \\ \sin\theta & \cos\theta \end{pmatrix}^{-1} = \begin{pmatrix} \cos(-\theta) & -\sin(-\theta) \\ \sin(-\theta) & \cos(-\theta) \end{pmatrix}$$

由此可知，所有旋轉矩陣的集合，以及矩陣的積運算，可以構成一

個群。「這類東西──」我想起了之前米爾迦說過的「這類東西所組成
的集合就稱做群。」那時她鏗鏘有力地做出了宣言。

到家之後，打開門的「我」看到站在玄關的人時嚇了一大跳。出來
迎接我的不是別人，正是米爾迦。

「歡迎回來，還真晚呢。」

6.2 以群掌握形狀

6.2.1 以數作為線索

在客廳。米爾迦和我對向而坐。媽媽想為她再沖一杯紅茶，卻被她
推辭了。

「謝謝，不過您別費心了」米爾迦微笑說著。

「那吃塊蛋糕怎麼樣呢？」媽媽說。

米爾迦有多久沒來我家了呢？只要她在，感覺周圍的氣氛就會變得
很不一樣。與緊張不同，而是有種讓人覺得清爽的感覺。

「先別管蛋糕了。」我說。「到底怎麼啦，米爾迦。」

「剛才我們聊了很多喔。」卻被媽媽插話。

「我是來探望阿姨的，也有好一陣子沒看到由梨了，不過由梨好像
不是隨時都在這的樣子。那，模擬考考得如何？」

「還可以吧。不過數學大概會是滿分。」

「我想也是。」米爾迦輕輕點了點頭。

「我覺得我的頭腦應該比較靈活囉。」我想起了米爾迦之前說的
話，於是這麼回答。「今天有出遞迴式的題目，我有想到那是 $\frac{\pi}{3}$ 的旋轉
矩陣喔，呵呵。」

「心情不錯的樣子呢。」她說。

「這孩子，只要解出了數學問題，心情就會特別好喔。」

媽媽拿著裝了蛋糕的盤子過來時，也插進了我們的對話。不曉得為
什麼，媽媽的心情似乎也很好。

「媽媽，我說啊……」

「好、好。媽媽就不說話了。」媽媽一邊說著一邊回到廚房。

「說到旋轉矩陣，就讓我想到循環群呢。」米爾迦繼續說著。

「嗯，這麼說來，之前還有提到群是《瞭解形狀的工具》對吧。」

「群這種工具可以用來研究形狀、瞭解形狀、分類形狀。」她說。

「分類形狀，是指分成三角形或四角形之類的嗎？」

拿著我的紅茶過來的媽媽又插了話進來。

「就像阿姨說的一樣。」米爾迦說。「我們有時會用數字來為形狀分類。譬如說用頂點個數來為多邊形分類。」

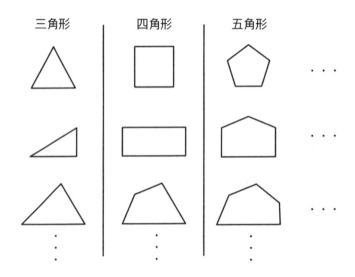

| 三角形 | 四角形 | 五角形 |

「是啊。」媽媽對著米爾迦說。

「我說媽媽啊，應該也差不多……」

「明明米爾迦打算好好對我說明的，我兒子還真是冷淡呢。」媽媽有點鬧彆扭地邊說邊離開。

「對象是多邊形時，自然會想到要用頂點數來分類。」米爾迦說。「說它是 n 角形的時候，就是將同樣頂點數的多邊形分為同一類。也可說是以頂點數為基準進行分類。然而，分類的基準不是只有一個。譬如說，三角形就可以分為銳角三角形、直角三角形、鈍角三角形等三個類

別。這時就是以最大角為基準進行分類。」

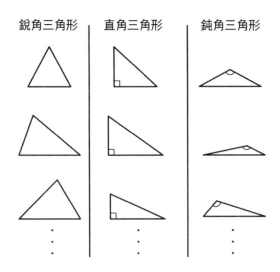

銳角三角形　直角三角形　鈍角三角形

「這個我是知道啦。但你說群是瞭解形狀的工具，這是什麼意思呢？」

「頭腦還真不靈活呢。」米爾迦說。「你剛才說的旋轉矩陣不就是一個例子了嗎？$\frac{\pi}{3}$ 的旋轉矩陣就明確描述了正六邊形的特徵。假設我們將《以原點為中心，逆時針旋轉 $\frac{\pi}{3}$》設為操作 a，並將反覆操作的過程以乘積的方式表示。這麼一來，便可得到由 a 生成的群 $\langle a \rangle$。那麼，這時的單位元素 e 又是什麼呢？」

「嗯。單位元素 e 就是指『不旋轉』這項操作，也就是 $e = a^0$ 對吧。」

「那 a 的反元素 a^{-1} 呢？」

「反元素 a^{-1}，就是指《以原點為中心，逆時針旋轉 $-\frac{\pi}{3}$》這樣的操作對吧。這麼一來，$aa^{-1} = e$。結合律也成立。當 n 為整數時，所有 a^n 的集合可形成一個群。」

「那麼這個群的階是多少呢？」米爾迦用面試般的語氣問我。

「群的階，指的就是群的集合內有多少元素對吧。那就是 6 囉，因為它代表旋轉正六邊形後可能得到的結果。」我回答。

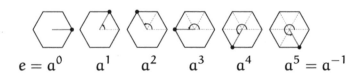

$$e = a^0 \qquad a^1 \qquad a^2 \qquad a^3 \qquad a^4 \qquad a^5 = a^{-1}$$

「這個群可以寫成

$$\{e, a, a^2, a^3, a^4, a^5\}$$

也可以寫成

$$\{a^0, a^1, a^2, a^3, a^4, a^5\}$$

也可以寫成

$$\{a^{n \bmod 6} \mid n \text{ 為整數}\}$$

等不同樣子。」米爾迦說。

「這個我知道啊,所以我也順利解出了這題。」

「旋轉六次 $\frac{\pi}{3}$ 後,會得到 a^6,也就是 a^0。由一個元素 a 可以生成所有元素的群,稱做循環群,寫做 $\langle a \rangle$。這裡的群 $\langle a \rangle$,與階數為 6 的循環群 C_6 型態相同。」

「這也可以說是將元素分成 6 個類別吧。是不是群這件事就先不管,總之就是轉動了六次的感覺。」

「那種《轉動了六次的感覺》就是這個形狀的一個側面。循環群便是用數學方式來描寫這種情形。」

「妳是說,循環群可以幫助我們瞭解形狀嗎?」

「不只是循環群。循環群只是最單純的一種群而已。群可以是更為複雜的操作。舉例來說,假設操作不僅限於旋轉,還包括鏡像,會發生什麼事呢?這個例子中,我們需將兩個頂點分別標示兩種不同的記號。」

「原來如此。由旋轉 a 和鏡像 b 所排列組合出來的所有操作，也可以是一個群。由 a 衍生出來的群為循環群 C_6，由 b 衍生出來的群為循環群 C_2，而兩者加起來的群⋯⋯」

「這張圖就是由這兩種操作衍生出來的所有可能結果。而旋轉和鏡像等操作，就是為了讓我們能夠確認其是否為正六邊形。所有不會改變到形狀的操作，皆可用群來表示。一般稱做二面體群。而這個例子則是由一個有正反兩面之分的多邊形所形成的群。你可以用頂點的數量，或角的大小來研究形狀。不過，如果用群來研究形狀的話，便可處理更複雜的形狀。群是一種研究形狀時很有用的工具，我們可以藉由群來為形狀分類。」

「原來如此。」

「旋轉、鏡像，雖然聽起來像是圖形上的操作，但其實可以在群的架構下，以代數方式表示。不需實際畫出圖形，也能用群表現出這種操作。舉例來說，代數拓樸學就是利用代數方法研究拓樸空間。這時，群就扮演著很重要的角色。」

「用群來研究拓樸空間⋯⋯不，那不是很奇怪嗎？拿剛才的例子來說，就算旋轉正六邊形或取其鏡像，邊的長度還是不會改變啊。位相幾何學——也就是拓樸學中，邊長不是可以自由延伸？」我說。

「只要滿足群的公理，就可以創造出一個群。將旋轉、翻轉等操作視為運算方式的群，終究也只是群的某一類而已。代數拓樸學中，會創造出其他的群，並以此進行研究。拓樸學關心的是拓樸不變量，所以努力的方向很明確。也就是說，我們希望能藉由同胚映射製作出不變的群。要是同胚映射中有不變的群，你覺得我們可以從中知道哪些事呢？」米爾迦用愉快的語氣問我。

「從中知道哪些事⋯⋯可以知道哪些事呢？」

「假設現在有兩個多邊形，分別調查這兩個多邊形的頂點數，如果頂點數不同的話，這兩個就不是同一種多邊形。」

「這不是當然的嗎？」

「和這個例子一樣。假設有兩個拓樸空間，分別調查兩個拓樸空間在同胚映射時不變的群，如果群不同構的話，這兩個拓樸空間就不是同胚。或許也可以借用蒂蒂的話來說——群就是識別拓樸空間的武器。」

「⋯⋯」

「拓樸空間內有什麼樣的群呢？在我們研究拓樸空間的形狀時，有哪些群可以派得上用場呢？用什麼樣的群，可以將拓樸學中什麼樣的問題轉移到代數學上呢？這就是代數拓樸學。可以研究的東西多不勝數。」

漸漸地，周圍的空間好像消失了般，我感受不到自家、客廳的存在，只是專注地聽著米爾迦的《講課》。

6.2.2　以何作為線索？

到了夜晚。

我送米爾迦到車站。

「阿姨真是親切。」

「我媽媽很喜歡米爾迦啊。」

「這樣嗎⋯⋯」

媽媽本來想強留米爾迦下來吃晚餐，所以在出門前引起了一陣攻防。如果她能在我們家吃晚餐的話，應該會是件很愉快的事吧，但也不能強行留他下來。

我們沿著人行道走到車站。

「伽羅瓦理論就是由群這個想法所衍生出來的，是嗎？」我說。

「伽羅瓦理論的萌芽應該是在這之前一段時間的事了。」米爾迦輕聲說著。「形狀的對稱性、模式的發現、規則性的運動、音樂的韻律，這些東西都隱含著群的概念。伽羅瓦只是把這些東西拿到燈光下，讓他們站上數學的舞台而已。伽羅瓦為了判斷能否用代數方式解出方程式，

而研究係數體;又為了研究體而研究群。」

「是啊。」我想起了前一陣子的伽羅瓦慶典[*2],於是也附和著。

「關於方程式解的問題,伽羅瓦曾說過『在純解析問題中,沒有任何一個問題比這個更困難,也沒有任何一個問題像這個問題般孤立於其他問題之外。』事實上,他所開創出來的群論對當時的數學家們來說,是一門嶄新的學問。然而,對於現代數學家們來說,群早已是基本研究工具之一。若要表現出數學性對象的對稱性與相互關係,都會用到群。在這層意義上,伽羅瓦說的話並不正確。群論並沒有孤立於其他問題之外,相反的,群和所有問題都有關。」

「確實如此。」我說。「不過,伽羅瓦想說的應該是,群論孤立於當時的問題之外吧。或者說,伽羅瓦意識到了當時其他數學家們沒有意識到的、另一個層次的問題,發現了其他人不曾注意過的關聯性。」

「哦……原來也可以這麼解釋啊。」

我的話讓米爾迦的眼睛閃過一陣光芒。

「就像是伽羅瓦為了研究體而研究群,」我繼續說下去。「代數拓樸學中,會為了研究拓樸空間而研究群對吧!這在數學領域內是很常發生的事,因為數學家們很喜歡在兩個世界之間架起橋梁。」

我們走上車站前的人行天橋。車輛在我們腳底下的道路川流不息。米爾迦站在人行天橋的正中央,回頭看向我。

「確實,數學家們喜歡在不同世界間架設橋梁。但只有這樣,仍沒什麼意義。你不覺得——應該要再往前一步,深入數學的核心嗎?」

我點了點頭。

是啊。至今已經發生過許多次同樣的事。既然都走到這一步了,我希望還能再往前踏出一步。

---

*2《數學女孩/伽羅瓦理論》

「當然。我還想,再往前踏出一步。」我說。

米爾迦朝著我走近一步,伸出了她的手。

細長的手指撫過我的臉頰。

(好溫暖)

她的手指在我的臉頰上來回撫過。

「這就是你的形狀。像這樣撫摸過之後,就能知道你的形狀是什麼樣子。我們想知道拓樸空間的形狀。那麼該怎麼做,才能撫摸出拓樸空間的形狀呢?」

我什麼都說不出口。

米爾迦突然捏了我的臉頰。

「好痛!」

「該怎麼做,才能撫摸出拓樸空間的形狀呢?」她又重複了一次問題。

「該怎麼做?」

「畫出自環吧。明天,在圖書室。」

黑髮才女留下了這句話後,快步走過了人行天橋,消失在車站前的人群中。

臉頰真痛。

6.3　以自環掌握形狀

6.3.1　自環

隔天下課後。我、米爾迦,還有蒂蒂聚集在圖書室。

「讓我們來談談拓樸空間內的一種群,**基本群**吧。」米爾迦說。「我們可以用基本群來摸出拓樸空間的樣子。」

「可以摸得出來嗎?」蒂蒂一邊用雙手手掌摸著自己的臉頰,一邊說著。

「不是用手掌,是用手指撫摸。為了瞭解形狀,我們會用指尖來撫摸環面和球面。」米爾迦用她的食指撫過另一隻手的手腕。

「話說，你們應該是在講數學的話題沒錯吧？」我說。

「要建立一個基本群，就要在拓樸空間中建立出自環。」

「自環……是一個圈嗎？」蒂蒂把雙手的拇指和食指合在一起，做出一個心型的圈。

「自環是這樣。」米爾迦用食指在空中畫了一個圈。「以拓樸空間的一點為起點，從起點開始，在拓樸空間中畫出一條曲線。然後使曲線的終點與起點一致。這就是一個自環。自環的起點和終點一致，所以這個點也稱做基點。」

「就是繞一個圈回到原點嗎？」

「在拓樸空間中畫出曲線，就是將屬於拓樸空間的元素，也就是將拓樸空間內的點連續性地連接起來。為了將其連續性地連接起來，需要用到《近鄰》的概念，而這在拓樸空間中不會造成問題。我們可以用開鄰域來定義拓樸空間中的《近鄰》。」

「不好意思——有沒有例子可以說明呢？」蒂蒂問。

「譬如說甜甜圈的表面，也就是環面。考慮環面上的一個點 p，以點 p 為基點，可以畫出這樣的自環。」

「是一個在邊緣上的自環呢。就叫做《邊緣自環》吧……」

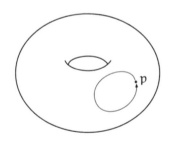

畫在環面上的《邊緣自環》

「說到自環，我會想到這樣的自環喔。」我畫了一個圈。

「是一個有穿過洞《小自環》呢。」

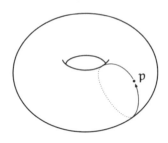

畫在環面上的《小自環》

「嗯，也可以畫出《大自環》喔。」我又畫了另一個圈。

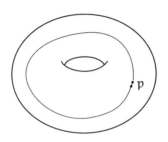

畫在環面上的《大自環》

「目前畫出來的都是在環面這個拓樸空間上的自環。」米爾迦說。「起點和終點必須相同、中間不能斷掉、不能跑到環面之外，這就是自環。」

「我大概抓到自環的概念了。」蒂蒂點了點頭。

「那麼，試著用數學方式來表示這樣的概念吧。」米爾迦繼續說著。「考慮[0, 1]這個閉區間。閉區間[0, 1]是滿足 $0 \leq t \leq 1$ 之所有實數 t 的集合。考慮由這個閉區間[0, 1]到一個拓樸空間的連續映射 f。也就是說，對於任何滿足 $0 \leq t \leq 1$ 之實數 t，$f(t)$ 可表示拓樸空間中的一個點。接著再針對映射 f，令其滿足 $f(0) = f(1)$ 的條件。此時的連續映射 f，就是數學意義上的自環。」

「那、那個，$f(0) = f(1)$ 這個條件又是從哪裡來的呢？」蒂蒂問道。

「是因為要顯示出起點和終點相同嗎？」我說。「所以才令 $f(0) = f(1) = p$ 對吧。」

「沒錯。讓我用《大自環》的圖來說明吧」。米爾迦說。

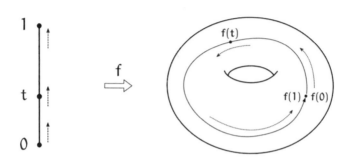

以大自環來表現連續映射 f

「哦……原來是這個意思啊。$f(0)$ 是起點，$f(1)$ 是終點。當 t 從 0 走到 1 時，環面上的點 $f(t)$ 也會跟著移動。就像是用手指畫一圈一樣。」蒂蒂一邊說著，一邊像剛才的米爾迦那樣用手指畫了一個圈。

「點 $f(t)$ 移動時，就像是在撫摸環面一樣呢。」我說。

「不過，環面上卻可畫出無限多條自環。」米爾迦說。「而且，只要自環的路徑中有一點點不同，就會是另一個自環。因此，連續變形後可得到的自環，都應《視為等價》。將彼此間可藉由連續變形轉換的自環，視為等價的自環。我們剛才用連續映射的方式來表示自環，因此這裡的連續變形，指的就是將連續映射連續變形。」

「將連續映射連續變形？」

「讓我來說明一下**自環的同倫關係**吧。」米爾迦說。

6.3.2　自環上的同倫

　　「我們可以試著想像拓樸空間中的自環。就像貼在環面上的橡皮筋一樣。」米爾迦說。「我們可以把拓樸空間中，自環連續變形的樣子，想成是貼在這個空間上的橡皮筋任意變形的樣子。而這也可以想成是從直積$[0,1] \times [0,1]$到拓樸空間的連續映射 H。舉例來說，讓我們試著將環面上的自環 f_0 連續變形至自環 f_1 吧。其中，我們所考慮到的自環都有著共同的基點。」

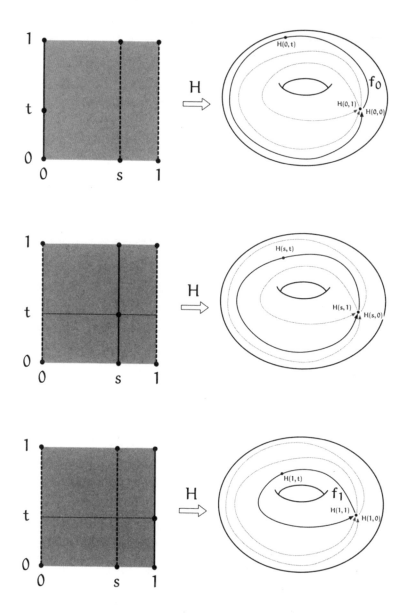

我和蒂蒂盯著米爾迦畫的圖看了一陣子。

「原來如此……這樣我就知道用連續映射來表現自環的《連續變

形》是什麼意思了。」我說。「在拓樸學的書中常看到的那些扭來扭去的變形，應該也可以想成這個樣子吧。《連在一起》可以想成是連續映射，而《將連在一起的東西在不切斷的情況下變形》則可想成是連續映射的連續變化。」

「不、不好意思……這裡說的連續映射 H，我還是不曉得是什麼意思。」蒂蒂說。

「首先，$[0, 1] \times [0, 1]$ 又稱做 $[0, 1]$ 和 $[0, 1]$ 的直積，可以表示成這樣的集合。」米爾迦說。

$$[0, 1] \times [0, 1] = \big\{(s, t) \mid s \in [0, 1], t \in [0, 1]\big\}$$

「這個是……由兩個可以在 0 和 1 之間移動的實數所組成的所有數對 (s, t) 組成的集合是嗎？」

「沒錯，而 (s, t) 所對應的拓樸空間可以用 $H(s, t)$ 來表示。」

「我聽不太懂……」

「蒂蒂，」我加入解說的行列。「一開始思考的時候，可以先固定 $H(s, t)$ 的 s。固定 s 移動 t，那麼 $H(s, t)$ 就會成為一個自環。而 f_0 和 f_1 分別代表不同的自環，

- $s = 0$ 時 $H(0, t) = f_0(t)$，
- $s = 1$ 時 $H(1, t) = f_1(t)$。

接著再考慮會移動的 s。使 $H(s, t)$ 的 s 從 0 移動到 1，便可使自環 f_0 連續變形成 f_1。這和改變 t 之後，可使點移動形成自環是同樣的概念喔。只是現在是改變 s，使單環變形。」

「使單環變形……保持單環的樣子，是嗎？」

「當然。」米爾迦點了點頭。「因為我們設想中的基點 p 是固定的點，故就 H 來說，對於 $0 \leqq s \leqq 1$ 的任何 s 來說，需加上 $H(s, 0) = H(s, 1) = p$ 這樣的條件。」

「……是這個意思嗎？在 $H(0, t)$ 中移動 t，可以得到一個自環 f_0；在 $H(1, t)$ 中移動 t，可以得到一個另一個自環 f_1。而在 $H(s, t)$ 中移動 s 的話，就可以從 f_0 變形成 f_1……？」蒂蒂邊說邊用手指畫來畫去。

「說的沒錯。考慮拓樸空間——譬如說一個環面——時，我們可以做出無數個自環對吧，這代表我們有無限多種撫摸的方式。而這無限多個自環，可以依照是否能連續變形成相同的樣子進行分類。」

「原來如此，就是視為等價對吧。如果伸縮之後會變成相同的樣子——也就是連續映射 H 存在的話——便可視為同一類自環。」

「正是如此。考慮到基點 p 是固定的點，從自環 f_0 移動到 f_1 的連續映射 H 可以稱做同倫變形。而若同倫變形 H 存在，f_0 與 f_1 便可稱為**自環上同倫**。f_0 和 f_1 在自環上同倫，就表示可以從自環 f_0 連續變形成 f_1。f_0 和 f_1 在自環上同倫，可以寫成

$$f_0 \sim f_1$$

$\sim$ 代表等價關係，故我們可將所有以 p 為基點之自環所形成的集合 F，除以這裡的等價關係。這麼一來，便可得到**同倫類**。一個同倫類，就是由許多可視為等價的自環所組成的集合。」

6.3.3 同倫類

「考慮拓樸空間，再考慮拓樸空間上的自環……」蒂蒂一邊喃喃自語，一邊在腦中整理剛才我們提過的東西。「因為我們可以畫出許多自環，所以會把能夠連續變形成相同樣子的自環視為等價？」

「沒錯。」米爾迦說。

「我、我們應該還沒有談到基本群吧？有沒有什麼人家聽漏的地方呢？」

「我們還沒真正開始談基本群，目前只有講到基本群的組成元素而已。」

「自環是構成基本群的元素嗎？」蒂蒂問道。

「自環本身並不是。《由連續變形後可視為等價之自環整合而成的東西》才是構成基本群的元素。將由所有自環所組成的集合，除以同倫這種等價關係，便能得到數種同倫類。」

「不、不好意思。可以用環面舉個例子嗎……？」

「我們可以將環面上同倫的自環歸為一個集合，一個集合就是一個同倫類。舉例來說，《大自環》的同倫類，就是由所有通過點 p 之《大自環》所構成的自環集合。」

《大自環》的同倫類

「原來如此……也就是說，把所有連續移動後可以重合在一起的自環都歸為同一類對吧。那我就懂了！這樣的話《小自環》的同倫類就是這樣囉！」

《小自環》的同倫類

「那《邊緣自環》的同倫類就是這樣囉。」我說。

《邊緣自環》的同倫類

「請等一下。最左邊的不是自環吧？」

「不不，蒂蒂，這確實是自環喔。這是由一個點所構成的自環，因

為它有滿足 $f(0) = f(1)$ 這個條件啊。規則中並沒有規定這個點一定要移動喔。」

「啊，原來如此……原來我被自環這個字誤導了。這樣看來，在環面上的同倫類就可以分成《大自環》、《小自環》、《邊緣自環》這三種囉。」

「是啊。」

「不，不對。」米爾迦搖了搖頭。「環面上的同倫類有無限多種。譬如說，蒂蒂忽略了這種自環。」

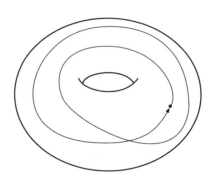

「啊！雙重自環！」蒂蒂把眼睛睜得更大了。

「這樣啊……」我說。「因為環面上的雙重自環沒辦法連續性地變形成單重自環是嗎？」

「另外，還有這樣的自環。」米爾迦又畫了一個圖。

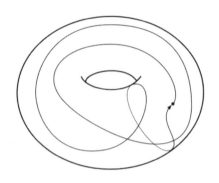

「原來如此……」

「等等，原來是這樣啊。把《大自環》和《小自環》連接起來後，就可以得到其他同倫類的自環了！」

「這表示，如果繞很多圈、用各種方式連接，就可以得到許多不同模式的自環囉！」

「沒錯，這樣的概念可以衍生出**同倫群**。」

6.3.4　同倫群

這樣的概念可以衍生出同倫群。

這個群中，將自環的《連接》視為一種運算方式。照順序說明吧。

- 在拓樸空間 X 上取一固定點 p，視為基點。
- 設集合 F 為以 p 為基點所形成之所有自環。
- 將同倫視為一種等價關係。將集合 F 除以自環的同倫 $\sim$，可得到所有同倫類的集合 $F/\sim$。
- 集合 $F/\sim$ 的元素為《連續變形後可視為等價之自環的集合》。
- 加入運算方法，使集合 $F/\sim$ 成為一個群。考慮集合 $F/\sim$ 的元素，也就是同倫類之間的《連接》這種操作，將其視為群內的運算方法。因為所有自環都共用基點 p，故一定可以《連接》起來。

- 由這種方法所得到的群，就叫做《拓樸空間 X 中，基點 p 的**基本群**》。寫成這樣。

$$\pi_1(X, p)$$

◎　◎　◎

「請、請等一下！這應該不是圓周率吧？」

「和圓周率無關。$\pi_1(X, p)$ 裡的 π 只是做為代號使用而已。」米爾迦說。

「嚇了我一跳。」

「要確認 $\pi_1(X, p)$ 是否符合群的公理並不困難。」米爾迦繼續說著。「譬如說，單位元素是什麼呢？」

米爾迦指著蒂蒂說。

「這裡的單位元素應該是，連接以後也不會改變的自環，是《邊緣自環》嗎？」

「應該是《邊緣自環》的同倫類才對。」我補充。

「沒錯。」米爾迦回答。「換個方式說，由點 p 所變形而成的同倫類自環，就是單位元素。」

「這種單位元素……」我說。「直觀上來說，就是《可連續變形成一點 p 之自環的集合》，是嗎？」

「可以這麼說。」米爾迦點了點頭。「到這裡，我們為了保證可以進行《連接》的運算方式，所以固定了基點 p 的位置，但事實上，即使基點 p 不固定，也可視為一個基本群。考慮一個基點 p 與另一個基點 q，若 p 與 q 這兩點間存在可移動的路徑就沒問題了。不過，這時就必須加入『拓樸空間 X 中，任兩點皆可以曲線連接』——也就是路徑連通——的條件才行。若拓樸空間 X 滿足路徑連通，就不需要明示 p 而寫成 $\pi_1(X, p)$ 的樣子。《路徑連通之拓樸空間 X 的基本群》可寫成

$$\pi_1(X)$$

」

「米、米爾迦學姊……」

「另外，我們還可以證明**基本群是拓樸不變量**。如果兩個路徑連通的拓樸空間 X 與 Y 為同胚，便可證明出它們各自的基本群 $\pi_1(X)$ 和 $\pi_1(Y)$ 同構。」

「蒂蒂我的腦內已經變得一團混亂了……」

「環面的基本群為兩個加法群 $\mathbb{Z}$ 的直積 $\mathbb{Z} \times \mathbb{Z}$。兩個加法群分別代表在《大自環》與《小自環》內繞了幾圈。」米爾迦說。「讓我們試著想想看比環面更加簡單的拓樸空間基本群吧。譬如說一維球面 S^1 的基本群 $\pi_1(S^1)$，是什麼樣的群呢？」

問題 6-2（S^1 的基本群）

試求一維球面 S^1 的基本群 $\pi_1(S^1)$。

「放學時間到了。」

瑞谷老師的宣告，讓米爾迦的《講課》暫告一個段落。

6.4　掌握球面

6.4.1　自家

考試的準備在深夜 0 時結束，結束後就去洗澡——這是我最近的生活模式。盡可能在同樣的時段做同樣的事。隨著考試日期接近，我希望自己的生活型態能轉變成早晨型。

現在是 23 時 53 分。23 和 53 都是質數。我收拾了一下書桌，準備到浴室洗澡。我邊把衣服脫下，邊回想今天米爾迦的《講課》和蒂蒂的反應。想到兩人撫摸臉頰的樣子……不管這個。先集中思考米爾迦出的問題吧。

6.4.2 一維球面的基本群

我一邊在浴室裡清洗身體，一邊思考。

一維球面 S^1 的拓樸空間，把它想成是一個圓周就可以了吧。在圓周內做一個自環，並將可連續變形而成的自環皆視為等價……。在繞一圈的途中《來來回回》的自環，皆可視為等價。

不過，在 S^1 中繞一圈和繞兩圈就不一樣了，因為其中一種沒辦法連續變形成另一種。所以說，我們可以藉由繞圈的圈數為其分類。另外，還可以逆向繞圈。所以將《來來回回》的部分撫平後，可以得知，「往哪個方向繞了幾圈」決定了 S^1 的基本群。而這就是由整數構成的群——也就是由所有整數的集合及運算方式＋所構成的加法群。

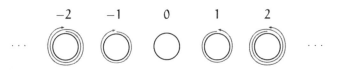

換句話說，一維球面 S^1 的基本群 $\pi_1(S^1)$ 與加法群 $\mathbb{Z}$ 同構。

$$\pi_1(S^1) \simeq \mathbb{Z}$$

而相當於 $\mathbb{Z}$ 中的 0 的元素——也就是相當於單位元素 e 的元素——是由一個點所形成之自環的同倫類。這是不朝任何一個方向繞圈之自環的集合。

嗯……原來如此。《基本群是以自環的形式捕捉空間的形狀》，大概就是這樣的感覺吧。我們對於一維球面 S^1 這樣的形狀所感受到的結構，和對於 $\mathbb{Z}$ 所感受到的結構，確實很相似。

「繞一圈之後再繞兩圈，總共就是繞三圈。」可表示為 $1 + 2 = 3$。「繞兩圈之後不再繞圈，總共就是繞兩圈。」可表示為 $2 + 0 = 2$。「繞三圈之後再反方向繞四圈，就相當於反方向繞一圈。」可表示為 $3 + (-4) = -1$。「繞 n 圈之後再反方向繞 n 圈，就相當於沒有繞圈。」可表示為 $n + (-n) = 0$。也就是說，我們可以用《S^1 的基本群與 $\mathbb{Z}$ 同構》這一句話，來說明在一維球面 S^1 上繞圈圈的樣子是嗎……。

解答 6-2（S^1 的基本群）

一維球面 S^1 的基本群 $\pi_1(S^1)$ 與整數的加法群 $\mathbb{Z}$ 同構。

6.4.3　二維球面的基本群

我開始用洗髮精洗頭。突然想試著思考看看提升一個維度時，會是什麼情況。二維球面的基本群會是什麼樣子呢？

問題 6-3（S^2 的基本群）

試思考二維球面 S^2 的基本群 $\pi_1(S^2)$。

二維球面，把它想成是球的表面就可以了吧。考慮球表面上的自環。自環是一條起點與終點相同、且不超出這個拓樸空間的連續曲線。而可連續變形成相同形狀的自環，應視為等價——於是我開始思考貼在球面上的自環是什麼樣子。

因為我只在腦中想像這些圖形的樣子，所以沒辦法真正下定論。不過，如果把二維球面上，可連續變形成相同形狀的自環都視為等價的話，應該只存在一種自環吧。由單一點所形成的自環。這是因為，不管是什麼樣的自環，都可以塌縮成一個點。換句話說，二維球面上的所有自環都是自環上同倫。

二維球面上的自環皆可塌縮至一點

　　或者也可以說，二維球面的基本群，是只有一個元素的群，是一個只由單位元素 e 構成的自明之群，也就是**單位群** $\{e\}$。二維球面的基本群 $\pi_1(S^2)$ 應與單位群 $\{e\}$ 同構！

$$\pi_1(S^2) \simeq \{e\}$$

解答 6-3（S^2 的基本群）
二維球面 S^2 的基本群 $\pi_1(S^2)$ 與單位群 $\{e\}$ 同構。

　　這種特性，使我們可以明確看出一維球面和二維球面的不同。一維球面上，有個限制自環形狀的《洞》。即使我們想將一維球面上的自環變得更小，也沒辦法使其塌縮成一個點。不過，二維球面上就沒有限制自環形狀的《洞》存在了。不管是什麼樣的自環，都可以連續變形、塌縮成一個點。

6.4.4　三維球面的基本群

　　我泡在浴缸裡，想著更上一層維度的情形。

　　等一下。三維球面 S^3 的基本群不也一樣嗎？在三維球面——與其說是球面不如說是空間——內做出一個自環。將這個自環往內收縮，應該可以很輕鬆地使其塌縮至一點才對。原來如此！電視節目中講到龐加萊猜想時，也會用拉著繩子的太空船當作例子！原來就是這個意思啊！

拓樸空間 M	基本群 $\pi_1(M)$
一維球面 S^1（圓周）	整數的加法群 $\mathbb{Z}$
二維球面 S^2（球的表面）	單位群 $\{e\}$
三維球面 S^3	單位群 $\{e\}$

　　……到這裡應該都沒錯才對。不過，還是有點奇怪。二維球面和三維球面是同樣的基本群。既然如此，不就沒辦法用基本群來區別形狀了嗎？

6.4.5　龐加萊猜想

　　我走出浴室，把頭髮吹得差不多乾後，走向我的書櫃。我拿出了一本很久以前購買，卻因為寫得太難而不太好讀的拓樸相關書籍。

　　書上寫著，一維同倫群又稱作基本群。

　　基本群是由自環所建構出來的群。而自環則相當於一維球面，故也可說是以一維球面為基礎，建構出來的群。由一維球面為基礎，建構出來的群叫做**一維同倫群** $\pi_1(M)$，這就是基本群。原來如此，基本群 $\pi_1(M)$ 的下標 1 就是這個意思啊。如果是由 n 維球面為基礎，建構出來的群，就叫做 n 維同倫群 $\pi_n(M)$ 了吧。這就是將基本群的概念一般化後的群！

　　做為三維生物的我，會覺得 S^2 給人一種中空的感覺。不過，其實我也可以把它想成是二維同倫群 $\pi_2(S^2)$！

　　我繼續讀了下去。

　　然後就看到了龐加萊猜想。

庞加莱猜想

設 M 為三維閉流形。

若 M 的基本群與單位群同構，則 M 與三維球面同胚。

嗯！

我現在終於可以理解這個命題的意義了。

- 《三維閉流形》，這個我知道。所謂的三維閉流形，指的是一個局部與三維歐幾里得空間同胚、大小有限、無邊緣的三維拓樸空間。要是自己跳入這種空間，即使再怎麼努力觀察周圍，也只會覺得看起來和原本待的宇宙相同。這是一個不管朝哪個方向前進多遠，都不會抵達盡頭的空間。雖然可以一直前進而沒有阻礙，大小卻有限。也就是一個《有限，卻沒有盡頭》的空間。
- 《M 的基本群》，這個我也知道。這就是將連續變形成相同樣子的自環視為等價，進而建構出來的群 $\pi_1(M)$。
- 《三維球面》，這個我也知道！就是將兩個三維球體的表面貼合起來的拓樸空間 S^3。

而我不只瞭解龐加萊猜想所寫下的命題——

　　若 M 的基本群與單位群同構，則 M 與三維球面同胚。

——也知道它代表了什麼意義。

龐加萊猜想，是想告訴我們基本群的威力。

如果龐加萊猜想成立，基本群就可做為判斷某三維閉流形是否與 S^3 同胚的工具。假設我們要研究一個三維閉流形 M，想知道 M 這個流形有什麼性質。譬如說，M 是否與 S^3 同胚？想知道答案的話，就用基本群來研究吧。如果 $\pi_1(M)$ 是單位群，那麼 M 就會和 S^3 同胚；若非如此，就不是同胚。

我們能不能在群的世界中，比較 $\pi_1(M)$ 和 $\pi_1(S^3)$ 的差別，並藉此說

明拓樸空間的世界中，M 和 S^3 有沒有差別呢？基本群是否能做為拓樸空間的世界和群的世界之間的橋樑呢？龐加萊猜想就是在問這樣的問題。

龐加萊猜想。

這是拓樸幾何學的問題，同時也是代數學的問題。因為研究這個問題時，需要用到名為基本群的工具！

6.5　被限制的形狀

6.5.1　確認條件

「我好久沒有熬夜到天亮了呢。」我和另外兩人說。「太有趣了。當然，我所理解到的東西根本不算什麼。不過，真的很有趣。畢竟我以前對龐加萊猜想究竟在講些什麼，可以說是一無所知呢。」

這裡是圖書室。有兩個人——當然，就是米爾迦和蒂蒂——默默地聽著我說昨晚我所獲得的成果。

「所以說……基本群，可以做為判定用的武器嗎。」蒂蒂說。「咦，可是，既然基本群是拓樸不變量，那基本群同構的話，拓樸空間會同胚不也是理所當然的嗎？」

「這裡需要特別注意。」米爾迦說。「這裡有必要嚴格區別出必要條件和充分條件的不同。」

◎　◎　◎

這裡有必要嚴格區別出必要條件和充分條件的不同。

若以 $P(M)$ 來表示《M的基本群與單位群同構》這個條件，以 $Q(M)$ 來表示《M與三維球面同胚》這個條件。

以下是龐加萊猜想的主張。

$$P(M) \implies Q(M)$$

與此相較，基本群是拓樸不變量這個命題，則是《反過來》。

$$P(M) \impliedby Q(M)$$

由於基本群是拓樸不變量，而三維球面的基本群和單位群同構，故當 $Q(M)$ 成立時，$P(M)$ 亦成立。蒂蒂，這樣你瞭解拓樸不變量的意思了嗎？

◎　◎　◎

「蒂蒂，這樣你瞭解拓樸不變量的意思了嗎？」

「應該……瞭解了吧。人家的思路還真有些粗糙呢。」

「我之前也卡在同一個地方呢。」我說。「《基本群是拓樸不變量》等同於《若 X 與 Y 同胚，則 $\pi_1(X)$ 與 $\pi_1(Y)$ 同構》這樣的敘述。如果只說基本群是拓樸不變量的話，還不夠充分。因為雖然這可以做為 X 與 Y 非同胚的證據，但卻不能當做 X 與 Y 為同胚的證據。」

6.5.2　掌握沒能看清的自己

「人家還得再多讀一點書才行呢」蒂蒂說。「原來學長會花那麼多時間在讀書，人家根本比不上。人家大概到晚上十點左右就在睡夢中了吧……」

「不不不，昨天晚上會熬到天亮完全是個失敗。而且讀的還是和考試無關的書。」我說。或許是睡眠不足的關係，今天總覺得講話時好像沒什麼經過大腦。「畢竟我是個考生嘛。這麼說來，前幾天我有去考模擬考喔。我覺得我應該要像 F1 賽車手一樣，在正式考試前好好熱身才行，於是把模擬考當做測試實力的地方。用認真的心情參加模擬考，也是為了正式考試做好準備。對了對了，考試時出現的題目，有讓我聯想到循環群喔。剛好有一題有出現和循環群 C_6 同構的東西，啊，不過題目本身和同構沒什麼關係啦。」

「循環群！考試還會出和這有關的題目嗎？」

「不不，那是我聯想到的啦。問題本身只是很單純的旋轉矩陣而已。是說，它也沒寫成矩陣的樣子啦。每次旋轉 $\frac{\pi}{3}$，所以會得到正六邊形……咦？」

我的心臟好像停了一拍。

這個問題……確實有寫出 $\theta = \frac{\pi}{3}$ 的條件，具體給出了旋轉角度是多少。就是因為題目有具體給出角度，我才能用 mod 6 處理，得到答案。我的回答是

$$(a_{1000}, b_{1000}) = (\cos 4\theta, \sin 4\theta)$$

──但是我忘了之後還要代入角度算出答案！

$$\begin{cases} \cos 4\theta & = \cos \frac{4\pi}{3} = -\frac{1}{2} \\ \sin 4\theta & = \sin \frac{4\pi}{3} = -\frac{\sqrt{3}}{2} \end{cases}$$

所以

$$(a_{1000}, b_{1000}) = (-\frac{1}{2}, -\frac{\sqrt{3}}{2})$$

應該要寫出這個答案才對。居然忘了代入，太粗心大意了！

解答 6-1（遞迴式）

$$(a_{1000}, b_{1000}) = (-\frac{1}{2}, -\frac{\sqrt{3}}{2})$$

「……學長？」
蒂蒂用疑惑的聲音呼喚我。
「沒事──只是發現了一個粗心的地方而已。上次考模擬考的時候……」
「數學？」米爾迦問我。
「嗯……最後我忘了把 θ 代入題目給的角度。」
「這樣只有部分分數。」米爾迦用和平常相同的語氣淡淡地說。

然而，現在的我卻無法忍受她「和平常相同的語氣」。

「米爾迦你也太糟糕了！」我提高了音量說。

「我很糟糕？」她瞇起眼睛看著我。

「妳已經確定之後要讀的學校了，不用考模擬考。所以才能用那種事不關己的口氣說出『這樣只有部分分數』！」

「事不關己。」她重複了一遍我說過的話。

「一直都是如此。用那種『我什麼都知道』的表情，擺出一副達觀的樣子。」

「達觀。」

「還很冷漠。」

「冷漠。」

「還很自視清高……」

「自視清高。」

不對。我想說的不是這種不長進的台詞。

「……」

「詞彙用完了嗎。原來，你是這樣看我的。」

不對。但我說不出話來。我很後悔說出這些話，還在忍著不掉淚。

「你——」她緩慢地說著。「你因為一題模擬考題目只拿到部分分數，就慌張到連話都不曉得該怎麼講了嗎？就算考了一百萬次模擬考，做了一百萬次準備工作，模擬考仍舊只是模擬考。就算蒐集到一大堆合格判定，也不代表合格。」

「……」

「我，是米爾迦。」她繼續說著。「你，則是你。

　　你所看到的我，並不是我的全部。

　　我所看到的你，也不是你的全部。

今天，你讓我看到了我未曾看過的另一面。」

> 是否存在基本群為單位群的三維閉流形，
> 與三維球面不同胚呢？
> ——昂利・龐加萊（Henri Poncaré）

第 7 章
微分方程式的溫度

溫度變化的速度，與溫差成正比
——牛頓冷卻定律

7.1 微分方程式

7.1.1 音樂教室

「顯然，是你不對。」永永說。「你還只是個未成熟王子。」

這裡是音樂教室。她正彈著鋼琴。我站在她的身旁，俯瞰著她靈活移動的細長手指。她彈的是改編成爵士風的巴哈。

永永和我一樣是高三生。她美麗的波浪捲髮很引人注目，是一個很喜歡彈鋼琴的少女。雖然她做為鋼琴愛好會帶領人的工作已經結束了，不過她到現在還是會來音樂教室練琴。

「我也知道我不對啦。」

我把昨天發生的事——和米爾迦的爭吵——和她說了。

「簡單來說，就是遷怒吧。」她說。「小米爾迦只是說出事實而已。『這樣只有部分分數』，很像她會說的話。沒有惡意，只是淡淡陳述事實的女王大人。」

「嗯，確實是這樣。」我承認。「是我一錯再錯。」

和永永說的一樣。只是考試答錯一題而已，我居然因此而遷怒他人。總覺得，自己很糟糕……。

「音樂是時間藝術，時間不可逆。」她說。「不管是什麼樣的錯誤，已經彈奏出來的音無法收回。就算彈錯，也不得不繼續演奏下去。音樂只能持續前進。」

「持續前進……」

「音樂是時間藝術，時間是一維。」她重複了一次。「但人類有記憶，記得聽過了哪些音。音符的記憶串聯起來時，會在心中留下印象。如果想創作出好的音樂，就得讓好的音符交替出現。《一音為一曲而生，一曲為一音而存》──師傅是這樣說的。」

她立志要走上音樂之路，從小就開始和專業的音樂老師學習。那是一位白髮紳士，我也看過他幾次。

「讓好的音符交替出現……好的音符是指什麼呢？」

「音樂是時間藝術，時間為連續。」她又重複了一次。「人們不會因為一個音符就覺得『這個音符真好聽』。要在該出現的時間，演奏出該出現的音符才行。而音符該在何時出現，則取決於它和其他音符間的關係。」

說到這裡，他停下了演奏中的雙手，並轉向我。

「你能在該說出口的時機，說出該說的話嗎？不成熟王子？」

沒錯。我不能被這種無聊的錯誤絆住。這種糟糕的態度，只會讓自己和重要的人之間的關係變得更糟。這樣不行。

「永永，謝謝你。」我說完後便離開了音樂教室。

我的背後再次響起了巴哈。

7.1.2　教室

「學長。怎麼一副無精打采的樣子呢？」蒂蒂說。「要不要一起吃午餐呢？」

這裡是我的教室。現在是午餐時間。

蒂蒂比我小一屆。以前她要進入學長姐的教室時還會有些躊躇，不過最近已經能毫不猶豫地進來了。

「當然可以囉。」我抬起頭回答。天氣已經變得很冷了，不太可能在頂樓吃午餐。

「米爾迦學姊今天沒來呢。」蒂蒂邊說著，邊挪了一個空桌子和我併桌。「今天請假嗎？」

「似乎是這樣。」我邊打開便當邊說。

是啊。原本我想就我昨天對米爾迦講的話——好好道個歉，但做為關鍵人物的她不在。讓我有種錯過了說出口的時機的感覺。

不曉得是不是因為我都不說話，總覺得蒂蒂好像有點緊張。就算吃完便當，她還是有些坐立不安的樣子。

「最近有挑戰些什麼問題嗎？」我試著拋出了一個話題。

「有！」她像是鬆了一口氣般地說。「學長，**微分方程式**是什麼樣的方程式呢？」

「微分方程式？還真是選了個很難的主題呢。」

「沒有啦，人家還沒開始研究。只是和小麗莎聊天的時候，聊到了和微分方程式有關的話題——雖然我在圖書室找了一些書來看，但還是完全看不懂⋯⋯想說學長應該瞭解得比較詳細，所以中午才來打擾。」

「嗯，我知道了。舉例來說——」

◎　◎　◎

舉例來說，假設 $f(x)$ 是一個從所有實數到所有實數的可微分函數。不過，我們還不曉得 $f(x)$ 實際上是什麼樣的函數。我們唯一知道的是，對於任何實數 x，以下式子必定成立。

$$f'(x) = 2$$

這只是假設喔。若已知 $f(x)$ 對 x 微分後所得到的 $f'(x)$ 不論何時皆等於 2，那麼函數 $f(x)$ 實際上會是什麼樣的函數呢？蒂蒂應該知道吧？

◎　◎　◎

「是的……請等一下。要從 $f'(x) = 2$ 求出 $f(x)$ 是多少對吧？這裡可以設 $y = f(x)$，那麼在直角座標上畫出來之圖形的斜率，會永遠等於 2。所以，應該可以得到

$$f(x) = 2x$$

才對。$y = 2x$ 的圖形是直線，因為斜率永遠都是 2！」

「沒錯。蒂蒂推導出來的函數 $f(x) = 2x$，確實滿足 $f'(x) = 2$ 這個式子。」

「太好了……」

「然而，滿足 $f'(x) = 2$ 的函數並非只有這個函數而已喔。譬如說，

$$f(x) = 2x + 3$$

這個函數又如何呢？」

「我想想，$f'(x) = (2x + 3)' = 2$，所以這個函數確實也符合條件。啊，這樣的話，$f(x) = 2x + 1$ 也會符合條件耶。」

「是啊。滿足 $f'(x) = 2$ 的 $f(x)$ 可以寫成較一般化的式子如下。

$$f(x) = 2x + C \qquad C\text{為常數}$$

C 為任意常數。」

「是的。」

「蒂蒂剛才把它想成是 $y = f(x)$ 圖形的斜率對吧。這種想法並沒有錯，不過解這題時，只要求 $f'(x) = 2$ 兩邊的積分就可以了。這樣就可以得到以下式子了。

$$f(x) = 2x + C \qquad C\text{為常數}$$

「啊，真的耶。」

「而剛才我們提到的例子 $f'(x) = 2$，就是一個與函數 $f(x)$ 有關的微分方程式喔。」

$$f'(x) = 2 \qquad \text{與 } f(x)\text{有關的微分方程式之例子}$$

「咦，這個是微分方程式嗎？」

「嗯，是啊，雖然是很單純的形式。」

「這樣啊，確實是有微分出現啦，不過方程式又是……」

「我們所說的方程式，指的是這種形式的東西。

$$x^2 = 9 \qquad x \text{ 的方程式之範例}$$

這裡的 x 表示某個數，但我們還不曉得它表示哪個數。我們不知道 x 是什麼數，但我們對 x 也並非一無所知。因為，我們知道這個數平方以後會等於 9。那麼，滿足 $x^2 = 9$ 這個方程式的數 x 是多少呢——求這樣的 x，就是所謂的**解方程式**。」

「是的，這個我知道。」

「剛才說明的是方程式，而微分方程式和這個也有類似之處。解方程式時求的是數字，解微分方程式時，求的則是函數。我們不知道 $f(x)$ 是什麼樣的函數，但我們對 $f(x)$ 也並非一無所知。因為，我們知道它會滿足 $f'(x) = 2$ 這樣的式子。那麼，能夠滿足 $f'(x) = 2$ 這個式子的函數 $f(x)$ 像什麼樣子呢——求這個 $f(x)$，就是所謂的**解微分方程式**。這樣你對微分方程式有比較瞭解了嗎？」

「原來如此……」蒂蒂緩慢地回答。「這麼說來，印象中，我讀過的書也有提到學長剛才說的內容的樣子。但不曉得為什麼，和讀書比起來，聽學長說明的時候比較好懂的樣子……總之，這樣我就大概瞭解什麼是微分方程式了。」

	例	欲求之答案
方程式	$x^2 = 9$	x 的值
微分方程式	$f'(x) = 2$	函數 $f(x)$

「對了，那蒂蒂知道怎麼解 $x^2 = 9$ 這個方程式嗎？」

「當然知道囉。答案是 $x = \pm 3$ 對吧。人家還是解得出這種題目的。」

「嗯，解 $x^2 = 9$ 後，會得到 $x = 3$ 和 $x = -3$ 這兩個解。因為 $x = 3$

可以滿足 $x^2 = 9$，$x = -3$ 也可以滿足 $x^2 = 9$。也就是說，方程式的解不一定只有一個。當題目要求解方程式時，一般來說會要求列出所有的解。」

「嗯嗯，這我都懂。」

「剛才我們解的微分方程式 $f'(x) = 2$ 也是同樣的概念。雖然蒂蒂解出了 $f(x) = 2x$ 這個解，但微分方程式 $f'(x) = 2$ 的解卻不是只有這一個。不管是 $f(x) = 2x + 1$、$f(x) = 2x + 5$，還是 $f(x) = 2x - 10000$，都可以是解。一般來說，會用 $f(x) = 2x + C$ 的形式，將所有可能的解整合起來。」

「確實，方程式和微分方程式看起來很像耶⋯⋯」

「像 $f(x) = 2x + 1$ 這種，滿足微分方程式的其中一個函數，就稱作**特殊解**或特解。而像 $f(x) = 2x + C$ 這種，滿足微分方程式、式中卻有任意常數 C 之類的參數的函數，就稱作**一般解**。」

「呃⋯⋯請等一下。這樣的話，$f'(x) = 2$ 這個微分方程式不就有無限多個解了嗎？因為不管 C 代入哪個實數，$f'(x) = 2$ 都會成立啊。」

「沒錯。微分方程式中，有無限多個函數解的情況並不稀奇喔。」

「原來是這樣。」

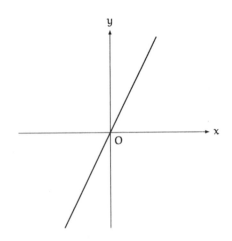

特殊解的圖形 $y = 2x$

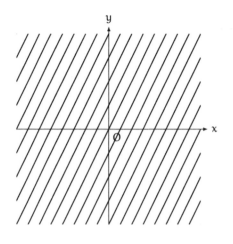

一般解的圖形 $y = 2x + C$ 的範例

「如果想知道某個數是不是方程式 $x^2 = 9$ 之解，方法很簡單。只要將這個數代入 x，若能使 $x^2 = 9$ 成立的話就是解。要解出答案可能有些困難，不過要確認一個數是不是解就很簡單了。同樣的——」

「請等一下。」蒂蒂制止了我。「微分方程式也一樣嗎？如果想知道某個函數 $f(x)$ 是不是 $f'(x) = 2$ 之解的話……只要微分它就可以了。如果某個函數 $f(x)$ 的微分結果等於 2 的話，這個函數就是 $f'(x) = 2$ 的解了對吧？」

「就是這樣、就是這樣。若能找到滿足微分方程式的函數，那麼這個函數就是這個微分方程式的一個解。因此，若想具體確認 $f(x)$ 是否滿足微分方程式，只要把它微分就行了。」

7.1.3　指數函數

或許是因為蒂蒂很認真地聽我說明，我也越說越起勁。

「我們能從 $f'(x) = 2$ 求出 $f(x) = 2x + C$，由此可知，我們可由簡單的微分方程求出不定積分。計算不定積分時會出現積分常數，這是一般解中的參數。若能確定參數值，便可得到各種特殊解。」

「也就是說，要解微分方程的時候，只要把兩邊都積分就可以了嗎？學長。原來這就是解微分方程的方法啊。」

「咦？啊，不對不對。剛才提到的 $f'(x) = 2$ 這個例子，是最單純的一種微分方程，所以解起來很簡單。一般來說，解微分方程時，我們不一定會用『兩邊積分』這種方法來解出 $f(x)$ 喔。」

「這樣啊……」

「一般的微分方程式中，會有一堆 $f(x)$、$f'(x)$、$f''(x)$ 之類的符號，通常沒那麼容易解開。譬如說這題，稍微有點難度，這也是微分方程喔。」

我在筆記本上寫下另一條微分方程。

$$f'(x) = f(x)$$

「這個是……原來如此。函數 $f(x)$ 微分後的導函數 $f'(x)$ 等於 $f(x)$，這個微分方程是這個意思吧？」

「沒錯。這題微分方程想求的是：可使導函數 $f'(x)$ 與原本的函數 $f(x)$ 恆相等——也就是說，不管 x 等於什麼樣的實數 a，皆可使 $f'(a) = f(a)$ 成立的函數 $f(x)$。」

「確實，就算把兩邊積分也沒什麼用耶。因為會變成這樣

$$f(x) + C = \int f(x)\, dx$$

我們不知道 $\int f(x)\, dx$ 是多少，也不知道 $f(x)$ 是多少。」

「是啊。」

「那 $f'(x) = f(x)$ 這個微分方程該怎麼解呢？」

蒂蒂把身體靠過來了一些。傳來了和平常一樣的香甜氣味。

「與其說怎麼解，不如說我已經知道答案了……譬如說，試著考慮 $f(x) = e^x$ 這個函數吧。將指數函數 e^x 微分，其導函數也會是 e^x 對吧。指數函數 e^x 在微分後，樣子不會改變。也就是說，

$$(e^x)' = e^x$$

這樣的式子恆成立。若 $f(x) = e^x$，則 $f'(x) = e^x$，故下式成立

$$f'(x) = f(x)$$

因此，$f(x) = e^x$ 就是微分方程 $f'(x) = f(x)$ 的特殊解。」

「不對不對不對，學長。請你等一下！」蒂蒂大力揮動他的右手。「我知道指數函數 e^x 是什麼，也知道 e^x 對 x 微分後的 $(e^x)'$ 會等於 e^x。因為之前我們曾經用泰勒展開式來解它的微分[*1]。」

「是啊。」

「可是，我們要解的不是微分方程 $f'(x) = f(x)$ 嗎？……我們明明是想求函數 $f(x)$ 是多少，學長卻突然說出『試著考慮 $f(x) = e^x$ 這個函數吧』這樣的話……這樣不會有問題嗎？這樣不就是在死背答案而已嗎？」

「可是，你想想看喔。當看到 $x^2 = 9$ 這種方程式的時候，蒂蒂不也會立刻察覺到『$x = 3$ 會是一個解』嗎？」

「嗯，這個我懂。因為 $3^2 = 9$。」

「看到微分方程中，一個函數和它的導函數相等時，我們也會立刻察覺到『指數函數 e^x 會是一個解』，這和剛才的敘述是類似的意思喔。」

「嗯……是這樣嗎。」蒂蒂雙手抱胸地說著。

「那除了 e^x 以外，你還有想到哪個符合 $f'(x) = f(x)$ 的函數嗎？」

「$f(x) = e^x + 1$ 可以嗎？微分之後 e^x 的部分也不會變。」

「咦？可是 1 會消失喔。」

「不好意思，我想試著把它寫出來。假設

$$f(x) = e^x + 1$$

將 $f(x)$ 對 x 微分，可以得到

$$f'(x) = e^x$$

[*1]《數學女孩／費馬最後定理》

$f'(x) = f(x)$ 不成立！這個不對！」

「所以，雖然 $f(x) = e^x$ 是微分方程式 $f'(x) = f(x)$ 的解，但是 $f(x) = e^x + 1$ 卻不是這個方程式的解。」

「這樣的話，感覺微分方程式 $f'(x) = f(x)$ 除了 $f(x) = e^x$ 之外，應該就沒有其他解了耶。因為不管加上什麼都不會影響微分後的結果。」

「那改成 $f(x) = 2e^x$ 的話又如何呢？」

「啊！這樣就會成立了！將 $f(x) = 2e^x$ 微分後，會得到 $f'(x) = 2e^x$，$f'(x) = f(x)$ 確實成立。咦，既然如此，$f(x) = 3e^x$ 和 $f(x) = 4e^x$ 也都會成立不是嗎？」

「沒錯，就是這樣。所以，假設 C 是一個常數，那麼這個微分方程的解就是

$$f(x) = Ce^x$$

微分方程 $f'(x) = f(x)$ 的一般解，是一個含有參數 C 的函數 $f(x) = Ce^x$。」

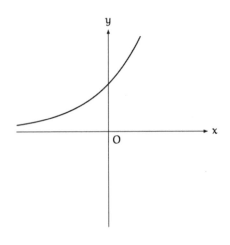

特殊解的圖 $y = e^x$

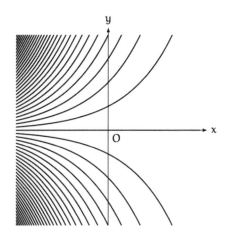

一般解的圖 $y = Ce^x$ 範例

「……」

蒂蒂還是無法接受的樣子。

「咦？這個應該不難吧？」

「啊，不是難度的問題。可以先回到剛才的地方嗎？總覺得還是不太能接受這樣的解釋。」

「剛才的地方？」

「就是啊，$f'(x) = 2$ 這個微分方程，在兩邊積分後可以得到 $f(x) = 2x + C$ 的函數，這個我可以接受。但是當我們在解 $f'(x) = f(x)$ 這個微分方程時，突然就蹦出了 $f(x) = e^x$ 的特殊解，然後再把它變形成 $f(x) = Ce^x$ 這樣的一般解。總覺得，還是有些讓人不能接受……」

「原來如此。那我們就試著一步步地解這個方程式吧。」

◎　◎　◎

那我們就試著一步步地解這個方程式吧。

我們要解的是 $f'(x) = f(x)$ 這個微分方程。

為了釐清是誰對誰微分，我們可以先假設 $y = f(x)$，也就是 y 是 x 的函數。這樣就可以重新改寫我們的微分方程

$$f'(x) = f(x)$$

將 $f'(x)$ 代換成 $\frac{dy}{dx}$，將 $f(x)$ 代換成 y，便可改寫成

$$\frac{dy}{dx} = y$$

我們的目標就是要求出函數 y。

　　突然就跳到 $y = e^x$ 的話可能會很奇怪，然而，思考 y 是什麼樣的函數是很重要的過程。

　　譬如說，如果 y 是一個常數函數，會怎麼樣呢？

$$y = C$$

若要判斷 $y = C$ 是否滿足微分方程 $\frac{dy}{dx} = y$，只要把它微分之後就知道了。將 $y = C$ 的兩邊分別對 x 微分之後，可以得到

$$\frac{dy}{dx} = 0$$

故我們可以瞭解到，如果 $y = C$，那麼在 $C = 0$ 的時候，會滿足 $\frac{dy}{dx} = y$ 這個微分方程。也就是說，

$$y = 0$$

這個常數函數，是微分方程 $\frac{dy}{dx} = y$ 的一個特殊解。

　　到這裡還可以吧？

　　接著讓來考慮 $y \neq 0$ 時的情形吧[*2]。

　　我們的微分方程式是

$$\frac{dy}{dx} = y$$

當 $y \neq 0$ 時，我們可以在等號兩邊同除以 y。這樣就可以得到

$$\frac{1}{y} \cdot \frac{dy}{dx} = 1$$

[*2] 由於微分方程的解有唯一性，故除了常數函數以外，與 $y = 0$ 有交點的函數，皆不會是該微分方程的解。

將兩邊分別對 x 積分後，可以得到

$$\int \frac{1}{y} \cdot \frac{dy}{dx} \, dx = \int 1 \, dx$$

等號右邊是將 1 對 x 積分，故可得到帶有積分常數 C_1 的函數。

$$\int \frac{1}{y} \cdot \frac{dy}{dx} \, dx = x + C_1$$

等號左邊則可藉由代換積分，得到

$$\int \frac{1}{y} \, dy = x + C_1$$

設 $y > 0$，取 $\frac{1}{y}$ 的不定積分，可得到帶有積分常數 C_2 的函數，使方程式變為

$$\log y + C_2 = x + C_1$$

接著再以 C_3 取代 $C_1 - C_2$，可得

$$\log y = x + C_3$$

由對數的定義可以得到

$$y = e^{x + C_3}$$

等號右邊的 $e^{x + C_3} = e^x \cdot e^{C_3}$。這裡再將 e^{C_3} 代換成 C，便可得到

$$y = C e^x$$

$y < 0$ 時也可由類似步驟得到相同答案。這裡如果假設 $C = 0$，則可得到我們一開始考慮的常數函數

$$y = 0$$

為其中一個特殊解。至此，我們順利解開了這個微分方程

$$\frac{dy}{dx} = y$$

其一般解為[3]

$$y = Ce^x$$

這和剛才的結果一樣對吧。

◎　◎　◎

「這和剛才的結果一樣對吧。」

「確實一模一樣呢……」

7.1.4　三角函數

「再舉一個例子吧，這個微分方程又該怎麼解呢？」

$$f''(x) = -f(x)$$

「這個是 $f(x)$ 微分兩次後的函數吧……我不知道怎麼解耶。如果是指數函數 e^x 的話，會變成 $(e^x)'' = e^x$，但是題目還多了一個負號。」

「微分兩次之後會多一個負號，這表示微分四次之後就會變回原樣吧，也就是 $f''''(x) = f(x)$。」

「這樣不是更複雜了嗎……」

「我覺得蒂蒂應該知道這個微分四次之後會變回原樣的函數才對喔。」

「我知道了！是 $\sin x$！」

$(\sin x)' = \cos x$　　　　$\sin x$ 微分後會得到 $\cos x$

$(\cos x)' = -\sin x$　　　$\cos x$ 微分後會得到 $-\sin x$

$(-\sin x)' = -\cos x$　　$-\sin x$ 微分後會得到 $-\cos x$

$(-\cos x)' = \sin x$　　　$-\cos x$ 微分後會得到 $\sin x$（變回原樣）

「所以說，$f(x)$ 就是 $\sin x$ 對吧！$(\sin x)'' = (\cos x)' = -\sin x$，確實符合 $f''(x) = -f(x)$ 的條件。」

---

[3]嚴格來說，解題時還必須證明不存在其它形式的解（微分方程之解的唯一性）。

「嗯，$f(x) = \sin x$ 是其中一個解。還有嗎？」

「$f(x) = \cos x$ 也是。因為 $(\cos x)'' = (-\sin x)' = -\cos x$。」

「還有嗎？」

「……再來我就不知道了。」

「譬如說，我們可以加入常數 A，寫成 $f(x) = A \cos x$；或者加入常數 B，寫成 $f(x) = B \sin x$。而一般解就是包含了參數 A 和 B 的函數如下[3]

$$f(x) = A \cos x + B \sin x$$

「我確認一下！可以用微分來確認微分方程的解正不正確對吧。首先，將 $f(x) = A \cos x + B \sin x$ 微分後可以得到——

$$
\begin{aligned}
f'(x) &= (A \cos x + B \sin x)' \\
&= (A \cos x)' + (B \sin x)' \\
&= A(\cos x)' + B(\sin x)' \\
&= A(-\sin x) + B \cos x \\
&= -A \sin x + B \cos x
\end{aligned}
$$

而將 $f'(x) = -A \sin x + B \cos x$ 微分後可以得到——

$$
\begin{aligned}
f''(x) &= (-A \sin x + B \cos x)' \\
&= (-A \sin x)' + (B \cos x)' \\
&= -A(\sin x)' + B(\cos x)' \\
&= -A \cos x + B(-\sin x) \\
&= -A \cos x - B \sin x \\
&= -(A \cos x + B \sin x) \\
&= -f(x)
\end{aligned}
$$

因此，這個解確實可以使

$$f''(x) = -f(x)$$

這個微分方程式成立。」

「蒂蒂還真是認真呢……會確實確認答案對不對。」我說。

7.1.5　微分方程式的目的

「因為學長舉了好幾個例子說明，我現在大概抓到一些微分方程的感覺了。雖然我還不知道要怎麼解……」

微分方程式	一般解	
$f'(x) = 2$	$f(x) = 2x + C$	（C 為任意常數）
$f'(x) = f(x)$	$f(x) = Ce^x$	（C 為任意常數）
$f''(x) = -f(x)$	$f(x) = A\cos x + B\sin x$	（A、B 為任意常數）

「嗯，我會解的也差不多只有這些啦。」

「對了，學長。」蒂蒂小聲地說。「歸根究柢，微分方程究竟是用來做什麼的呢？」

就是這個。絕不能小看蒂蒂提出來的問題。一開始她會提出一些非常基本的問題，但在一定階段之後，她就會提出直指核心的問題。她的理解力也是像這樣不斷提升著吧。為了讓自己站在《理解的最前線》，所以會自然而然地一直提出疑問。

「嗯，這是一個很好的問題喔。」我回答。「微分方程是用來做什麼的呢。這個問題和方程式是用來做什麼的很類似。譬如說，列出與 x 有關的方程式，並解出這個方程式，是為了什麼呢？」

「應該是為了，求出 x 的值——？」

「沒錯，就是為了求出 x 的值。我們想知道能滿足某個方程式的 x 是多少。我們可以由方程式瞭解到某些 x 的性質，譬如說 $x^2 = 9$ 之類的性質。然後以這些性質作為線索，求出 x 的值。」

「解微分方程，也和這個概念相同嗎？」

「嗯。解微分方程就是為了求出函數 $f(x)$。我們可以由微分方程式瞭解到某些 $f(x)$ 的性質。譬如說 $f'(x) = 2$ 之類的性質，或是 $f'(x) = f(x)$ 的性質，或是 $f''(x) = -f(x)$ 的性質。由這些線索一步步推導，最後得到我們想求的函數。這就是微分方程的用途。」

「……」

「得到我們想求的函數是件很重要的事喔。因為只要知道函數像什麼樣子，再把 x 代入，就可以知道 $f(x)$ 是多少了。我們可以移動 x，然後研究 $f(x)$ 的變化；或者將 x 變得非常大，以研究 $f(x)$ 的漸近性值。」

「原來如此……」

「想求取函數的想法，或許和想預言未來的想法很相似喔。」

我想起了永永說的《音樂是時間藝術》一席話。

「預言……是想要預先知道未來會發生什麼事的意思嗎？」蒂蒂緩緩地說著。「預知未來這件事，總覺得讓人有些畏懼。預先知道未來的樣子，真的不會有問題嗎？」

「雖然說是預知未來，但還是有極限的喔。畢竟還要考慮誤差。」

「知道函數像什麼樣子就能夠預言，這個概念我還是……」

「說是預言可能太誇張了。這並不代表我們有辦法說中所有未來會發生的事。這裡的意思是，當我們將物理量表示成時間的函數時，就可以知道未來的物理量是多少。像是星星的位置。如果我們可以預測到三十年後的星星在哪個位置上，這應該也可以算是預言的一種。」

我一邊這麼說一邊思考（三十年後的未來會是什麼樣子，還真是難以想像啊）。離考試還有幾個月，我連那麼近的未來都不知道會怎麼樣了。

「用函數來表示物理量？」

「就拿物理學中的彈簧振盪來當例子吧。」

7.1.6 彈簧的振盪

有一個彈簧橫置於平面，在彈簧末端掛上質量為 m 的重物，往外拉伸。在 $t = 0$ 的時候放手，重物便會開始振盪。若不考慮摩擦力，振盪會一直持續下去。重物振盪時，其位置 x 會隨著時間的經過而有所變化。那麼，位置 x 會依什麼樣規律變化呢——這個問題就是一個例子。

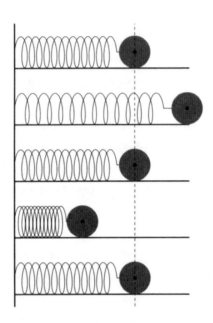

彈簧的振盪

　　雖然我們剛才設重物的位置為 x，不過考慮到位置是時間 t 的函數，故也可以寫成 x(t)。

　　接著，解力學問題時，常會把焦點放在力上面。知道力的大小方向後，就可以用牛頓的運動方程式進行計算了。若我們在質量為 m 的質點上施加 F 的力，便可使質點產生加速度 α。用牛頓的運動方程式則可寫成 $F = mα$。這就是物理學的法則。

$$F = mα \qquad \text{牛頓的運動方程式}$$

　　另外，雖然這裡的力寫成 F，但其實裡面也隱含著時間 t。因為，隨著時間 t 的變化，力也可能會跟著改變。既然力也會隨著時間改變，那麼把力 F 寫成時間的函數 F(t) 或許會好一點。

　　再來，加速度 α 也可想成是時間的函數。位置 x(t) 對時間微分後，可得到速度 $v(t) = x'(t)$；而速度 v(t) 對時間微分後，則可得到加速度 α(t) $= v'(t)$。故加速度 α(t) 也可表示成 $x''(t)$。

假設質量 m 固定，不會隨著時間 t 改變。F 改為 $F(t)$、a 改為 $x''(t)$，那麼牛頓的運動方程式便可改寫如下。

$$F(t) = mx''(t) \qquad \text{牛頓的運動方程式（改寫）}$$

至此，談的是牛頓的運動方程式。

接下來，談的是彈簧。

讓我們試著想想看，當彈簧伸長或縮短時，彈簧會對質點施加什麼樣的力。

彈簧對質點所施加的力，可以表示成彈簧伸縮幅度的函數。在彈簧沒有伸長也沒有縮短的狀態時——也就是原始長度的狀態下——施加在質點上的力為 0。

- 當彈簧伸得比原始長度還長時，
  彈簧會往伸長方向的反方向，施以與伸長幅度成正比的力。
- 當彈簧縮得比原始長度還短時，
  彈簧會往縮短方向的反方向，施以與縮短幅度成正比的力。

以上是彈簧的性質。這就是所謂的**虎克定律**，是物理學上的定律。

由於彈簧的伸縮幅度取決於重物的位置，故我們會希望能寫出彈簧對質點施加的力 $F(t)$ 與重物位置 $x(t)$ 之間的關係。為了用較簡潔的方式呈現，我們會令彈簧為原始長度時，重物的位置為 0。依照虎克定律，可將以上敘述表示成 $F(t) = -Kx(t)$。

$$F(t) = -Kx(t) \qquad \text{虎克定律}$$

式中出現的比例常數 $K > 0$，稱做彈簧係數。該係數越大，就表示彈簧的彈力越強。之所以會加上負號寫成 $-K$，是因為彈簧對重物的施力方向，與彈簧伸長或縮短的方向相反的關係。

到這裡，我們已經用到了牛頓運動方程式和虎克定律。這兩個都與質點受力 $F(t)$ 有關對吧。

$$\begin{cases} F(t) = mx''(t) & \text{牛頓的運動方程式（改寫）} \\ F(t) = -Kx(t) & \text{虎克定律} \end{cases}$$

聯立這兩個式子，消去 $F(t)$，可得

$$mx''(t) = -Kx(t)$$

等號兩邊同除以 m，可得

$$x''(t) = -\frac{K}{m}x(t)$$

為了讓算式看起來簡潔一些，我們可以用 ω 這個符號來取代 K 和 m 這兩個符號。將 $\frac{K}{m}$ 改寫成 ω^2。因為 $\frac{K}{m} > 0$，所以令其為某個實數的平方不會產生問題。

　　這樣就完成了。設彈簧末端之重物的位置為 $x(t)$，那麼函數 $x(t)$ 的微分方程如下。

$$x''(t) = -\omega^2 x(t) \qquad 《彈簧振盪》的微分方程式$$

　　看到這個微分方程的《形狀》，應該可以聯想到剛才的微分方程吧，也就是這個（p. 244）。

$$f''(x) = -f(x)$$

所以，我們可以像剛才一樣，以三角函數代入這個式子。不同的地方只在於，這個式子中有 ω^2 這個係數。

　　令 $x(t) = \sin \omega t$，則 $x''(t) = -\omega^2 \sin \omega t$。確實可滿足這個微分方程式。

　　或者也可使其更為一般化，和剛才一樣加入常數 A 與 B，得到

$$x(t) = A \sin \omega t + B \cos \omega t$$

這就是微分方程式的一般解喔。

◎　◎　◎

　　「這就是微分方程式的一般解喔。」我說。

　　蒂蒂很認真地聽我說明。雖然她有的時候會開始咬指甲，但仍靜靜地讀過每一條式子。不過若是平常，她應該會突然舉起手說「我有問題！」才對——

「學長，可以等一下嗎？我想實際微分看看確認一下。」

她一邊說著，一邊在筆記本上開始計算。

$$x(t) = A \sin \omega t + B \cos \omega t \qquad \text{微分方程式的一般解}$$
$$x'(t) = (A \cos \omega t) \cdot \omega - (B \sin \omega t) \cdot \omega \qquad \text{等號兩邊分別對 } t \text{ 微分}$$
$$= \omega A \cos \omega t - \omega B \sin \omega t \qquad \text{整理}$$

算到這裡，蒂蒂的手停了下來。

「只要用同樣的方式，再微分一次就可以囉。」我說。

「是的，我知道。不過有件事讓我有些在意⋯⋯」

於是她繼續計算。

$$x'(t) = \omega A \cos \omega t - \omega B \sin \omega t \qquad \text{上式}$$
$$x''(t) = \omega(-A \sin \omega t) \cdot \omega - \omega(B \cos \omega t) \cdot \omega \qquad \text{等號兩邊分別對 } t \text{ 微分}$$
$$= -\omega^2 A \sin \omega t - \omega^2 B \cos \omega t \qquad \text{整理}$$
$$= -\omega^2 (A \sin \omega t + B \cos \omega t) \qquad \text{提出 } -\omega^2$$
$$= -\omega^2 \underbrace{(A \sin \omega t + B \cos \omega t)}_{x(t)} \qquad \text{找出 } x(t)$$

「確實可以得到

$$x''(t) = -\omega^2 x(t)$$

這個式子耶⋯⋯」

「是啊。蒂蒂有仔細確認答案對不對，我覺得很厲害喔。對了，妳剛才說妳在意什麼呢？」

「就是呢，學長剛才寫出一般解的時候不是有用到 A、B 這類常數嗎？我只要看到式子中多了這類未知數，就會有種『糟糕了』的感覺，好像式子變得更複雜了一樣。但就算這樣，還是會在心裡告訴自己『這裡的 A 和 B 只是一般的數字而已喔⋯⋯蒂蒂妳在怕什麼呢？』」

「嗯，原來如此。確實，A、B 雖然寫成未知數的樣子，但其實也只是一個數而已喔。」

　　「$x(t)$ 在物理上代表著重物的位置對吧。既然如此,學長剛才寫出來的式子中,A 和 B 對於振盪中的重物到底有什麼意義呢⋯⋯這就是我剛才在想的事。」

　　「⋯⋯然後呢?」

　　「看到一般解的式子時,

$$x(t) = A \sin \omega t + B \cos \omega t$$

讓我想到,如果令 $t = 0$ 的話,不就可以知道 A 和 B 是多少了嗎?因為人家知道 $\sin 0 = 0$、$\cos 0 = 1$ 啊!就像這樣對吧?

$$
\begin{aligned}
x(t) &= A \sin \omega t + B \cos \omega t &\quad& x(t) \text{ 的式子} \\
x(0) &= A \sin 0\omega + B \cos 0\omega &\quad& \text{以 } t = 0 \text{ 代入} \\
&= A \sin 0 + B \cos 0 &\quad& \text{因為 } 0\omega = 0 \\
&= B &\quad& \text{因為 } \sin 0 = 0, \cos 0 = 1
\end{aligned}
$$

所以我們可以算出 B 是多少,$B = x(0)$!而 $x'(t)$ 也一樣。

$$
\begin{aligned}
x'(t) &= \omega A \cos \omega t - \omega B \sin \omega t &\quad& x'(t) \text{ 的式子} \\
x'(0) &= \omega A \cos 0\omega - \omega B \sin 0\omega &\quad& \text{以 } t = 0 \text{ 代入} \\
&= \omega A \cos 0 - \omega B \sin 0 &\quad& \text{因為 } 0\omega = 0 \\
&= \omega A &\quad& \text{因為 } \sin 0 = 0, \cos 0 = 1
\end{aligned}
$$

所以我們可以算出 A 是多少,$A = \frac{x'(0)}{\omega}$!」

　　「沒錯!」我說。

　　「如果只把 $x(t)$ 當成一個函數的話——」蒂蒂說。「就會只想到數學的事。可是,當我們令時間為 t 時,$x(t)$ 卻有著『重物的位置』這個物理上的意義⋯⋯數學式可以說是一種《活生生的語言》對吧!」

　　「活生生的語言?」

　　「是的。以 $x(t)$ 來表示位置時,$x(t)$ 這個函數就有著物理上的意義。而虎克定律也可以用數學式的形式寫出來。不過,它們不只是數學式。不管是把它們移項,還是把它們微分,這些數學式都像活著一樣,有它們的意義在!$x(0)$ 就是時間為 0 時的重物位置。$x'(0)$ 就是時間為 0 時的

重物速度。令 $t = 0$，就等於是在觀察重物在時間為 0 時的狀態對吧！」

「就像蒂蒂說的一樣。」我點了點頭。「ω 可由質量 m 和彈簧係數 K 決定，故常數 A、B 確實可以決定時間為 0 時的重物位置與速度。只要知道時間為何，就可以知道那個時間點時的重物位置與速度。剛才提到的 ω 也有物理上的意義喔。我們可以把重物的振盪看成等速圓周運動的投影，在等速圓周運動中，物體會在單位時間內前進一定角度，而這裡的**角速度**就是 ω。」

「啊啊！太神奇了！」蒂蒂雙手握在胸前，佩服的說著。「連數學式的變形都有其意義，這真是太神奇了。這就是名為數學式的《活生生的語言》，太厲害了。就好像、就好像是在創造出新事物的意義一樣不是嗎！我也想把這些事寫進《Eulerians》裡面！」

「是之前說的同人誌嗎？」

「微分方程，就像是這個世界悄悄留給我們的《指引》一樣。感覺我也可以和微分方程成為《好朋友》！」

蒂蒂露出了燦爛的微笑。不曉得在數學的領域內，她已經和多少人成為好朋友了呢？

「說起來，蒂蒂真的有在認真思考呢！」

「沒、沒有啦……我也不能一直像以前一樣，一看到符號多的題目就放棄了嘛！」蒂蒂輕輕握拳激勵一下自己。「人家也要繼續前進才行！」

我和蒂蒂都露出了淡淡的微笑。

7.2 牛頓冷卻定律

7.2.1 下午的授課

下午的課開始了。當然，還是自習時間。我看了看周圍，幾乎所有學生都專心在寫自己的題庫。

寫了兩篇英文長篇閱讀測驗後，我想起了剛才和蒂蒂的談話。

我教了她簡單的微分方程。在說明牛頓的運動方程式和虎克定律的時候，我重新思考了物理學和數學之間的關係。不管是牛頓的運動方程式 $F = ma$，還是虎克定律 $F = -Kx$，都是以數學式來表示物理學的定律。數學常被當作一種《語言》，用來正確表現出物理學的規則。但數學不只是單純的《語言》。數學式變形後，可產生新的數學式，新的數學式又會有新的物理意義。也就是說，最初的式子可能沒什麼特別的意義，但在將其變形之後，便可使數學式產生出新的意義。就像蒂蒂說的一樣，對物理學來說，數學確實是《活生生的語言》。

我拿起物理題庫，開始思考微分方程的問題。

問題 7-1（牛頓冷卻定律）

在室溫為 U 的房間內放置一物體，設時間為 t 時，物體溫度為 $u(t)$。已知時間 $t = 0$ 時，溫度 $u_0 > U$；時間 $t = 1$ 時，溫度為 u_1。試求函數 $u(t)$。其中，假設溫度變化速度與溫差成正比（牛頓冷卻定律）。

解這題時，最重要的是要以數學式表示出物理學的定律──牛頓冷卻定律。這題有提到「速度」，故可使用微分方程式。

- 以 $u'(t)$ 表示物體的「溫度變化速度」。
- 以 $u(t) - U$ 表示物體與室溫的「溫差」。

所以，如果用數學式來表示牛頓冷卻定律，也就是「溫度變化速度與溫差成正比」的話，就會像這樣吧。

$$u'(t) = K(u(t) - U) \qquad \text{K 為常數}$$

至此，談的是物理學的世界。

接下來，談的是數學的世界。

我正在架起兩個世界間的橋樑。從物理學的世界到數學的世界。

我想知道函數 $u(t)$ 是什麼。也就是說，要藉由已知的 U, u_0, u_1，表示出函數 $u(t)$。

剛才的式子可以改寫成我熟悉的微分方程式。

$$u'(t) = K(u(t) - U) \qquad \text{牛頓冷卻定律}$$
$$(u(t) - U)' = K(u(t) - U) \qquad \text{將左邊的 $u'(t)$ 改寫成 $(u(t) - U)'$}$$

改寫等號左邊的式子後，可以發現

$$(\underline{u(t) - U})' = K(\underline{u(t) - U})$$

等號兩邊都有 $u(t) - U$ 這個部分。這和我剛才對蒂蒂說明的微分方程

$$f'(t) = f(t)$$

長得很像，它的一般解應該是指數函數沒錯。不過，因為微分之後必須出現 K 這個係數才行，所以這個部分不會是 Ce^t，應該是 Ce^{Kt} 才對。因此答案如下。

$$\underline{u(t) - U} = Ce^{Kt} \qquad \text{C 與 K 為常數}$$

為確認答案是否正確，可以將等號兩邊對 t 微分。

$$\left(u(t) - U\right)' = Ce^{Kt} \cdot K$$
$$= KCe^{Kt}$$
$$= K\left(u(t) - U\right)$$

確實，驗算結果滿足原來的微分方程。由此可知，$u(t) - U = Ce^{Kt}$，故可得到以下式子，

$$u(t) = Ce^{Kt} + U \qquad \cdots ⓪$$

到這裡，我們已經知道時間為 t 時，表示物體溫度的函數 $u(t)$ 大概像什麼樣子了。不過，我們仍不曉得 C 和 K 這兩個常數是多少。

回頭再讀一遍問題 7-1，確認題目給的條件有哪些。

- $t = 0$ 時，溫度為 u_0。
- $t = 1$ 時，溫度為 u_1。

由前面式⓪的 $u(t)$，考慮 $t = 0$ 和 $t = 1$ 的情況。也就是，

$$\begin{cases} u_0 & = Ce^{K \cdot 0} + U & \cdots ① \\ u_1 & = Ce^{K \cdot 1} + U & \cdots ② \end{cases}$$

應可藉此求出 C 和 K 是多少。

求 C 很簡單。式①中，$e^{K \cdot 0} = e^0 = 1$，故可以得到 $u_0 = C + U$。換句話說

$$C = u_0 - U$$

將我們得到的 C 代入式②，可得到以下式子。

$$u_1 = \underbrace{(u_0 - U)}_{C} e^{K \cdot 1} + U$$

由此便可計算出 e^K 是多少。

$$u_1 = (u_0 - U)e^{K \cdot 1} + U$$

$$u_1 - U = (u_0 - U)e^K$$

$$e^K = \frac{u_1 - U}{u_0 - U}$$

$u_0 > U$，也就是說 $u_0 - U \neq 0$，故除以 $u_0 - U$ 不會發生問題。這樣便可算出 e^K 是多少，接下來只要再整理一下式子就好。

$$\begin{aligned} u(t) &= Ce^{Kt} + U \\ &= (u_0 - U)e^{Kt} + U \\ &= (u_0 - U)(e^K)^t + U \\ &= (u_0 - U)\left(\frac{u_1 - U}{u_0 - U}\right)^t + U \end{aligned}$$

到這裡，我們便可以用 u_0, u_1, U 來表示 $u(t)$。

$$u(t) = (u_0 - U)\left(\frac{u_1 - U}{u_0 - U}\right)^t + U$$

只剩下驗算了。

$u(0) = u_0$ 嗎？

$$\begin{aligned} u(0) &= (u_0 - U)\left(\frac{u_1 - U}{u_0 - U}\right)^0 + U \\ &= (u_0 - U) + U \\ &= u_0 \end{aligned}$$

沒問題。

$u(1) = u_1$ 嗎？

$$u(1) = (u_0 - U) \left(\frac{u_1 - U}{u_0 - U} \right)^1 + U$$

$$= (u_0 - U) \left(\frac{u_1 - U}{u_0 - U} \right) + U$$

$$= u_1 - U + U$$

$$= u_1$$

沒問題

解答 7-1（牛頓冷卻定律）

在室溫為 U 的房間內放置一物體，設時間為 t 時，物體溫度為 $u(t)$。
已知時間 $t = 0$ 時，溫度 $u_0 > U$；時間 $t = 1$ 時，溫度為 u_1。則函
數 $u(t)$ 可表示為

$$u(t) = (u_0 - U) \left(\frac{u_1 - U}{u_0 - U} \right)^t + U$$

其中，假設溫度變化速度與溫差成正比（牛頓冷卻定律）。

　　答案算出來了。接著再回到物理學的世界吧。知道表示溫度的函數
$u(t)$ 之後，可以瞭解到那些事呢？

　　在 $u_0 - U$ 這個部分中，u_0 是時間為 0 時的溫度，U 是室溫，故
$u_0 - U$ 就是時間為 0 時的溫差。題目給定了 $u_0 > U$ 的條件，故
$u_0 - U > 0$。

　　那麼，

$$\left(\frac{u_1 - U}{u_0 - U} \right)^t$$

這個部分又該如何解讀呢？整體看來，它是相當於 e^{Kt} 的部分，是時間 t
的指數函數。雖說它是指數函數，但卻不是一個逐漸增加的函數。由於

$u_0 > U$，故當時間 t 由 0 轉變成 1 時，物體的溫度 $u(t)$ 應該會更接近室溫 U 一些，然而卻不可能會比室溫 U 還要低，故 $u_1 > U$。且 $u_0 - U$ 和 $u_1 - U$ 皆為正，故

$$u_0 - U > u_1 - U > 0$$

由此可知，

$$0 < \frac{u_1 - U}{u_0 - U} < 1$$

也就是說，

$$\left(\frac{u_1 - U}{u_0 - U} \right)^t$$

會隨著 t 的增加而逐漸趨近 0。

試著描繪出 $y = u(t)$ 的圖形吧。

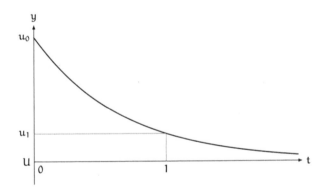

$y = u(t)$ 的圖形

這樣我們就知道物體溫度是如何越來越接近室溫的了。由物理定律建構出微分方程，再解這個微分方程，便可得知物理量隨時間的變化。嗯，數學式確實是《活生生的語言》呢。

一頁頁翻過參考書後，出現了與放射性物質衰變有關的題目。

問題 7-2（放射性物質的衰變）

設時間為 t 時，放射性物質殘量為 $r(t)$。已知時間 $t = 0$ 時，殘量為 r_0；時間 $t = 1$ 時，殘量為 r_1，試求函數 $r(t)$。其中，假設放射性物質的衰變速度與殘量成正比。

　　一模一樣。這個問題和牛頓冷卻定律相同。

　　用數學式來表示放射性物質的衰變。既然有出現「速度」，就用微分方程來解吧。

- 以 $r'(t)$ 表示放射性物質的「衰變速度」。
- 以 $r(t)$ 表示放射性物質的「殘量」。

因此，「放射性物質的衰變速度與殘量成正比」這種性質便可寫成

$$r'(t) = Kr(t) \qquad K \text{ 為常數}$$

　　《溫度的變化》和《放射性物質的衰變》是完全不同的物理現象。《溫度》和《放射性物質的殘量》寫成函數時，也是代表不同的物理量。不過，滿足這些物理量的微分方程式卻擁有相同的《形狀》。

　　當然，函數的解也會是相同的《形狀》。把前面的 $u(t) - U$ 換成 $r(t)$、$u_0 - U$ 換成 r_0、$u_1 - U$ 換成 r_1 就可以了。

$$u(t) - U = (u_0 - U)\left(\frac{u_1 - U}{u_0 - U}\right)^t \qquad \text{牛頓的冷卻定律}$$

$$r(t) = r_0\left(\frac{r_1}{r_0}\right)^t \qquad\qquad \text{放射性物質的衰變}$$

　　如果設上式的 $U = 0$，便可得到形狀完全相同的式子。

$$u(t) = u_0 \left(\frac{u_1}{u_0} \right)^t \qquad \text{牛頓的冷卻定律（設 } U = 0 \text{）}$$

$$r(t) = r_0 \left(\frac{r_1}{r_0} \right)^t \qquad \text{放射性物質的衰變}$$

　　數學式這個《活生生的語言》，藉由微分方程和函數的《形狀》，讓我知道「這兩個現象有著共同的模樣」。

解答 7-2（放射性物質的衰變）

設時間為 t 時，放射性物質殘量為 $r(t)$。已知時間 $t = 0$ 時，殘量為 r_0；時間 $t = 1$ 時，殘量為 r_1，則函數 $r(t)$ 可表示成

$$r(t) = r_0 \left(\frac{r_1}{r_0} \right)^t$$

其中，假設放射性物質的衰變速度與殘量成正比。

　　蒂蒂把微分方程比喻成世界悄悄留給我們的《指引》。真是生動的比喻……等一下。放射性物質有著所謂的**半衰期**。這表示，溫度變化或許也有著類似半衰期的物理概念是嗎——就這樣，我度過了屬於自己的時間。我在自己的時間軸上一步步前進。

　　並且，也度過了名為今天的時間。

　　　　　　　　放射性物質的衰變速度，與放射性物質的殘量成正比。

第 8 章
絕妙定理

在比高斯早了許多的年代，
朗伯就已經提出，
如果存在非歐幾里得平面之類的東西，
那一定類似於半徑為 i 的球面。
——H.S.M. 考克斯特（Harold Scott MacDonald Coxeter）

8.1　車站前

8.1.1　由梨

傍晚離開學校，正當我走出車站往自家的方向走去時，我又遇到了由梨。

「哎呀！這不是由梨嗎！」

「哎呀！這不是哥哥嗎！一起回家吧！」

我本來就很少在早上時遇到由梨，不過在傍晚時遇到由梨又更稀奇了。我們比著肩走過站前的天橋。她家就在我家附近，所以回家的路也幾乎相同。

「由梨，你又長高了嗎？」我說。「每次看到你都覺得你又更巨大了呢」。

「不要說我巨大啦！」她敲打著我背上的包包。

「會痛啦。」

車站前川流不息的車輛相當吵雜，不過彎進住宅區後便安靜了許多。

「對了哥哥，我來出個**益智問答**吧！」由梨說。

由梨的益智問答（？）

- 從 A 地往某個方向直直步行前進一定距離，抵達 B 地。然後往左邊轉 $\frac{\pi}{2}$。
- 從 B 地往某個方向直直步行前進一定距離，抵達 C 地。然後往左邊轉 $\frac{\pi}{2}$。
- 從 C 地往某個方向直直步行前進一定距離，抵達 A 地。然後往左邊轉 $\frac{\pi}{2}$。
- 最後的方向會和一開始的方向相同。

試求由步行途徑所圍成的三角形面積。

「等一下，這個益智問答題目很奇怪喔。」我說。

「啊，$\frac{\pi}{2}$ 就是 90°喔。雖然我覺得你應該知道啦。90°是 $\frac{\pi}{2}$ rad、180°是 π rad，然後 360°是 2π rad。」

「不，我指的不是這件事。我知道是要沿著 A、B、C 三點繞一圈，但如果轉三次 $\frac{\pi}{2}$，也就是轉三次 90°的話，根本不會變成三角形嘛！」

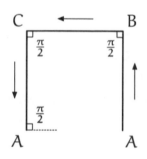

「這麼快就投降了嗎？」由梨愉快地說。

「不，我沒有要投降喔，由梨。簡單來說，如果三角形的三個角都是 $\frac{\pi}{2}$ 的話——這個人就不是在平面上步行前進，而是在球面上步行前進，對吧？」

「嘖，被發現了。果然是哥哥。」

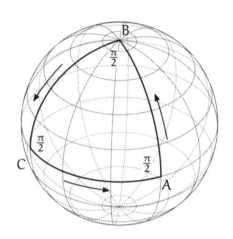

「如果沿著球面上的測地線——也就是大圓直直步行前進的話，確實可以畫出三個角都是 $\frac{\pi}{2}$ 的三角形喔。球面幾何學中，只要知道三個角的大小，就知道三角形的面積是多少了。不過，這個問題內容還真是過份啊，居然要人步行走完一個邊長等於北極和赤道間距離的巨大三角形。」

「我又沒有說是在地球上。」由梨說。

「這樣的話條件就不夠喔。因為沒有給球面半徑 R。三角形的面積會與半徑 R 的平方成正比。」

「那我就補上條件就好啦。」

「這樣不像由梨喔，不乾不脆的。」

由梨的益智問答修正版（球面三角形的面積）

考慮半徑為 R 之球面上的球面三角形 ABC。當角度大小為

$$\angle A = \angle B = \angle C = \frac{\pi}{2}$$

時，試求球面三角形的面積 $\triangle ABC$

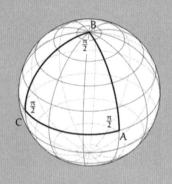

「然後呢？你的答案是？」由梨說。

「這很簡單啊。八個和 ABC 一樣大的球面三角形可以覆蓋住整個球面對吧。如果這是地球的話，四個就可以蓋住北半球、四個蓋住南半球。半徑為 R 的球，其表面積為 $4\pi R^2$，因此，所求球面三角形的面積就是它的 $\frac{1}{8}$，也就是 $\frac{\pi R^2}{2}$，這就是答案。」

由梨的益智問答修正版的答案（球面三角形的面積）

半徑為 R 的球的表面積為 $4\pi R^2$。球面三角形 ABC 為球的表面積的 $\frac{1}{8}$。因此，所求面積為

$$\triangle ABC = \frac{4\pi R^2}{8} = \frac{\pi R^2}{2}$$

8.1.2 讓人訝異的事

「果然這對哥哥來說還是太簡單了嗎……不過啊，某個認識的人和我說，$\triangle ABC$ 可以用這種方式算出來喔

$$\triangle ABC = R^2 \left(\frac{\pi}{2} + \frac{\pi}{2} + \frac{\pi}{2} - \pi \right)$$

我被搞混了。因為我不知道由梨在說什麼。

「這是在計算什麼啊？」

「所以說，就是把三個角加起來，減去 π，再乘以 R^2，就是面積了。」

$$\begin{aligned}
\triangle ABC &= R^2 \left(\angle A + \angle B + \angle C - \pi \right) \\
&= R^2 \left(\frac{\pi}{2} + \frac{\pi}{2} + \frac{\pi}{2} - \pi \right) \\
&= \frac{\pi R^2}{2}
\end{aligned}$$

「哥哥以前不是告訴過我，《球面幾何學中，全等與相似指的是同一件事》嗎？前陣子，我出了這題考《那傢伙》，他卻早就知道這件事了，還給我反擊。既然角度大小可以決定一切，就表示球面三角形的形狀大小也被決定了。既然球面三角形的形狀大小被決定了，就表示面積也被決定了。所以可以用三個角的大小求出面積，公式就像這樣！這是《那傢伙》教我的。」

球面三角形的面積

畫在半徑為 R 的球面上的球面三角形 ABC，其面積 $\triangle ABC$ 為

$$\triangle ABC = R^2 \left(\angle A + \angle B + \angle C - \pi \right)$$

「原來是這樣啊。」我略感疑惑地說著。

《那傢伙》就是由梨的男朋友。雖然已經轉學到另一間國中了，但似乎還是和由梨常常見面。他們兩人常會拿數學問題來比賽，不過詳細情況我就不清楚了。

話雖如此，但沒想到可以用這麼單純的公式就求出面積。

「對了對了。我還聽到更讓人訝異的事喔⋯⋯啊──，到家了。」

一邊沉浸在數學雜談，一邊步行著的我們，不知何時已經走到了我的家。

「更讓人訝異的事？」

「下次再來講後續吧──砰！」

由梨用手比出手槍的形狀，閉起一隻眼睛，對我做出開槍的動作。

被想像中的子彈擊中的我，和單純的公式一起倒向家中。

8.2　自家

8.2.1　媽媽

晚餐前。我一邊幫忙媽媽準備晚餐，一邊想著由梨剛才告訴我公式。球面三角形的面積的公式。假設 $\angle A, \angle B, \angle C$ 分別是 α, β, γ，則可得到

$$\triangle ABC = R^2 \left(\alpha + \beta + \gamma - \pi \right)$$

是很單純的數學式。

這個公式有沒有什麼有趣的地方呢？思考這件事的時候，是研究數學時最令人興奮的時間。不是看到一個問題然後設法求出答案，也不是看到一個命題然後設法證明。而是找出《有趣的地方》，不管那是什麼。雖然，如果推導過程沒有邏輯性的話就沒有意義，而沒有數學上的意義的話就會讓人覺得無聊……。

「米爾迦還會來我們家嗎？」媽媽一邊把裝著沙拉的大盤子拿到餐桌上，一邊問我。「我還想聽聽她說三角形的事呢。」

「不曉得耶。」我說。「說起來，米爾迦似乎很尊敬媽媽喔。」

「哎呀，真的嗎！快仔細說給我聽！」

我和媽媽說了米爾迦的事，不過心中一直想著數學。我想快點吃完晚餐，把思路寫在紙上。不過在這之前，只能在腦中思考。

我可以理解為什麼球面三角形的面積會與 R^2 成正比。讓我覺得不可思議的是 $\alpha+\beta+\gamma-\pi$ 這個部分。沒想到角度會這麼直接地影響到面積。好，把焦點放在 $\alpha+\beta+\gamma-\pi$ 吧。先試著除以 R^2。

$$\triangle ABC = R^2\,(\alpha+\beta+\gamma-\pi)$$

$$\alpha+\beta+\gamma-\pi = \frac{1}{R^2}\triangle ABC \qquad \text{左右交換，並分別除以 } R^2$$

「原來是這樣啊！」我大聲喊出。

「哎呀！」媽媽也大聲喊出。「怎麼了嗎？太燙了嗎？」

回過神來，才注意到我和媽媽分別坐在餐桌的兩側，正在喝著南瓜湯。看來我是一邊在腦中推導數學式，一邊半自動地吃著東西。

「抱歉，沒事啦。只是有了新發現。」

「真是的，別嚇我啊。然後啊……」

我一邊心不在焉地聽著媽媽說話，一邊繼續思考數學。

如果保持這個式子中的 $\triangle ABC$ 不變，並使 $R \to \infty$，那麼極限值會變成什麼樣子呢？

$$\alpha + \beta + \gamma - \pi = \frac{1}{R^2}\triangle ABC$$

因為有個 $\frac{1}{R^2}$，所以當 $R \to \infty$ 時，極限值會變成

$$\alpha + \beta + \gamma - \pi = 0$$

也就是說

$$\alpha + \beta + \gamma = \pi$$

π rad 是 180°，所以這個式子就是小學以來我就很熟悉的公式！

《三角形的內角和為 180°》

而且其中還隱含著一貫性。當我們考慮 $R \to \infty$ 的極限值時，等於是在考慮球面半徑趨近無限大時的極值。想像一個很大的球面，不難發現當球面半徑越大時，就越接近平面。因此自然可推論出，《畫在球面上之三角形的性質》在 $R \to \infty$ 時，就會趨近《畫在平面上之三角形的性質》。

原本覺得很不可思議的球面三角形面積公式

$$\triangle ABC = R^2 \left(\alpha + \beta + \gamma - \pi \right)$$

突然變成了我很熟悉的形式。就好像，原本是點頭之交的人突然變成了好友一樣。這個公式就是《三角形的內角和為 180°》的球面版本！

然後——心中某處傳來了一個聲音。那聲音說，證明它吧。

問題 8-2（球面三角形的面積）

試證明半徑為 R 之球面上的球面三角形 ABC 面積，$\triangle ABC$ 為

$$\triangle ABC = R^2 (\alpha + \beta + \gamma - \pi)$$

其中 α, β, γ 為球面三角形 ABC 三個角的角度大小。

「……你說是吧？嗯，有在聽媽媽說話嗎？」媽媽說。

「是啊。」我趕緊把晚餐吃完，回到自己的房間。

8.2.2 珍稀之物

但是，求取球面三角形面積這個問題並沒有那麼簡單。如果像由梨出的益智問答那樣，$\alpha = \beta = \gamma = \frac{\pi}{2}$ 這種特殊形狀還算好解。但任意球面三角形的面積又該麼算呢？

把球面放在三維座標內，將大圓的方程式改以 x, y, z 來表示，計算夾角大小，再用積分來求球面三角形的面積——這樣可以嗎？感覺會是一個大工程……我看了一下我掛在書桌前的月曆。上面寫著正式考試前的日程表。旁邊也掛著各科衝刺的計畫表。

沒有時間了。

因為由梨的益智問答，讓我對球面三角形問題產生了興趣，很想要深入研究這個問題，但現在的我沒有時間。

我嘆了一口氣，把眼前的計算紙暫時收拾了起來，拿出前幾天寄回來的模擬考結果。上面表列出了每一科的分數、偏差值、名次。我的第一志願是 B 判定（考上的機率為六～七成）。

果然，數學那題只有拿到部分分數。要是沒有那個令人痛恨的失誤，就可以拿到滿分了——而且，這樣也不會對米爾迦說出那些過份的話。

　　比起這個，更大的問題是古文。古文的閱讀測驗分數比我想的還要低了不少，有必要補強這個弱點。各科平均雖然不差，但要是被較弱的科目拉低分數也很讓人困擾，這樣離第一志願的 A 判定（考上的機率高於八成）也越來越遠了。

　　我一邊確認閱讀測驗寫錯的地方，一邊思考。閱讀古文對理組的我來說，到底有什麼意義呢？為什麼考試要考古文呢？

> かたち、こころ、ありさますぐれ、
> 世に経るほど、いささかの疵なき。

這是清少納言的《枕草子》第七十五段。也就是所謂的「列舉的章節」的其中一段。

> 不管是外型、氣質，還是態度，都十分優秀，
> 在世間來來去去，卻不會顯露出任何瑕疵。

　　這段是在講什麼呢？這段文字不禁讓人有這樣的疑惑。這段文字的開頭寫著「珍稀之物」，也就是「難得一見的東西」，所以應該是指「這樣的人實在難得一見」吧。

　　有人說，沒有十全十美的人。然而，確實也有人在每個項目都能表現得很優秀。我覺得米爾迦就是這樣的人。她聰明又動人。我指的不是成績很好、臉很漂亮這種表面上的事。她有深度、也有力量，和她比起來，我什麼都不是。「在世間來來去去」這樣的文字，或許可以想成是隱含著時間 t 這個參數吧。然而隨著時間 t 的增加，我和她的差異只會越來越大。

　　我又嘆了一次氣。但是，一直想著這些事也不是辦法。現在的我，只能專注在我做得到的事上。即將來臨的《合格判定模擬考》就是最後的模擬考。在那之前，無論如何都要針對弱點補強，盡可能拿到第一志願的 A 判定。我和十全十美的才女不同，只能努力用功、準備模擬考、確實獲得合格判定，以此做為真正考試的基礎。

8.3 圖書室

8.3.1 蒂蒂

隔天是個難得一見的大晴天，氣溫卻非常低。

下課後，我和平常一樣前往圖書室。今天要再複習一次古文單字，並做閱讀測驗練習……哇！我在入口差點撞上了紅髮少女麗莎。

「抱歉。」輕聲回應後，她抱著她慣用的紅色筆記型電腦，快步離開。

我看向圖書室內，蒂蒂就坐在靠近窗戶的位子上。然而蒂蒂的表情卻透露出了平時很少看到的漠然。

「怎麼了嗎？我剛才和小麗莎擦身而過囉。」我坐在蒂蒂的旁邊，一股和平常不同的香味傳來。

「沒有啦，只是，意見有點不合……」

「意見不合？」

「嗯，就是那個《Eulerians》。我提出了幾個提案，想在上面刊載各種內容，但是小麗莎只會說『不可能』，沒把這當一回事。」

她們正計畫獨立製作一個與學校課業無關的同人誌，名為《Eulerians》。

「原來如此，是編輯方針不同吧。」

聽我說完後，她便開始一邊說明，一邊用雙手比劃出各種姿勢。

「是的……就是啊，我想在《Eulerians》上刊載像是連續、拓樸空間、ε-δ 極限定義、開集、同胚映射、球面幾何學、平面幾何學、雙曲幾何學的內容。在範例和數學式的輔助下，寫出一篇篇文章，說明各種概念在歷史上的連結，以及在數學上的連結。」

「該不會，也要寫到柯尼斯堡七橋問題吧？」

「沒錯沒錯！如果要提到拓樸學的話，就一定不能錯過這個例子囉！」

蒂蒂一頁頁翻動著她厚厚的筆記說著。

以前好像也看過這種情況。

「我說，蒂蒂啊。這樣，內容會不會太多了呢？回想一下，在發表隨機演算法的時候，不是也有內容過多的問題嗎？」

「可是，要是沒有照著順序一一說明的話，讀者應該會看不懂吧。所以，無論如何，都得把全部的內容放進去才行。因為，我覺得幾何學非常有趣。許多和形狀有關的性質──大小、全等、相似、直線、曲線、角度、面積──都被包含在幾何學的研究領域內。」蒂蒂積極地說明著。

「是這樣沒錯。」

「在我學到拓樸學和非歐幾里得幾何學後，發現某些以前覺得不能隨意改變的東西，突然可以任意變化，這讓我覺得很吃驚。別說是隨意改變了，我以前根本就不會想到要去改變這些東西的概念。譬如說把『直線』變得不像直線，把『長度』變得不像長度之類的……」

「原來如此，確實就像蒂蒂說的一樣。」

「我想要把《我感覺到的有趣之處》確實寫下來。要是沒有好好寫出來，就沒辦法傳達這種想法了不是嗎？……可是不管我怎麼說，小麗莎也只會說『不可能』。」

蒂蒂的語氣略帶不滿。

「是說……」我緩緩說出。「我是不曉得你們打算在《Eulerians》刊出多大篇幅的文章，但如果把你剛才說的內容全部刊上去，反而沒辦法把你的想法完整傳達給其他人吧。」

「這是什麼意思呢？」

「嗯。蒂蒂讀文章、寫文章的速度都很快，英語和數學也都很厲害。不過，並不是每個人像你一樣。即使你想將大量知識寫給其他人看，閱讀的人卻也未必能跟得上。」

「可是……」

「蒂蒂想傳達自己感受到的有趣之處對吧。既然如此，就不能把所有東西一股腦全說出來，而是應該要嚴選其中的精華。譬如說，蒂蒂之

前不是有說過很有趣的話嗎？」

「人家有說過什麼有趣的話嗎？」

「你之前不是有說，微分方程式就像是『世界悄悄留給我們的《指引》』嗎？也說過，數學式就像是《活生生的語言》對吧。我聽到這些話之後，有種恍然大悟的感覺。」

「誠、誠感惶恐。」

「蒂蒂很擅長用自己的語言表現出自己理解的事物喔。所以，不需硬是說明所有內容，而是要濃縮成一個主題。然後蒂蒂只要站在《理解的最前線》，應該就可以寫出很有趣的《Eulerians》了。」

「是這樣嗎⋯⋯」

「說不定說『不可能』的小麗莎，也有自己的想法喔。」

「那個，可是，不管我怎麼問她『覺得怎樣？』，小麗莎也只會說『不可能』或者是『只是在自我滿足』之類的話⋯⋯」

「小麗莎好像不怎麼擅長說話的樣子，所以多花點時間和她溝通會不會比較好呢？」

「多花點時間⋯⋯？」

「蒂蒂不是也有說過，如果一個人做不到的話，找人合作就可以辦得到了嗎？蒂蒂有蒂蒂擅長的事，小麗莎有小麗莎擅長的事。兩人合作的話，就可以用彼此擅長的部份，補足對方不足的地方了。」

「原、原來如此。我得補足小麗莎不擅長的地方才行。」

「是啊。而小麗莎則可補足蒂蒂不擅長的地方。在這樣的合作下，才可以催生出兩個人的《Eulerians》不是嗎？」

我說的話讓蒂蒂瞪大眼睛看著我。

8.3.2 理所當然的事

「我是不是擺出了學長的架子說了理所當然的事呢？」我說。

「不不，因為《從理所當然之處開始是一件好事》。」蒂蒂認真地回答。「人家之前都沒有好好聽小麗莎說。」

「說到理所當然的事，我昨天才因為《三角形的內角和是 180°》而大吃一驚呢。」

於是我告訴蒂蒂昨天晚上我思考球面三角形的面積問題時的興奮心情。

$$\triangle ABC = R^2 (\alpha + \beta + \gamma - \pi)$$

我說完後，看到蒂蒂的眼神閃閃發亮。

「這樣就可以求出面積了嗎！」

「應該是喔。而且，當 $R \to \infty$ 時，球面上的三角形就會近似於平面上的三角形，很有趣吧。因為半徑越大的球面，就越接近平面的樣子，我覺得還蠻直觀的。」

「——直擴張到無限大是嗎……啊，雖然和數學無關，但學長你覺得這個怎麼樣？這是無限手勢。」

蒂蒂站了起來，把右手拇指與左手食指相碰、左手拇指與右手食指相碰，然後有點僵硬地拿給我看。卻時，彼此交錯的手指形成了一個扭曲的環，看起來有點像 ∞。

「這就是……表示無限大的無限手勢嗎？」

「沒錯！在胸前做出這個手勢，然後朝著對方伸出自己的雙手，說出『Infinity！』。Infinity！……這樣會不會有點奇怪呢？」

「不會奇怪啊。」我說。（很可愛喔。）我心中這麼想著。

「Infinity！」蒂蒂看起來很愉快的樣子。

「嗯，這個先暫時放在一邊。」我說。「我還是沒辦法證明為什麼球面三角形 ABC 的面積是 $R^2 (\alpha + \beta + \gamma - \pi)$。用積分來算的話好像會很麻煩的樣子……之後再想想看吧。」

如果有時間的話。這句話倒被我硬生生吞了回去。說真的，已經沒有時間了。

「如果是米爾迦學姊，應該就知道了吧。」天真浪漫的公主，蒂蒂說。

「嗯，是啊。不過最近她都沒來學校，可能又去美國了吧。」

我原本想為我遷怒一事向她道歉，不過已經有段時間沒看到她了。每次都錯過時機。然而就在我懊惱這件事的時候，考試、畢業的日期也逐漸接近——

「咦、咦咦？米爾迦學姊的話，她在學校喔。剛才她還給了我巧克力。你看。」

她一邊說著，一邊拿出一個小袋子。原來剛才的香味是巧克力啊。

「那是什麼時候的事？」

「嗯，大概是三十分鐘前吧。她說她要去《學倉》一趟。這很好吃喔，聞起來也很棒。」

「抱歉，我先走了。」於是我跑出了圖書室。

8.4 《學倉》

8.4.1 米爾迦

我穿過校內種滿行道樹的道路，奔向別館的休憩空間《學倉》。

在《學倉》的廣大大廳，有幾個學生正在小聲地進行排練。也有幾個學生正在自習。

米爾迦一個人坐在大廳的一隅讀書。她的桌上放了許多紙張。她一邊看著書本，一邊用鋼筆在紙上寫寫畫畫。

雖然找到了米爾迦，我卻不曉得該說些什麼。正在寫東西的她，周圍就像是張了結界一樣，讓人難以靠近。

我真是個笨蛋。當初為什麼會覺得「米爾迦什麼都不做就很聰明了」呢？還說什麼「沒有十全十美的人」。她之所以會知道很多東西，是因為她一直在學習。這不是理所當然的嗎？和我說話的她並不是她的全貌。就像米爾迦自己說的一樣，我看到的她，並不是她的全部。花許多時間閱讀、思考、計算，這就是米爾迦現在的樣子。在我蹉跎煩惱的時候，她仍持續著她的學習。那我到底在做什麼呢？

忽然，米爾迦看了一下這裡。淡淡的微笑，並用食指指了一下我。我像是被看不見的線拉著一樣，走過去坐在她的對側。

8.4.2　傾聽

「你來啦。」米爾迦說。「Brotkrumen 起作用了嗎？」

我聽不太懂那是什麼意思。「在讀什麼呢？」我提了一個很無聊的問題。

「是雙倉博士推薦我讀的書。」她兩手輕輕將書本合上，給我看書的封面。是一本外文書。

「這是準備要──決定專長領域了嗎？」

「不，我還沒有到要決定專長領域的階段。不要去讀那些很難懂的問題，先仔細念過基本的數學教科書──他是這麼說的。我不想只念日文書，也想念點英文書，於是就請他推薦我幾本書了。這似乎是大學用的教科書。他說這段時間內讀的書不要特別偏向哪個領域。不過，我大概會照著我的興趣讀一些相關的論文吧。」

「這樣啊……」英文的數學教科書。總覺得，好像是另一個世界一樣。

「我也要開始定期參加研討會。在學習過程中，試著尋找有趣的主題。得到足夠的研究時，再寫成論文。然後，持續寫出更多論文。歐拉老師就寫了無數的論文，我也想像他一樣。把自己想到的東西、自己計算出來的東西，整理成論文留下來。寫論文除了是為了自己之外，也是為了傳達給下一個世代──這是和雙倉博士的現學現賣。」

「以後就會一直重複《告一個段落》了嗎？」

「可能是吧。」米爾迦淺淺地笑了一下。「論文就像書信一樣，為了傳達給未來的某個人，我會以論文為名寫出這些信。」

看到她的微笑、還有在她面前的大量計算──用藍黑色鋼筆寫成的大量算式──不禁讓我覺得胸口有些痛苦。

雖然米爾迦不用像我一樣準備考試，她卻為了前往屬於她的新世界而一直準備著。

「……米爾迦，還真厲害呢。」

「怎麼突然這麼說？」

「因為真的很厲害。在我沒注意到的時候，米爾迦就已經到了我難以觸及的世界。我——能和米爾迦相遇真是太好了。」

她悄悄別過頭去，看向窗外。

雖然我和蒂蒂說過，要傾聽小麗莎的想法。但我自己又怎麼樣呢？我有仔細傾聽過米爾迦的想法，或者是重要的人的想法嗎？

米爾迦不會妄自尊大，也不會妄自菲薄，而是確實掌握了自己未來的形狀，並朝著這個目標直直地前進。她真正的想法，我又知道了多少呢？

8.4.3 解謎

「我的事就算了」米爾迦把視線轉向我。「你最近怎麼樣呢？」

「啊，對了。你知道球面三角形的問題嗎？我想試著證明看看，卻證不出來。」

問題 8-2（球面三角形的面積）（再次列出）

試證明半徑為 R 之球面上的球面三角形 ABC 面積，$\triangle ABC$ 為

$$\triangle ABC = R^2(\alpha + \beta + \gamma - \pi)$$

其中 α, β, γ 為球面三角形 ABC 三個角的角度大小。

「嗯……就從顯而易見的部分下手吧。」

◎　◎　◎

從顯而易見的部分下手吧。

譬如說，半徑為 R 的球的表面積是 $4\pi R^2$。

在球面上畫出一個大圓，會形成兩個半球面。一個半球面的面積自然就是 $2\pi R^2$。

在球面上畫出兩個大圓，一般而言，會形成四個新月形。球面幾何學中會把它稱作《二角形》，不過這裡就把它叫做新月形吧。一個新月形有兩個彼此相等的角。假設我們把角的大小為 α 的新月形稱作 α 新月形。所以由兩個大圓所產生的四個新月形中，有兩個是 α 新月形，有兩個是 $(\pi - \alpha)$ 新月形。那麼，一個 α 新月形的面積會是多少呢？

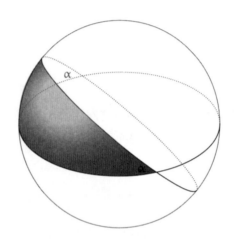

α 新月形。

設一個 α 新月形的面積為 S_α，那麼 S_α 會與 α 成正比。而 π 新月形會是一個半球面，故可得到

$$S_\pi = 2\pi R^2$$

所以說這裡的 $2R^2$ 可以看成一個比例常數。α 新月形的面積可以用 R 和 α 表示如下。

$$S_\alpha = 2\alpha R^2$$

在球面上畫出三個大圓，一般而言，可產生球面三角形。此時，這

個球面三角形 ABC 和α新月形、β新月形、γ新月形之間有什麼關係呢？

接下來，你就知道該怎麼做了吧？

◎　◎　◎

「接下來，你就知道該怎麼做了吧？」

米爾迦把接力棒交到我手上。不，不是接力棒，是她用的鋼筆。

我一邊看著圖一邊思考。我知道球的表面積是多少，也知道新月形的面積是多少。可是，就算知道這些，又該怎麼算呢……？我看著圖好一陣子，還是不得其門而入。

「嗯……」

「一直瞪著圖也不會有進展，要把圖畫出來才行啊。」米爾迦拿起我手上的鋼筆，畫出了這樣的圖。

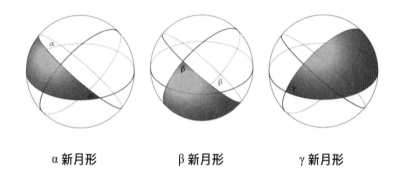

α 新月形　　　　　β 新月形　　　　　γ 新月形

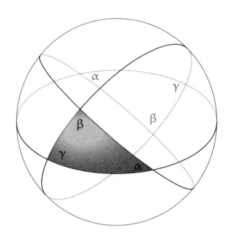

球面三角形 *ABC*

「……」我還是不曉得該怎麼做。

「六個新月形包覆了整個球面，其中有兩個 α 新月形、兩個 β 新月形、兩個 γ 新月形。」

「……原來如此？」我想像著新月形包覆著球的樣子。

「六個新月形包覆了整個球面──但是？」米爾迦故意在語尾聲調上揚，提示這是個疑問句。

「但是……我知道了！有重複吧。在球面三角形 *ABC* 的部分，新月形重複了三次！所以說，球的表面積會等於六個新月形的面積總和，再減去重複的部分是嗎？減去兩個 △*ABC* 就可以了！」

「是沒錯，不過在球的背面有另一個球面三角形，和球面三角形 *ABC* 完全相同。所以重複的三角形不是只有兩個，而是四個。」

「我知道啦。這樣就可以列出式子了。」於是我再次拿起鋼筆。

$$4\pi R^2 = 2S_\alpha + 2S_\beta + 2S_\gamma - 4\triangle ABC$$

| 球的表面積 | 六個新月形面積的總和 | 重複的部分 |

「這樣就對了。」米爾迦說。

我繼續計算著。我已經知道要證明的式子是什麼了,接下來就朝著目標前進吧!

$$4\pi R^2 = 2S_\alpha + 2S_\beta + 2S_\gamma - 4\triangle ABC \qquad \text{由前式}$$

$$4\pi R^2 = 4\alpha R^2 + 4\beta R^2 + 4\gamma R^2 - 4\triangle ABC \qquad \text{由 } S_\alpha = 2\alpha R^2 \text{ 等}$$

$$\pi R^2 = \alpha R^2 + \beta R^2 + \gamma R^2 - \triangle ABC \qquad \text{兩邊同除以 } 4$$

$$\triangle ABC = R^2(\alpha + \beta + \gamma - \pi) \qquad \text{移項後提出 } R^2$$

解答 8-2(球面三角形的面積)

角度為 α, β, γ 的新月形各兩個,可包覆住整個球面,此時會有相當於四個 $\triangle ABC$ 的部分重複。由此可寫出下式。

$$4\pi R^2 = 2S_\alpha + 2S_\beta + 2S_\gamma - 4\triangle ABC$$

因為 $S_\alpha = 2\alpha R^2, S_\beta = 2\beta R^2, S_\gamma = 2\gamma R^2$,故可得

$$\triangle ABC = R^2(\alpha + \beta + \gamma - \pi)$$

(證明結束)

「好,到這裡告一個段落。」米爾迦說。

8.4.4 高斯曲率

「明明是在求球面三角形的面積,卻不需要用到積分!嗯……」我不禁暗自低吟。實在有點不甘心,想扳回一城。「話說,昨天我在思考 $R \to \infty$ 的極限時,發現這個式子就像是《三角形的內角和是 $180°$》在拓展後的結果。」

聽我說完後,米爾迦輕輕點了點頭。

「嗯，是啊。不如我們把這個式子

$$\triangle ABC = R^2 (\alpha + \beta + \gamma - \pi)$$

改寫成這樣吧

$$K = \frac{\alpha + \beta + \gamma - \pi}{\triangle ABC}$$

這裡的常數 K 還比較有趣。這麼一來，我們便可從用測地線畫出來的三角形，判斷出這屬於哪種幾何學。

- 當 $K > 0$ 時，是球面幾何學
- 當 $K = 0$ 時，是歐幾里得幾何學
- 當 $K < 0$ 時，是雙曲幾何學」

「咦！」我嚇了一跳。「居然可以用 K 這個常數為幾何學分類？分類……作為分類基準的常數 K 又是什麼呢？」

「K 可以解釋成這種幾何學與歐幾里得幾何學相差多少，也可說是這個空間的彎曲情況。事實上，K 相當於所謂的**高斯曲率**。」

「高斯曲率……」

「曲率有很多種。譬如說，假設平面上有一個半徑為 R 的圓，那麼圓的曲率就定義為 $\frac{1}{R}$。R 越大，圓的曲率就越小；R 越小，圓的曲率就越大。當 R 越大時，彎曲程度就越緩和；當 R 越小時，彎曲程度就越嚴重。所以直觀上，我們會用半徑的倒數來定義圓的曲率。而我們也可以用圓的曲率來定義曲線上某個點的曲率。簡單來說，考慮曲線上一點，這個點的曲率就是該點之密切圓的曲率 $\frac{1}{R}$。如果曲線往反方向彎的話，曲率就會是 $-\frac{1}{R}$。」

「原來如此。所以直線的曲率就定義為 0 是嗎？」

「沒錯。如果我們不是要定義曲線的曲率，而是要定義曲面的曲率，就必須考慮曲面的延展狀況。以圓柱側面來說，雖然在某個方向上彎曲的情況和圓一樣，但另一個方向卻像直線一樣筆直延伸。每個方向的彎曲狀況都不一樣。」

「確實如此。」

「曲面上點 P 的高斯曲率是這樣定義的。點 P 在曲面上的一條切線與點 P 處的法線可決定一個平面。隨著平面方向的不同，平面與曲面相交之曲線的曲率也不一樣。求出各種平面方向下的最大曲率和最小曲率，兩者之積，即為點 P 的高斯曲率。」

「嗯…嗯…」我盡可能地驅動我的想像力，跟上米爾迦的說明。

「舉幾個簡單的曲面當作例子吧。」

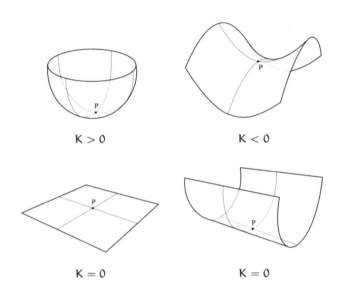

「在這個圖中，各曲面上都標出了通過點 P 之最大曲率和最小曲率的曲線。半徑為 R 的球面上，最大曲率與最小曲率相等，都是 $\frac{1}{R}$，或者都是 $-\frac{1}{R}$。無論如何，兩者同號，所以相乘後得到的高斯曲率會是正數，即 $K = \frac{1}{R^2} > 0$。這就是球面幾何學的高斯曲率。而如果是像馬鞍的曲面，點 P 的最大曲率和最小曲率異號，那麼高斯曲率就是負的。$K = -\frac{1}{R^2} < 0$。」

「原來如此。平面上，最大曲率和最小曲率都是 0，所以 $K = 0 \cdot 0 = 0$。因此平面的高斯曲率 $K = 0$。」

「沒錯。而在圓柱側面中，最大曲率為 $\frac{1}{R}$，最小曲率為 0；或者最大曲率為 0，最小曲率為 $-\frac{1}{R}$。無論是哪種，都有一邊是 0，所以相乘後必為 0。$K = \pm\frac{1}{R} \cdot 0 = 0$。」

「咦……圓柱側面的高斯曲率也是 $K = 0$ 啊。」

「曲面上,不同方向彎曲的程度可能會不一樣。計算高斯曲率時,會取最大曲率和最小曲率的乘積,所以把不同方向的曲率變化考慮進去了。」

「原來如此,如果是我,可能會取最大曲率和最小曲率的平均吧。」

「高斯也有提出平均曲率的概念,正好就是最大曲率和最小曲率的平均。」

「這樣啊……曲率的定義方式還真多耶。」

「球面幾何學中 $K > 0$,歐幾里得幾何學中 $K = 0$。」米爾迦突然降低音量。「球面幾何學中 $K = \frac{1}{R^2}$ 是正數,這沒什麼好奇怪的。考慮 $R \to \infty$ 的情形,也可想像為什麼歐幾里得幾何學中 $K = \frac{1}{R^2}$ 會趨近於 0。那麼,雙曲幾何學中又如何呢?」

「雙曲幾何學指的是 $K < 0$ 的時候吧。$K = \frac{1}{R^2}$ 應該不會是負的……咦?」

「如果照著 $K = \frac{1}{R^2}$ 的思路走,$K < 0$ 就表示 R 是虛數單位 i 的實數倍。譬如說,如果 $K = -1$ 的話,便會得到 $R = \pm i$。」

「半徑為虛數單位 i 的球面幾何學?」

「從數學式看起來是這樣。」米爾迦愉快地繼續說下去。「如果將球面幾何學的球面半徑增加到無限大,就會得到歐幾里得幾何學;如果將球面幾何學的球面半徑變成虛數,就會得到雙曲幾何學。思考高斯曲率的變化實在是件愉快的事。」

「高斯真是厲害啊……」

「還有更有趣的事喔。研究非歐幾里得幾何學的朗伯曾主張『非歐幾里得幾何學的『平面』,與半徑為 i 的球面有相似之處』。這也可說是個預言性的發現。」

8.4.5　絕妙定理

米爾迦站了起來,在我的周圍來回走動,難掩興奮之情地繼續說著。

「剛才,我們計算了圓柱側面的高斯曲率。」

◎　◎　◎

剛才，我們計算了圓柱側面的高斯曲率。它的高斯曲率 $K = 0$，和平面的高斯曲率相等。其實這有著很重要的意義。

高斯把他對曲面的研究，寫成了一本名為《曲面論》的小冊子[1]。高斯在《曲面論》中定義了高斯曲率。高斯曲率可以表現出曲面上各點之《彎曲情形》，且他也證明了，

《只要曲面沒有伸縮，高斯曲率便不會改變》

這個定理。

假設紙上有一個三角形，就算把這張紙捲成圓筒狀，三角形的面積也不會改變。不管是把紙張捲成筒狀，還是拗成波浪狀，只要沒有延展或收縮，三角形的面積就不會改變，高斯曲率也不會改變。

不變量十分重要。只要沒有伸縮曲面，那麼曲面上任意點的高斯曲率就不會改變。球面上任意點的高斯曲率皆等於 $\frac{1}{R^2}$，而平面上任意點的高斯曲率皆等於 0。也就是說，在沒有伸縮的情況下，不可能將球面展開於平面上。只要知道曲面的高斯曲率不是 0，便可判斷出該曲面無法展開於平面上。

還有更神奇的事。

曲面上，由長度與角度得到的量，稱作內蘊性的量；而由曲面鑲嵌於空間中的方式所決定的量，則稱作外蘊性的量。雖然高斯曲率 K 需由外蘊性的量定義，但高斯在計算過程的最後，證明了高斯曲率其實是內蘊性的量。高斯曲率是第一個發現的內蘊量。

想像我們把一個在三維空間中的平面捲成圓筒狀，它看起來就像是一個和原來的平面完全不同的曲面。事實上，我們也可以說平面和圓筒狀的曲面以不同方式鑲嵌在三維空間中。然而，不管三維空間中的平面如何彎曲，面上各點的高斯曲率都不會改變。高斯曲率這個數值，與曲面如何鑲嵌在空間中無關，而是僅表現出曲面本身的彎曲情況。

---

[1] "Disquisitiones generals circa superficies curvas"（曲面的一般化研究），1827 年

我們也可以換個方式描述。在二維空間中的生物，調查過所處空間「內」的長度和角度後，便可計算出高斯曲率是多少。沒有必要考慮所處空間「外」的空間像什麼樣子。

明明高斯曲率是由外蘊性的量定義出來的，卻可表現出內蘊性的量是多少。這實在太絕妙了。於是高斯就把這個定理稱做絕妙定理。

8.4.6 齊性與各向同性

高斯曲率所擁有的內蘊性，在幾何學上有著重要意義。數學家黎曼將曲面上的高斯曲率一般化，使其適用於 n 維空間。

還有許多東西可以一般化。

球面幾何學、歐幾里得幾何學、雙曲幾何學中，高斯曲率 K 為定值。若高斯曲率 K 為定值，則該空間擁有齊性。高斯曲率不會隨著空間內的不同位置而改變。

我可以設齊性條件不成立，進行一般化。這表示隨著空間中的點 p 位置不同，高斯曲率也會跟著改變。此時高斯曲率就會是一個像 $K(p)$ 這樣的函數。

於是，我們感興趣的 $\triangle ABC$ 的面積公式，就不是單純的乘積，而是積分。博內將公式擴張後，得到了高斯─博內定理。

$$\alpha + \beta + \gamma - \pi = K \triangle ABC \qquad \text{高斯曲率為定值 } K \text{ 時}$$

$$\alpha + \beta + \gamma - \pi = \iint_{\triangle ABC} K(p) dS \qquad \text{高斯曲率為函數 } K(p) \text{時}$$

高斯曲率是函數 $K(p)$，表示我們只要知道曲面中的位置，就知道高斯曲率是多少。因為存在著「彎曲情形不會隨著方向而改變」的前提，故還有再一般化的空間。這樣的性質稱作各向同性。數學上，考慮某個點 p 的彎曲情況時，其高斯曲率可能不是一個實數，而是一個曲率張量——可惜的是，更深入的東西我就不清楚了。還得再加把勁。

◎ ◎ ◎

「還得再加把勁。」米爾迦雙頰泛紅地看著我。

放學鈴聲在此時想起。

8.4.7 回禮

「我差不多要走了喔。」米爾迦迅速地收拾桌面上的書和計算紙。

「我也要離開了。」

《學倉》只剩下我們兩人。

「說起來，你的詞彙增加了嗎？」她用惡作劇般的口吻說。

「詞彙？」

「糟糕、事不關己、達觀、冷漠、漠然——還有呢？」

「之前的事，我向你道歉啦。」我有些不好意思地說。「米爾迦，對不起。因為考試時的粗心大意而遷怒到你身上。」

「只拿到部分分數？」

「是啊，數學錯的地方只有最後忘了把角度代入 θ。現在則是在加強我的弱點科目。古文的分數實在太糟糕了。得在《合格判定模擬考》前想點辦法才行。」

「這樣啊……」

「那個，我真的說了很過份的話，真的對不起。」

「沒什麼過不過份的。」她回答。「我覺得是很有趣的觀點。這是給你的《回禮》。把手伸出來。」

我照她說的伸出了我的手。回禮？

米爾迦從她的包包中拿出一個小袋子，再把它放到我的手上。

「巧克力？」這大概是原諒了我的證明吧。

「聞聞看，味道很香喔。」

她往進踏了一步，打開了我手上的袋子。可可的香味撲鼻而來。

她又把臉靠得更近。

「……」
「……」
我凝視著米爾迦。
米爾迦也凝視著我。

沉默。

「聖誕節有什麼計畫嗎？」米爾迦說。
「計畫……是指？」我回答。考生沒有聖誕夜這回事。
「開放式研討會。去年的主題是費馬最後定理吧。」
「沒時間吧。馬上就要《合格判定模擬考》了……」
「只是幾小時也不行嗎？」
「我可沒拿到第一志願的 A 判定喔。」
「再拿到 A 判定就行了。」米爾迦彈了一下手指。「還得再加把勁。」

　　　高斯所提出的曲率（高斯曲率）可用來表示曲面之「彎曲方式」，
他提出了「內蘊性」的概念，並證明了高斯曲率對曲面而言是內蘊性的
　　　　　　　　　　　　　　　　　　　　　　　　　　（1827 年）。
　　　　　……換句話說，就算不存在「外面的世界」。
　　　　　　　　　　　　　　　　　我們也可以確定
　　　　　　　　　身處的宇宙處於什麼樣的「彎曲方式」。
　　　　　　　　　　　　　　──砂田利一《曲面的幾何》

第 9 章
靈光一閃與毅力

我抵達庫堂斯時，
想到處走一走，於是坐上了公共馬車。
在我的腳踏上階梯的那一瞬間，
突然想到用來定義富克斯函數（Fuchsian function）
由德國數學家 Fuchs 發明的變換方式，
和非歐幾里得幾何學的變換方式幾乎一模一樣。
明明在這之前，我完全沒做過任何相關思考，或者進行任何計算準備。
——昂利・龐加萊《科學與方法》

9.1 三角函數訓練

9.1.1 靈光一閃與毅力

　　許多人覺得數學是靈光一閃的學問。數學讀物中，常有描述某某人靈光一閃的故事。在驚人的情節、戲劇化的故事發展下，天才的靈光一閃推動了整個世界——這就是數學。確實，要是沒有數學家們的靈光一閃，就不會有那麼豐富的成果了。

　　然而，數學家們不也是在積年累月苦幹實幹的計算後，才會有靈光一閃的瞬間嗎？而且在有了新的想法後，為了確認這是否正確，需要公式化、拓展、一般化等等，之後的路仍無窮無盡，不是嗎？

　　碰到需要冗長計算的題目時，我總會在腦海的一隅暗自想著這些

事。移項、展開、微分、積分、代入……要是沒有一步一腳印地推導數學式，是沒辦法得到正確答案的。雖然天才的靈光一閃和準備考試很難擺在一起比較。

當然，有些問題可以靠靈光一閃迅速解決。像是靠畫一條輔助線就可以證明出來的題目，或者是看穿式中玄機後就能迅速計算出答案的題目。

不過，大部分的問題都不是這樣。就算知道解題方法，要是沒有小心翼翼地計算下去，便無法得到正確答案。靠靈光一閃來秒殺題目是很有快感沒錯，但不能總是想靠著秒殺解題。解題者必須擁有能與題目糾纏下去的毅力。

靈光一閃和毅力，兩者都是必要的。

還得再加把勁。米爾迦這麼說。不用她說，我也會努力。對於在準備考試的我來說，這就是我的工作。

就像運動員不會懈怠訓練一樣，我也不會懈怠計算的練習。確實掌握理所當然的能力，是很重要的事。我常在腦中反覆練習的**三角函數訓練**，就是這類計算練習。舉例來說——

9.1.2　單位圓

三角函數是和圓相關的函數。$\cos\theta$ 與 $\sin\theta$ 可以用單位圓來定義。單位圓指的是座標平面上以圓點 O 為中心，半徑為 1 的圓。設單位圓圓周上某點座標為 (x, y)，連接該點與原點所得到的線段與正 x 軸的夾角為 θ，則 $\cos\theta$ 和 $\sin\theta$ 的定義如下。

$$\begin{cases} \cos\theta &= x \\ \sin\theta &= y \end{cases}$$

換言之，$\cos\theta$ 是該點的 x 座標、$\sin\theta$ 是該點的 y 座標。單位圓的方程式為 $x^2 + y^2 = 1^2$，故下式成立。

$$\cos^2\theta + \sin^2\theta = 1^2$$

這是基本中的基本。

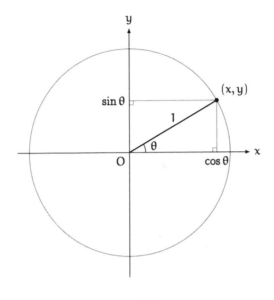

單位圓

θ 加減 2π 後，點的座標仍不會改變。故下式成立。

$$\begin{cases} \cos\theta & = \cos(\theta + 2\pi) & = \cos(\theta - 2\pi) \\ \sin\theta & = \sin(\theta + 2\pi) & = \sin(\theta - 2\pi) \end{cases}$$

設 n 為整數，可寫成一般化的形式。

$$\begin{cases} \cos\theta & = \cos(\theta + 2n\pi) \\ \sin\theta & = \sin(\theta + 2n\pi) \end{cases}$$

考慮 x 座標或 y 座標為 0 時的 θ，可得到下式。

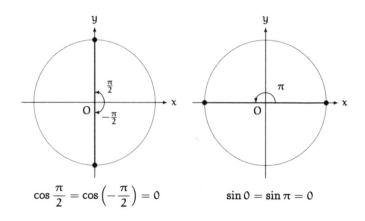

$$\cos\frac{\pi}{2} = \cos\left(-\frac{\pi}{2}\right) = 0 \qquad \sin 0 = \sin \pi = 0$$

設 n 為整數，可一般化如下。

$$\begin{cases} \cos\left(n\pi + \dfrac{\pi}{2}\right) &= 0 \qquad \pi\text{的整數倍} + \dfrac{\pi}{2} \\[2mm] \sin n\pi &= 0 \qquad \pi\text{的整數倍} \end{cases}$$

想像單位圓的樣子，可以知道

$$\sin\left(\pi\text{的整數倍}\right) = 0$$

顯然成立。當 θ 為 π 的整數倍時，該點必定在 x 軸上。換句話說，代表 y 座標的 $\sin\theta$ 必定是 0。

　　分別考慮 x 座標與 y 座標可能的數值，可以知道 $\cos\theta$ 和 $\sin\theta$ 兩者的範圍皆在 -1 以上，1 以下。

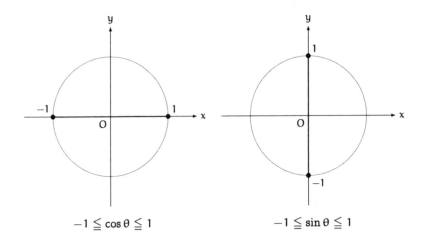

$$-1 \leqq \cos \theta \leqq 1 \qquad -1 \leqq \sin \theta \leqq 1$$

考慮等號成立的條件。考慮 x 座標為 1 或 -1 時的 θ，可得

$$\begin{cases} \cos 0 & = 1 \\ \cos \pi & = -1 \end{cases}$$

一般化之後可得以下式子。

$$\begin{cases} \cos (2n\pi + 0) & = 1 \qquad \pi\,的偶數倍 \\ \cos (2n\pi + \pi) & = -1 \qquad \pi\,的奇數倍 \end{cases}$$

也就是說，會變成這樣。

$$\begin{cases} \cos (\pi\,的偶數倍) & = 1 \\ \cos (\pi\,的奇數倍) & = -1 \end{cases}$$

將兩條式子寫在一起，可以得到以下式子。

$$\cos (\pi\,的\ n\ 倍) = (-1)^n$$

同樣的，考慮 y 座標為 1 或 -1 時的 θ，可得

$$\begin{cases} \sin \dfrac{\pi}{2} = 1 \\ \sin \left(-\dfrac{\pi}{2}\right) = -1 \end{cases}$$

一般化之後可得以下式子。

$$\begin{cases} \sin \left(2n\pi + \dfrac{\pi}{2}\right) = 1 \\ \sin \left(2n\pi - \dfrac{\pi}{2}\right) = -1 \end{cases}$$

9.1.3 sin 曲線

描繪 $x = \cos \theta$ 與 $y = \sin \theta$ 的圖形如下。

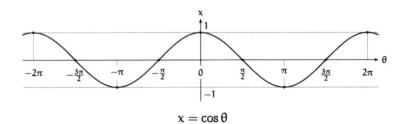

$$x = \cos \theta$$

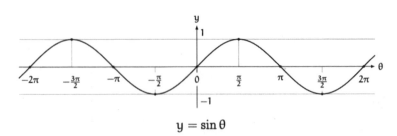

$$y = \sin \theta$$

　　若要從 $\cos \theta$ 的圖形得到 $\sin \theta$ 的圖形，只要將其橫向移動 $\dfrac{\pi}{2}$ 就可以了。不過這裡很容易弄錯是要加上 $\dfrac{\pi}{2}$ 還是要減去 $\dfrac{\pi}{2}$，故要特別注意。

$$\begin{cases} \cos\left(\theta - \dfrac{\pi}{2}\right) = \sin\theta \\ \sin\left(\theta + \dfrac{\pi}{2}\right) = \cos\theta \end{cases}$$

考慮對稱性，還可得到以下關係式。

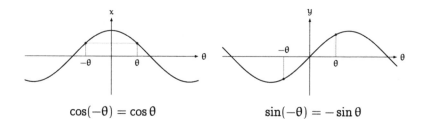

$$\cos(-\theta) = \cos\theta \qquad\qquad \sin(-\theta) = -\sin\theta$$

也就是說，$\cos\theta$ 是偶函數，$\sin\theta$ 是奇函數。

9.1.4　從旋轉矩陣到和角公式

設以原點為中心，將點 (x, y) 逆時針旋轉 θ 後可得到點 (u, v)，則 u、v 分別為

$$\begin{cases} u = x\cos\theta - y\sin\theta \\ v = x\sin\theta + y\cos\theta \end{cases}$$

若將其寫成旋轉矩陣的話，可以得到以下式子。

$$\begin{pmatrix} u \\ v \end{pmatrix} = \begin{pmatrix} \cos\theta & -\sin\theta \\ \sin\theta & \cos\theta \end{pmatrix} \begin{pmatrix} x \\ y \end{pmatrix}$$

若要旋轉 $(\alpha+\beta)$，可以想成是先旋轉 α 再旋轉 β。這可以表示成旋轉矩陣的積。

$$\begin{pmatrix} \cos(\alpha+\beta) & -\sin(\alpha+\beta) \\ \sin(\alpha+\beta) & \cos(\alpha+\beta) \end{pmatrix}$$

$$= \begin{pmatrix} \cos\beta & -\sin\beta \\ \sin\beta & \cos\beta \end{pmatrix} \begin{pmatrix} \cos\alpha & -\sin\alpha \\ \sin\alpha & \cos\alpha \end{pmatrix}$$

$$= \begin{pmatrix} \cos\beta\cos\alpha - \sin\beta\sin\alpha & -\cos\beta\sin\alpha - \sin\beta\cos\alpha \\ \sin\beta\cos\alpha + \cos\beta\sin\alpha & -\sin\beta\sin\alpha + \cos\beta\cos\alpha \end{pmatrix}$$

$$= \begin{pmatrix} \cos\alpha\cos\beta - \sin\alpha\sin\beta & -(\sin\alpha\cos\beta + \cos\alpha\sin\beta) \\ \sin\alpha\cos\beta + \cos\alpha\sin\beta & \cos\alpha\cos\beta - \sin\alpha\sin\beta \end{pmatrix}$$

比較矩陣內項目後可得到和角公式。

$$\begin{cases} \cos(\alpha+\beta) & = \cos\alpha\cos\beta - \sin\alpha\sin\beta \\ \sin(\alpha+\beta) & = \sin\alpha\cos\beta + \cos\alpha\sin\beta \end{cases}$$

9.1.5　從和角公式到積化和差公式

記憶和角公式時，只要記得加法形式的公式就可以了。

$$\begin{cases} \cos(\alpha+\beta) & = \cos\alpha\cos\beta - \sin\alpha\sin\beta \\ \sin(\alpha+\beta) & = \sin\alpha\cos\beta + \cos\alpha\sin\beta \end{cases}$$

因為，$\alpha-\beta$ 可以看成是 $\alpha+(-\beta)$。
這裡若以 $\cos(-\beta) = \cos\beta$ 和 $\sin(-\beta) = -\sin\beta$ 等關係式轉換，可以得到以下式子。

$$\begin{cases} \cos(\alpha-\beta) & = \cos\alpha\cos(-\beta) - \sin\alpha\sin(-\beta) \\ & = \cos\alpha\cos\beta + \sin\alpha\sin\beta \\ \sin(\alpha-\beta) & = \sin\alpha\cos(-\beta) + \cos\alpha\sin(-\beta) \\ & = \sin\alpha\cos\beta - \cos\alpha\sin\beta \end{cases}$$

令 $\theta=\alpha=\beta$，則可由和角公式推導出倍角公式。

$$\begin{cases} \cos 2\theta & = \cos^2\theta - \sin^2\theta \\ \sin 2\theta & = 2\sin\theta\cos\theta \end{cases}$$

利用 $\cos^2\theta + \sin^2\theta = 1$ 的關係式，可將 $\cos 2\theta$ 改寫如下。

$$\begin{cases} \cos 2\theta & = 1 - 2\sin^2\theta \quad\text{因為 } \cos^2\theta = 1 - \sin^2\theta \\ \cos 2\theta & = 2\cos^2\theta - 1 \quad\text{因為 } \sin^2\theta = 1 - \cos^2\theta \end{cases}$$

若將 $\sin^2\theta$ 或 $\cos^2\theta$ 移到等號左邊，便可寫成將平方化為倍角的公式。

$$\begin{cases} \sin^2\theta & = \dfrac{1}{2}(1 - \cos 2\theta) \\ \cos^2\theta & = \dfrac{1}{2}(1 + \cos 2\theta) \end{cases}$$

這又叫做半角公式。

$$\begin{cases} \sin^2\dfrac{\theta}{2} & = \dfrac{1}{2}(1 - \cos\theta) \\ \cos^2\dfrac{\theta}{2} & = \dfrac{1}{2}(1 + \cos\theta) \end{cases}$$

另外，剛才推導出來的和角公式如下。

$$\begin{cases} \cos(\alpha + \beta) & = \cos\alpha\cos\beta - \sin\alpha\sin\beta & \cdots① \\ \sin(\alpha + \beta) & = \sin\alpha\cos\beta + \cos\alpha\sin\beta & \cdots② \\ \cos(\alpha - \beta) & = \cos\alpha\cos\beta + \sin\alpha\sin\beta & \cdots③ \\ \sin(\alpha - \beta) & = \sin\alpha\cos\beta - \cos\alpha\sin\beta & \cdots④ \end{cases}$$

由此可推導出**積化和差公式**。

$$\begin{cases} \cos\alpha\cos\beta & = \dfrac{1}{2}\Big(\cos(\alpha+\beta) + \cos(\alpha-\beta)\Big) & \text{由 } \tfrac{1}{2}\,(①+③) \text{ 推得} \\ \sin\alpha\sin\beta & = -\dfrac{1}{2}\Big(\cos(\alpha+\beta) - \cos(\alpha-\beta)\Big) & \text{由 } -\tfrac{1}{2}\,(①-③) \text{ 推得} \\ \sin\alpha\cos\beta & = \dfrac{1}{2}\Big(\sin(\alpha+\beta) + \sin(\alpha-\beta)\Big) & \text{由 } \tfrac{1}{2}\,(②+④) \text{ 推得} \\ \cos\alpha\sin\beta & = \dfrac{1}{2}\Big(\sin(\alpha+\beta) - \sin(\alpha-\beta)\Big) & \text{由 } \tfrac{1}{2}\,(②-④) \text{ 推得} \end{cases}$$

公式的背誦很重要。不過，要是沒用到公式就沒有意義了。在三角函數訓練中推導公式，也是一種使用公式的練習。而且，如果能自己推導出公式的話，就算臨時忘記公式也不會緊張。

9.1.6 媽媽

「——我說啊，你有在聽媽媽說話嗎？」

晚餐後，一邊洗碗一邊在腦中進行三角函數訓練的我，聽到媽媽的呼喚後終於回過神來。

「當然有在聽囉。媽媽，你的身體有好一點了嗎？」

「我才不是在講這些事呢！」媽媽一邊擦著盤子，一邊戳我的側腰。「不過謝謝啦。現在已經很有精神囉。」

「這樣啊，那就好。爸爸今天也會很晚回來嗎？」

我提起爸爸的事，試著轉移話題。

「他的工作好像會一直忙到年終的樣子呢。你的工作又怎麼樣呢？」

「還可以啦。媽媽你問的方式就和米爾迦一模一樣呢。」

「哎呀！」媽媽愉快的說著。「你還真是交到了個很棒的朋友呢。」

「你是指什麼啊？」

「我是指你爸爸的事喔。」媽媽一邊說著，一邊設定電鍋以準備明天早上要吃的飯。「爸爸他突然就把工作辭了。」

「咦？把工作辭了？」我嚇了一跳，反問媽媽。「發生什麼事了？」

「啊，不是啦。那是以前的事了。剛結婚的時候，爸爸在他上班的公司裡面沒什麼朋友。每天都工作到很晚、很累才回家。而且每天都在煩惱，某一天突然就辭了工作，有段時間內沒有工作可做。這個你不知道吧。」

「不知道耶。」

我從來沒想像過爸媽的新婚時期。

「那時你爸爸他啊，沒有工作，就跑去釣魚了。」

「爸爸他？……去釣魚？」

「每天都一早就跑去釣魚場，晚上才回家。媽媽有時候也會和爸爸一起去釣魚場喔。每天幫他準備裝了茶的水壺，還作飯糰給他吃呢。爸爸專注著釣魚，媽媽就坐在旁邊發呆。從冬天快結束時、一直到櫻花樹

長出花苞、滿開、然後凋謝，那段時間內都過著這樣的生活。」

「這樣啊……」

「開始釣魚的契機，和結束釣魚的契機都很突然呢。那時媽媽幫爸爸把釣餌掛上勾子的時候，劃破了手指。你看，就是左手的這裡，還有疤痕對吧。那時候流了不少血，還把衣服弄髒了……隔天開始，爸爸就開始找新工作了。」

「沒想到還發生過這些事啊，我以前都不知道。」

「呵呵呵，你不知道的事還多著呢。」

媽媽意味深長地笑著。

我一直覺得，從以前到現在，爸媽都一直是我爸媽的樣子，當然這並不正確。在我還沒出生時的爸媽，還有著我所不知道的一面。

辭掉工作開始釣魚的爸爸，在櫻花季每天做飯糰，陪在爸爸身邊的媽媽。我不太能想像那是什麼樣的畫面。

「陪在身邊是件很重要的事嗎？」我不經意的說出。

「陪在身邊是件很重要的事喔。」媽媽立刻回答。「不過，最重要的不是距離。」

「不是距離？」

「是啊。剩下的事就交給我來，快去洗個澡吧。明天要考模擬考吧？」

9.2　合格判定模擬考

9.2.1　不要緊張

《合格判定模擬考》當天。

我早早去了一趟廁所，然後稍稍做些伸展運動。將文具、准考證、無鬧鈴的計時器放在桌上。一切準備就緒，盡可能讓自己在考試進行時能全神貫注在解題上。

最後的模擬考——至少是應屆最後一次模擬考。今天是最後一次像這樣來到會場，和其他考生一起參加考試了。這也是最後一次置身於這

種讓我難以習慣、令人浮躁的寂靜中了。下一次就是正式考試。

生活型態也配合上考試時間了。昨天晚上我在預定的時間就寢，今天早上我在預定的時間內起床。為了不要緊張，我盡可能保持著平常心。不過要是碰上難纏的難題，仍需燃起解題的熱情。所以最需要的就是積極的平常心。

我在這次模擬考中絕對可以拿到 A 判定，因為這就是我現在的工作。至今我所做過的努力，都會成為支撐我的力量。成為支撐我的力量吧！

於是，教室的鈴聲響起。所有人一齊打開了題目卷。

應屆最後一次的模擬考《合格判定模擬考》——開始。

9.2.2　不要被騙到

> **問題 9-1（三角函數的積分）**
> 設 m 與 n 為正整數。試求以下定積分。
> $$\int_{-\pi}^{\pi} \sin mx \, \sin nx \, dx$$

一看到數學式的形式，就要建立解題方針。式中有 $\sin mx$ 這個 x 的函數，與 $\sin nx$ 這個 x 的函數。這兩個式子組成了《乘積形式》。《乘積形式》的積分很難處理，所以就試著把它轉變成《和差形式》吧。

將乘積轉變成和差。這就是驗證三角函數訓練的成果的機會。

$$\sin \alpha \, \sin \beta = -\frac{1}{2}\Big(\cos(\alpha + \beta) - \cos(\alpha - \beta)\Big) \qquad \text{和差化積公式}$$

將 $\alpha = mx$、$\beta = nx$ 代入這個和差化積公式，便可得到《和差形式》。

$$\sin mx \sin nx = -\frac{1}{2}\left(\cos(mx + nx) - \cos(mx - nx) \right) \quad \text{由和差化積公式}$$

$$= -\frac{1}{2}\left(\cos(m + n)x - \cos(m - n)x \right) \quad \text{提出 } x$$

轉換成《和差形式》之後，就可以開始積分了。

$$\int_{-\pi}^{\pi} \sin mx \sin nx \, dx = -\frac{1}{2}\int_{-\pi}^{\pi} \left(\cos(m + n)x - \cos(m - n)x \right) dx$$

$$= -\frac{1}{2}\underbrace{\int_{-\pi}^{\pi} \cos(m + n)x \, dx}_{①} + \frac{1}{2}\underbrace{\int_{-\pi}^{\pi} \cos(m - n)x \, dx}_{②}$$

接著只要再求出①和②這兩個定積分就可以了。

①很簡單。因為積分後的函數 $\sin(m + n)x$ 在 $x = \pm\pi$ 的時候會等於 0。

$$\int_{-\pi}^{\pi} \cos(m + n)x \, dx = \frac{1}{m + n}\left[\sin(m + n)x \right]_{-\pi}^{\pi} \quad \text{算出積分}$$

$$= 0 \quad \text{由 } \sin(\pi \text{的整數倍}) = 0$$

②也用同樣的算法……哎呀，太著急了差點出錯。②在積分後會跑出 $m - n$，故需區分成 $m - n \neq 0$ 和 $m - n = 0$ 這兩種情況，以防止發生《除以 0》的情況。要是在這種地方被扣分就太可惜了。保持平常心，平常心。

$$\int_{-\pi}^{\pi} \cos(m - n)x \, dx = \frac{1}{m - n}\left[\sin(m - n)x \right]_{-\pi}^{\pi} \quad \text{算出積分}$$

$$= 0 \quad \text{由 } \sin(\pi \text{的整數倍}) = 0$$

當 $m - n = 0$ 時，②式中會出現 $\cos 0x$。這顯然等於 1，因為 $\cos 0 = 1$。

$$\int_{-\pi}^{\pi} \cos(m-n)x\, dx = \int_{-\pi}^{\pi} \cos 0x\, dx \qquad \text{因為 } m-n=0$$

$$= \int_{-\pi}^{\pi} 1\, dx \qquad \text{因為 } \cos 0x = \cos 0 = 1$$

$$= \Big[\, x \,\Big]_{-\pi}^{\pi} \qquad \text{算出積分}$$

$$= \pi - (-\pi)$$

$$= 2\pi$$

再來就是要小心地計算加法。

$$\int_{-\pi}^{\pi} \sin mx \sin nx\, dx = -\frac{1}{2} \underbrace{\int_{-\pi}^{\pi} \cos(m+n)x\, dx}_{①} + \frac{1}{2} \underbrace{\int_{-\pi}^{\pi} \cos(m-n)x\, dx}_{②}$$

不管 m、n 是多少，①式皆為 0。而②式在 $m-n \neq 0$ 時為 0，在 $m-n=0$ 時為 2π。再乘上係數 $\frac{1}{2}$，便可得到

$$\int_{-\pi}^{\pi} \sin mx \sin nx\, dx = \begin{cases} 0 & m-n \neq 0 \text{ 時} \\ \pi & m-n = 0 \text{ 時} \end{cases}$$

這就是答案。

解答 9-1（三角函數的積分）
當 m 和 n 都是正整數時，下式成立。

$$\int_{-\pi}^{\pi} \sin mx \sin nx\, dx = \begin{cases} 0 & m-n \neq 0 \text{ 時} \\ \pi & m-n = 0 \text{ 時} \end{cases}$$

沒問題，我沒有緊張。保持積極的平常心，繼續前進吧。
再來，下一題——

9.2.3 需要靈光一閃還是需要毅力

> **問題 9-2（有參數的定積分）**
> 考慮一內含實數參數 a、b 的定積分
>
> $$I(a,b) = \int_{-\pi}^{\pi} \left(a + b\cos x - x^2\right)^2 dx$$
>
> 試求 $I(a,b)$ 的最小值，以及此時的 a、b 數值。

步驟大概是這樣吧。

步驟 1. 展開 $(a + b\cos x - x^2)^2$，並轉換成《和差形式》。

步驟 2. 計算定積分 $I(a,b)$。

步驟 3. 求 $I(a,b)$ 的最小值。

步驟 1 只是單純的展開。而步驟 2 的結果應該會是 a 和 b 的二次式吧。所以算出平方結果後，應該可以馬上進行步驟 3，不會碰上任何困難才對，故不需要靈光一閃般的洞察力。不過，展開時會跑出一大堆項目，想必計算時會變得很麻煩吧。所以需要毅力。那麼，要先做別題，還是硬解這題呢？

我猶豫了，不過三秒鐘內就做出了抉擇。沒問題。我現在很冷靜。保持積極的平常心，小心前進，應可確實解出答案。那就繼續前進吧！

首先式**步驟 1**。展開 $(a + b\cos x - x^2)^2$，並轉換成《和差形式》。

$$I(a,b) = \int_{-\pi}^{\pi} \left(a + b\cos x - x^2\right)^2 dx$$

$$= \int_{-\pi}^{\pi} \left(\underbrace{a^2}_{①} + \underbrace{b^2\cos^2 x}_{②} + \underbrace{x^4}_{③} + \underbrace{2ab\cos x}_{④} - \underbrace{2bx^2\cos x}_{⑤} - \underbrace{2ax^2}_{⑥} \right) dx$$

再來式**步驟** 2。計算定積分 $I(a, b)$。分別計算①到⑥每一項的積分就可以了。

①是常數 a^2 的積分，一點都不難。

$$\int_{-\pi}^{\pi} a^2 \, dx = a^2 \left[x \right]_{-\pi}^{\pi} \qquad \text{計算積分}$$

$$= a^2 (\pi - (-\pi))$$

$$= \boxed{2\pi a^2} \qquad \cdots ①'$$

②要先把平方處理掉。利用 $\cos^2 x = \frac{1}{2}(1 + \cos 2x)$ 的關係式，就可以將平方轉換成倍角。

$$\int_{-\pi}^{\pi} b^2 \cos^2 x \, dx = b^2 \int_{-\pi}^{\pi} \cos^2 x \, dx$$

$$= b^2 \int_{-\pi}^{\pi} \frac{1}{2} (1 + \cos 2x) \, dx \qquad \text{將平方轉換成倍角}$$

$$= \frac{b^2}{2} \int_{-\pi}^{\pi} (1 + \cos 2x) \, dx$$

$$= \frac{b^2}{2} \left[x + \frac{1}{2} \sin 2x \right]_{-\pi}^{\pi} \qquad \text{計算積分}$$

$$= \frac{b^2}{2} (\pi - (-\pi)) \qquad \text{因為 } \sin\,(\pi \text{ 的整數倍}) = 0$$

$$= \boxed{\pi b^2} \qquad \cdots ②'$$

③是 x^4 的積分，也不困難。

$$\int_{-\pi}^{\pi} x^4 \, dx = \frac{1}{5} \left[x^5 \right]_{-\pi}^{\pi} \qquad \text{計算積分}$$

$$= \frac{1}{5} (\pi^5 - (-\pi)^5)$$

$$= \boxed{\frac{2\pi^5}{5}} \qquad \cdots ③'$$

④是 $\cos x$ 的積分，這也很簡單。

$$\int_{-\pi}^{\pi} 2ab \cos x \, dx = 2ab \left[\sin x \right]_{-\pi}^{\pi} \qquad \text{計算積分}$$

$$= 2ab \, (0 - 0) \qquad \text{因為 } \sin\,(\,\pi\text{的整數倍}\,) = 0$$

$$= 0 \qquad \cdots ④'$$

看到⑤時讓我瞬間僵住了一下。$x^2 \cos x$ 的積分……嗯，只要用分部積分就行了。先把係數 $2b$ 放在一邊，計算 $x^2 \cos x$ 的積分吧。

$$\int_{-\pi}^{\pi} x^2 \cos x \, dx = \int_{-\pi}^{\pi} x^2 (\sin x)' \, dx \qquad \text{因為 } \cos x = (\sin x)'$$

$$= \left[x^2 \sin x \right]_{-\pi}^{\pi} - \int_{-\pi}^{\pi} (x^2)' \sin x \, dx \qquad \text{分部積分}$$

$$= (0 - 0) - \int_{-\pi}^{\pi} (x^2)' \sin x \, dx \qquad \text{因為 } \sin\,(\,\pi\text{的整數倍}\,) = 0$$

$$= -\int_{-\pi}^{\pi} 2x \sin x \, dx \qquad \text{因為 } (x^2)' = 2x$$

$$= -2 \int_{-\pi}^{\pi} x \sin x \, dx \qquad \text{剩下 } \int_{-\pi}^{\pi} x \sin x \, dx \cdots\cdots$$

為了計算 $\int_{-\pi}^{\pi} x \sin x \, dx$，還需再做一次分部積分。

$$\int_{-\pi}^{\pi} x \sin x \, dx$$

$$= \int_{-\pi}^{\pi} x(-\cos x)' \, dx \qquad \text{因為 } \sin x = (-\cos x)'$$

$$= \left[x(-\cos x) \right]_{-\pi}^{\pi} - \int_{-\pi}^{\pi} (x)'(-\cos x) \, dx \qquad \text{分部積分}$$

$$= 2\pi + \int_{-\pi}^{\pi} \cos x \, dx \qquad \text{因為 } -\cos \pi = -\cos(-\pi) = 1$$

$$= 2\pi + \left[\sin x \right]_{-\pi}^{\pi} \qquad \text{計算積分}$$

$$= 2\pi \qquad \text{因為 } \sin\,(\,\pi\text{的整數倍}\,) = 0$$

接著整理一下 $x^2 \cos x$。

$$\int_{-\pi}^{\pi} x^2 \cos x \, dx = -2 \int_{-\pi}^{\pi} x \sin x \, dx$$
$$= -2 \cdot 2\pi$$
$$= -4\pi$$

別忘了，要把剛才放到一邊的係數 $2b$ 乘回來。

$$2b \int_{-\pi}^{\pi} x^2 \cos x \, dx = 2b \cdot (-4\pi)$$
$$= -8\pi b \qquad \cdots ⑤'$$

⑥是 x^2 的積分，馬上就能解出來。

$$2a \int_{-\pi}^{\pi} x^2 \, dx = \frac{2a}{3} \left[x^3 \right]_{-\pi}^{\pi}$$
$$= \frac{2a}{3} \left(\pi^3 - (-\pi)^3 \right)$$
$$= \frac{4\pi^3}{3} a \qquad \cdots ⑥'$$

至此，將每一項加總起來，可得

$$I(a, b) = \int_{-\pi}^{\pi} \Big(\underbrace{a^2}_{①} + \underbrace{b^2 \cos^2 x}_{②} + \underbrace{x^4}_{③} + \underbrace{2ab \cos x}_{④} - \underbrace{2bx^2 \cos x}_{⑤} - \underbrace{2ax^2}_{⑥} \Big) \, dx$$

$$= \underbrace{2\pi a^2}_{①'} + \underbrace{\pi b^2}_{②'} + \underbrace{\frac{2\pi^5}{5}}_{③'} + \underbrace{0}_{④'} - \underbrace{(-8\pi b)}_{⑤'} - \underbrace{\frac{4\pi^3}{3} a}_{⑥'}$$

$$= 2\pi a^2 - \frac{4\pi^3}{3} a + \pi b^2 + 8\pi b + \frac{2\pi^5}{5}$$

接著再分別整理成與 a 相關的項目和與 b 相關的項目。

$$= 2\pi \left(\underbrace{a^2 - \frac{2\pi^2}{3}a}_{\text{Ⓐ}} \right) + \pi \left(\underbrace{b^2 + 8b}_{\text{Ⓑ}} \right) + \frac{2\pi^5}{5}$$

進入**步驟** 3。求 $I(a, b)$ 的最小值。為此需將 a 與 b 各自配方。

$$\text{Ⓐ} = a^2 - \frac{2\pi^2}{3}a$$

$$= \left(a - \frac{\pi^2}{3} \right)^2 - \left(\frac{\pi^2}{3} \right)^2 \qquad \text{配方完成}$$

$$= \left(a - \frac{\pi^2}{3} \right)^2 - \frac{\pi^4}{9}$$

$$\text{Ⓑ} = b^2 + 8b$$

$$= (b + 4)^2 - 4^2 \qquad \text{配方完成}$$

$$= (b + 4)^2 - 16$$

故 $I(a, b)$ 可以表示為以下形式。

$$I(a, b) = 2\pi \times \text{Ⓐ} + \pi \times \text{Ⓑ} + \frac{2\pi^5}{5}$$

$$= 2\pi \left\{ \left(a - \frac{\pi^2}{3} \right)^2 - \frac{\pi^4}{9} \right\} + \pi \left\{ (b + 4)^2 - 16 \right\} + \frac{2\pi^5}{5}$$

$$= 2\pi \left(a - \frac{\pi^2}{3} \right)^2 - \frac{2\pi^5}{9} + \pi (b + 4)^2 - 16\pi + \frac{2\pi^5}{5}$$

$$= 2\pi \left(a - \frac{\pi^2}{3} \right)^2 + \pi (b + 4)^2 - \frac{2\pi^5}{9} + \frac{2\pi^5}{5} - 16\pi$$

$$= 2\pi \left(a - \frac{\pi^2}{3} \right)^2 + \pi (b + 4)^2 + \frac{8\pi^5}{45} - 16\pi$$

波浪狀底線的部分兩者都大於等於 0。所以當這兩個部分都等於 0 的時候，$I(a, b)$ 會是最小值。換句話說，當 $a = \frac{\pi^2}{3}, b = -4$ 時，$I(a, b)$ 有最小值。其值為

$$\frac{8\pi^5}{45} - 16\pi$$

這就是答案！

解答 9-2（有參數的定積分）

當 $a = \frac{\pi^2}{3}, b = -4$ 時，定積分 $I(a, b)$ 有最小值 $\frac{8\pi^5}{45} - 16\pi$。

試著解出答案後，覺得也不需要多大毅力。

好，下個問題——

9.3　看穿算式的本質

9.3.1　機率密度函數的研究

模擬考的隔天。

《合格判定模擬考》寫起來手感很好。不只是數學，連上次表現很差的古文應該也得到了不少分數。下課後，我一邊想著這些事，一邊來到圖書室。

「啊，學長！好久不見！」蒂蒂很有精神地和我打招呼。為什麼她的笑容每次都那麼沁入人心呢？

「蒂蒂總是能保持著笑容呢。」我在她旁邊坐下。

「是、是這樣嗎……大概是因為我覺得很高興吧。」她說著這些話時，又笑得更開心了。

「每天都能那麼高興很不錯啊。對了，今天在研究些什麼呢？」

「嗯……就是這個。常態分配的機率密度函數。」

她拿一張《卡片》給我看。

常態分配的機率密度函數

平均為 μ，標準差為 σ 之常態分配的機率密度函數 $f(x)$ 為

$$f(x) = \frac{1}{\sqrt{2\pi\sigma^2}} \exp\left(-\frac{(x-\mu)^2}{2\sigma^2}\right)$$

「咦……是在研究統計啊。」

「也不是這樣啦。我和村木老師說我想看看《有很多符號，看起來很難的式子》，於是他就給了我這張《卡片》。」

「為什麼想要看這樣的式子呢？」

「就是啊，我每次看到符號很多的式子就會覺得眼花撩亂，而我想試著克服這樣的障礙，就想說要多看一些看起來很難的式子，看能不能漸漸習慣……」

「就算覺得式子看起來很難，也要靜下心來看式子長什麼樣子。這很重要喔。」我回想起了昨天模擬考的情形。「因為仔細觀察式子的樣子後，就可以找到各種線索。譬如說，就算不曉得機率密度函數是什麼，也可以從式子的形式觀察出函數 $f(x)$ 的某些特性。首先要注意的是，$f(x)$ 的 x 出現在等號右邊的哪裡。」

「是的。就是這裡！」蒂蒂指出了位置。

$$f(x) = \frac{1}{\sqrt{2\pi\sigma^2}} \exp\left(-\frac{(\boxed{x}-\mu)^2}{2\sigma^2}\right)$$

「沒錯，確認 x 出現在哪裡，不要被其他符號迷惑，是很重要的事。這是為了知道當 x 以不同數值代入時，會對 $f(x)$ 造成什麼樣的影響。」

　　「好的好的,沒問題。我也有想到這些事喔。譬如說,$f(x)$ 裡面包含了 $x - \mu$ 這個式子。當 $x = \mu$ 時,這個部分等於 0!」

$$f(x) = \frac{1}{\sqrt{2\pi\sigma^2}} \exp\left(-\frac{(x-\mu)^2}{2\sigma^2}\right)$$

　　「是啊。另外——」

　　「請等一下,先讓人家說完。接著把範圍往外擴大一些,可以看到 $(x-\mu)^2$。

$$f(x) = \frac{1}{\sqrt{2\pi\sigma^2}} \exp\left(-\frac{(x-\mu)^2}{2\sigma^2}\right)$$

當 x 是任意實數時,這個部分都會大於 0。因為它是實數的平方!」

　　「……」我靜靜地聽蒂蒂說。

　　「所以說啊。exp 的裡面……指數部分必定會小於 0。」

$$f(x) = \frac{1}{\sqrt{2\pi\sigma^2}} \exp\left(-\frac{(x-\mu)^2}{2\sigma^2}\right)$$

　　「是啊。因為有對稱性。」

　　「對稱性……」

　　「嗯。因為這裡寫成了 $(x-\mu)^2$ 的形式。所以 $y = f(x)$ 的圖形,必定會以 $x = \mu$ 為對稱軸左右對稱才對——」

　　「啊,對,就是這樣。學長,可以聽我繼續說下去嗎?」

　　「好好。抱歉抱歉。」

　　「指數部分可以變形成這樣。

$$-\frac{(x-\mu)^2}{2\sigma^2} = -\left(\frac{x-\mu}{\sqrt{2\sigma^2}}\right)^2$$

其中,定義

$$\begin{cases} \heartsuit & = \dfrac{x-\mu}{\sqrt{2\sigma^2}} \\[2mm] \clubsuit & = \dfrac{1}{\sqrt{2\pi\sigma^2}} \end{cases}$$

這麼一來,就可以將整個 $f(x)$ 改寫成這樣。

$$f(x) = \clubsuit \exp\left(-\heartsuit^2\right)$$

也就是說

$$f(x) = \clubsuit\, e^{-\heartsuit^2}$$

寫到這裡時,讓我鬆了一口氣。因為符號變得很少,這種形狀讓我覺得很親切!」

「原來如此。這個想法很厲害喔!這樣的概念也可以讓人聯想到這種函數會趨近於某個極限。當 $x \to \pm\infty$ 時,$-\heartsuit^2 \to -\infty$,故 $e^{-\heartsuit^2} \to 0$。而且,不論 x 是什麼樣的實數,$e^{-\heartsuit^2} > 0$ 皆成立。故也可以知道 $y = f(x)$ 圖形會以 x 軸為漸近線對吧。事實上,常態分配的機率密度函數圖形,就是以 $x = \mu$ 為對稱軸,x 軸為漸近線——」

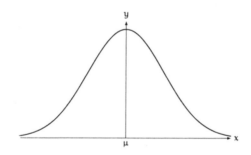

常態分配的機率密度函數 $y = f(x)$ 圖形

「學長!不要超前進度啦⋯⋯」

「抱歉啦。因為我在思考圖形大概長什麼樣子,就不小心⋯⋯。像是圖形漸增或漸減、是否對稱、有沒有漸近線,還有——」

「總而言之,當我們用 $\heartsuit$ 和 $\clubsuit$ 重新定義某些部分,整理過式子後,就可以讓式子的形式變得更加親切。雖然『加入新的符號定義後,會讓式子變得更簡單』這件事有點奇怪。」

「這大概是因為,蒂蒂用自己的方式定義符號吧。不是由別人教你這些東西,而是你自己看穿式子的形式,再重新定義符號的意義。嗯,

導入新的符號，就是你發現了式子脈絡的證據喔。」

　　「原、原來如此⋯⋯應該是這樣沒錯！」

　　「因為蒂蒂很喜歡《發現》新的東西嘛。」

　　「沒有學長講得那麼厲害啦。啊⋯⋯不過，我還是不曉得剛才定義的 ♣ 是什麼意思耶。

$$\frac{1}{\sqrt{2\pi\sigma^2}}$$

分母的 $\sqrt{2\pi\sigma^2}$ 是什麼呢？」

　　「啊，這個是 $f(x)$ 之所以是機率密度函數的原因喔。因為機率密度函數會是一個從所有實數映射到所有非負實數的函數，從 $-\infty$ 到 ∞ 的積分要等於 1 才行。」

　　「從 $-\infty$ 到 ∞ 的積分會等於 1⋯⋯為什麼會有這個規定呢？」

　　「嗯，也可以用『這就是定義』來解釋啦──不過一般來說，機率密度函數中，機率變數 x 在 $\alpha \leq x \leq \beta$ 之範圍內的機率 $P(\alpha \leq x \leq \beta)$，會寫成以下式子

$$\Pr(\alpha \leq x \leq \beta) = \int_{\alpha}^{\beta} f(x)\, dx$$

描繪機率密度函數圖形時，$\alpha \leq x \leq \beta$ 所夾的區域面積就是機率。」

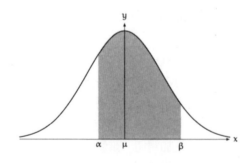

機率密度函數圖形的面積，可表示為 $P(\alpha \leq x \leq \beta)$

「這樣啊……」

「所以說，機率密度函數 $f(x)$ 從 $-\infty$ 到 ∞ 的積分就是 1。x 為任意實數值的機率為 1。也就是說，常態分配中，下式會成立。

$$\frac{1}{\sqrt{2\pi\sigma^2}} \int_{-\infty}^{\infty} \exp\left(-\frac{(x-\mu)^2}{2\sigma^2}\right) \, \mathrm{d}x = 1$$

因此，$\sqrt{2\pi\sigma^2}$ 這個蒂蒂有疑問的謎之數值，就是能使函數 $f(x)$ 轉變為機率密度函數的數。」

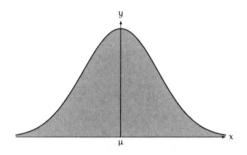

使機率密度函數從 $-\infty$ 到 ∞ 的積分為 1

「……啊，這表示，如果把這個定積分設為 ♠ 的話

$$\frac{1}{\sqrt{2\pi\sigma^2}} \underbrace{\int_{-\infty}^{\infty} \exp\left(-\frac{(x-\mu)^2}{2\sigma^2}\right) \, \mathrm{d}x}_{\spadesuit} = 1$$

此時 ♠ 的值就會是

$$\sqrt{2\pi\sigma^2}$$

對吧！」

蒂蒂在筆記本新的一頁上，寫下一個大大的數學式。

$$\int_{-\infty}^{\infty} \exp\left(-\frac{(x-\mu)^2}{2\sigma^2}\right) \, \mathrm{d}x = \sqrt{2\pi\sigma^2} \qquad \cdots ♪$$

316 第 9 章　靈光一閃與毅力

「就是這樣。」我說。「而且，對於任意的 μ 和任意的 σ ≠ 0，這裡的♪都應該會成立。如果 $f(x)$ 是一個機率密度函數，定積分就必須等於這個值。」

「那，你拿到 A 判定了嗎？」

突然從背後冒出的聲音嚇了我一跳。
當然，那是米爾迦的聲音。

9.3.2　拉普拉斯積分的研究

「剛考完才過了一天而已，還不知道會拿到什麼判定啦。」我和米爾迦說。他是在問昨天模擬考的合格判定是什麼。
「嗯。」
米爾迦坐在我和蒂蒂對面的位子。
「不過我寫題目的手感還不錯喔。」我說。「有一題還是有參數的定積分，我冷靜下來後，就順利解出答案了。」
「說到有參數的定積分，拉普拉斯積分是個很有名的例子。譬如說，這是一個擁有實數參數 a 的定積分。」

拉普拉斯積分

設 a 為實數，則以下式子成立。

$$\int_0^\infty e^{-x^2} \cos 2ax \, dx = \frac{\sqrt{\pi}}{2} e^{-a^2}$$

「這要用分部積分來算嗎？」我說。
「沒錯，可以用分部積分來算。不過，要先對 a 微分之後才算得出來。」米爾迦說。

◎　◎　◎

可以用分部積分來算。不過，要先對 a 微分之後才算得出來。

首先，設這個部分的定積分為 $I(a)$。

$$I(a) = \int_0^\infty e^{-x^2} \cos 2ax \, dx \qquad \cdots \bigstar$$

然後，將 $I(a)$ 對 a 微分。

$$\frac{d}{da}I(a) = \frac{d}{da}\left(\int_0^\infty e^{-x^2} \cos 2ax \, dx\right) \qquad \text{對 } a \text{ 微分}$$

$$= \int_0^\infty \frac{\partial}{\partial a}\left(e^{-x^2} \cos 2ax\right) dx \qquad \text{交換微分與積分}$$

$$= \int_0^\infty e^{-x^2} \frac{\partial}{\partial a}(\cos 2ax) \, dx \qquad \text{因為對 } a \text{ 微分，故 } e^{-x^2} \text{ 應視為常數}$$

$$= \int_0^\infty e^{-x^2}(-2x\sin 2ax) \, dx \qquad \text{將 } \cos 2ax \text{ 對 } a \text{ 微分}$$

在交換微分和積分這個步驟中，原本需經過嚴謹的推導證明，不過現在暫時跳過這個部分吧。另外，之所以會用偏微分符號 $\frac{\partial}{\partial a}$，是因為這個函數中的可微分對象有 a 和 x 兩個變數。

應用分部積分的技巧，就可計算出 $I(a)$ 是多少。

$$\frac{d}{da}I(a) = \int_0^\infty e^{-x^2}(-2x\sin 2ax) \, dx \qquad \text{由前式}$$

$$= \int_0^\infty (-2xe^{-x^2})\sin 2ax \, dx$$

$$= \int_0^\infty (e^{-x^2})'\sin 2ax \, dx \qquad \text{因為} -2xe^{-x^2} = (e^{-x^2})'$$

$$= \left[e^{-x^2}\sin 2ax\right]_0^\infty - \int_0^\infty e^{-x^2}(\sin 2ax)' \, dx \qquad \text{分部積分}$$

$$= \left[e^{-x^2}\sin 2ax\right]_0^\infty - 2a\int_0^\infty e^{-x^2}\cos 2ax \, dx \qquad \text{因為}(\sin 2ax)' = 2a\cos 2ax$$

$$= -2a\underbrace{\int_0^\infty e^{-x^2}\cos 2ax \, dx}_{I(a)}$$

$$= -2aI(a)$$

因此，由對 a 的微分結果以及對 x 的分部積分結果，可得到以下式子。

$$\frac{\mathrm{d}}{\mathrm{d}a}I(a) = -2aI(a)$$

若將 $I(a)$ 視為 a 的函數，那麼這就可以看做 $I(a)$ 的微分方程。接著就來解這個微分方程吧。假設

$$y = I(a)$$

則可將微分方程式改寫成以下的樣子

$$\frac{\mathrm{d}y}{\mathrm{d}a} = -2ay$$

以下假設 $y > 0$，再使用代換積分。

$$\frac{\mathrm{d}y}{\mathrm{d}a} = -2ay$$

$$\frac{1}{y}\frac{\mathrm{d}y}{\mathrm{d}a} = -2a$$

$$\int \frac{1}{y}\frac{\mathrm{d}y}{\mathrm{d}a}\,\mathrm{d}a = \int -2a\,\mathrm{d}a \qquad 對\,a\,積分$$

$$\int \frac{1}{y}\,\mathrm{d}y = -2\int a\,\mathrm{d}a \qquad 代換積分$$

$$\log y = -a^2 + C_1 \qquad C_1\,為常數$$

$$y = e^{-a^2 + C_1}$$

$$= e^{-a^2}e^{C_1}$$

$$= Ce^{-a^2} \qquad 設\,C = e^{C_1}$$

因為 $y = I(a)$，故可以得到

$$I(a) = Ce^{-a^2}$$

蒂蒂，要怎麼知道常數 C 是多少呢？

「蒂蒂，要怎麼知道常數 C 是多少呢？」

「令 $a = 0$……是嗎？這麼一來，可以得到 $C = I(0)$。」

$$I(a) = Ce^{-a^2} \qquad \text{由前式}$$
$$I(0) = Ce^{-0^2} \qquad \text{令 } a = 0$$
$$= C$$

「沒錯。所以，我們想求的 $I(a)$ 就可以變成這種形式

$$I(a) = I(0)e^{-a^2}$$

米爾迦停下了她的說明，來回看著我和蒂蒂。

「等一下。」我說。「不是還可以寫得更具體嗎？因為，$I(a)$ 原本就是一個定積分啊

$$I(a) = \int_0^\infty e^{-x^2} \cos 2ax \, dx \qquad \text{由 p. 317 的★}$$
$$I(0) = \int_0^\infty e^{-x^2} \, dx \qquad \text{因為當 } a = 0 \text{ 時，} \cos 2ax = 1$$

所以說，具體的 $I(0)$ 數值就是——」

「等一下。」米爾迦說。「$I(0)$ 的值由蒂蒂來回答。」

「咦？我來回答嗎？是要我計算

$$I(0) = \int_0^\infty e^{-x^2} \, dx$$

這個積分嗎？」

「……」

「……」

我和米爾迦看著蒂蒂。

蒂蒂睜大眼睛凝視著這個式子，點了一下頭，將筆記本翻到某一頁，指著一條剛才寫過的式子。

「就是這個！$I(0)$ 可以從這個式子算出來！

$$\int_{-\infty}^{\infty} \exp\left(-\frac{(x-\mu)^2}{2\sigma^2}\right) dx = \sqrt{2\pi\sigma^2} \qquad \text{p. 315 的 ♪}$$

這個式子在 $\mu = 0, \sigma = \frac{1}{\sqrt{2}}$ 的時候也成立。這時 $2\sigma^2 = 1$ 對吧，所以說⋯

$$\int_{-\infty}^{\infty} \exp\left(-x^2\right) dx = \sqrt{\pi} \qquad \text{令 } \mu = 0, \sigma = \frac{1}{\sqrt{2}}$$

然後就會變成這樣

$$\int_{-\infty}^{\infty} e^{-x^2} dx = \sqrt{\pi}$$

上式是從 $-\infty$ 到 ∞ 的積分。考慮對稱性，可以知道從 0 到 ∞ 的積分是上式的一半。所以說——

$$\int_{0}^{\infty} e^{-x^2} dx = \frac{\sqrt{\pi}}{2}$$

——就是這樣對吧！

$$I(0) = \int_{0}^{\infty} e^{-x^2} dx = \frac{\sqrt{\pi}}{2}$$

「沒錯。」米爾迦說。「接著，我們可以從 $I(0)$ 求出 $I(a)$。這就是拉普拉斯積分。」

$$I(a) = \int_{0}^{\infty} e^{-x^2} \cos 2ax \, dx = I(0)e^{-a^2} = \frac{\sqrt{\pi}}{2} e^{-a^2}$$

拉普拉斯積分（再次列出）

設 a 為實數，則以下等式成立。

$$\int_{0}^{\infty} e^{-x^2} \cos 2ax \, dx = \frac{\sqrt{\pi}}{2} e^{-a^2}$$

「而中間出現的這個，又被稱為**高斯積分**。」

高斯積分

$$\int_{-\infty}^{\infty} e^{-x^2} \, \mathrm{d}x = \sqrt{\pi}$$

「我們剛才是在已知常態分配的機率密度函數下，求出高斯積分的數值。不過一般來說應該要反過來才對。先用其他方法求出高斯積分的值，再利用這個值來證明 $f(x)$ 是一個機率密度函數。」

「拉普拉斯積分、高斯積分……積分的種類還真多呢。」

「不管是拉普拉斯、高斯、還是歐拉老師，他們都做出了很大的貢獻，並在數學的各個領域中，留下了他們的名字。」

「也就是歷史，是嗎？」蒂蒂用感慨的語氣說。「由許多的數學家所累積起來的歷史……」

9.4 傅立葉展開

9.4.1 靈光一閃

「昨天的《合格判定模擬考》中，也有出現含參數的定積分題目喔。」我說。「雖然需要一點毅力，不過沒有像剛才講的拉普拉斯積分那麼困難。」

「毅力……什麼樣的毅力呢？」蒂蒂雙手握拳，擊出一發發可愛的拳。

「嗯，就是在冗長的計算中不要出錯的毅力喔，和平常解題時需要的靈光一閃不同。題目的定積分像這個樣子。

$$I(a, b) = \int_{-\pi}^{\pi} \left(a + b \cos x - x^2 \right)^2 \, dx$$

a、b 是實數參數，求 $I(a, b)$ 的最小值，以及此時的 a、b 數值（p. 305）。」

「嗯……」眼睛一亮的米爾迦仔細凝視著我寫出來的式子。

「學長居然可以迅速寫出題目，難道學長把所有題目都背下來了嗎!?」

「畢竟是昨天考的試，大概還記得一些啦。因為考試時我很認真地在解這題，所以也留下了很深刻的印象。對了，如果是蒂蒂的話，會怎麼計算這裡的 $I(a, b)$ 呢？」

「我想想看……我大概會先展開 $(a + b \cos x - x^2)^2$，然後耐著性子一項項積分。」

「是啊，我也是這樣解題的。展開之後，$I(a, b)$ 會變成 a 和 b 的二次式，接著只要再分別為其配方就可以了。我記得 a 的值應該是……」

正當我努力回想的時候，米爾迦突然說出答案。

「$a = \frac{\pi^2}{3}$。」

「咦，你說什麼？」

「我是說，當 $a = \frac{\pi^2}{3}$ 的時候，$I(a, b)$ 會有最小值。」

「嘎啊啊啊？」我不由自主地發出了怪聲。

「b 用心算不太好算呢……」米爾迦把食指放在嘴唇上說著。

「咦？心算？」

這讓我著實嚇了一大跳。米爾迦的計算能力確實很優秀。可是，剛才她連筆都沒動到耶。很難想像她居然可以用心算把這個式子展開、求出每一項定積分、再把它們配方。

「米爾迦學姊，你是心算出來的嗎？」蒂蒂似乎也吃了一驚。

「我只是抓到了一個重點而已。我想出題者應該有考慮到 x^2 的傅立葉展開才對。」

「「傅立葉展開？」」我和蒂蒂異口同聲地問道。

9.4.2 傅立葉展開

「在講傅立葉展開之前……蒂蒂知道什麼是泰勒展開吧？」

「是的，我知道泰勒展開。永遠都不會忘。」蒂蒂回答。「就是將 $\sin x$ 之類的函數，用 x 的冪級數來表示的方法，對吧？」

$\sin x$ 的泰勒展開（麥克勞林展開）

$$\sin x = +\frac{x}{1!} - \frac{x^3}{3!} + \frac{x^5}{5!} - \frac{x^7}{7!} + \cdots$$

「一般情況下，$f(x)$ 的泰勒展開會寫成

$$f(x) = \sum_{k=0}^{\infty} \frac{f^{(k)}(a)}{k!}(x-a)^k$$

若式中 $a = 0$，則亦稱做麥克勞林展開。剛才蒂蒂寫的就是函數 $\sin x$ 的麥克勞林展開。」

$f(x)$ 的麥克勞林展開（令泰勒展開中的 $a = 0$）

$$f(x) = \frac{f(0)}{0!}x^0 + \frac{f'(0)}{1!}x^1 + \frac{f''(0)}{2!}x^2 + \cdots + \frac{f^{(k)}(0)}{k!}x^k + \cdots$$

$$= \sum_{k=0}^{\infty} \frac{f^{(k)}(0)}{k!}x^k$$

$$= \sum_{k=0}^{\infty} c_k x^k \qquad \text{其中，} c_k = \frac{f^{(k)}(0)}{k!}$$

「是的，$f^{(k)}(0)$ 指的是將 $f(x)$ 微分 k 次後，將 $x = 0$ 代入所得到的值對吧。」蒂蒂說。

「沒錯，泰勒展開就是將 $f(x)$ 表示成 x 的冪級數。與此相較，傅立葉展開則是將 $f(x)$ 表示成三角函數的級數。」

$f(x)$ 的傅立葉展開

$$f(x) = (a_0 \cos 0x + b_0 \sin 0x)$$
$$+ (a_1 \cos 1x + b_1 \sin 1x)$$
$$+ (a_2 \cos 2x + b_2 \sin 2x)$$
$$+ \cdots + (a_k \cos kx + b_k \sin kx) + \cdots$$
$$= \sum_{k=0}^{\infty} (a_k \cos kx + b_k \sin kx)$$

我試著比較了一下泰勒展開和傅立葉展開的式子。

$$f(x) = \sum_{k=0}^{\infty} c_k x^k \qquad f(x)\text{的泰勒展開（麥克勞林展開）}$$

$$f(x) = \sum_{k=0}^{\infty} \left(a_k \cos kx + b_k \sin kx \right) \qquad f(x)\text{的傅立葉展開}$$

原來如此。沒錯，泰勒展開是用 x 的乘冪展開，傅立葉展開則是用三角函數展開。

「傅立葉展開中有好多未知數喔……光看就覺得頭昏腦脹。」

「蒂蒂？」我悄悄叫了她一聲。

「啊，沒錯。要是害怕未知數的話就糟了！那麼具體來說，傅立葉展開中的 a_k 和 b_k 分別是什麼數呢？」

「蒂蒂覺得是什麼數呢？」米爾迦輕聲說著。

「唔……好的，我想想看。」蒂蒂率直地回答。「泰勒展開中的 c_k，可以由 $f(x)$ 計算出來。我猜想，傅立葉展開中的 a_k 和 b_k，應該也可以由 $f(x)$ 計算出來吧？」

「正是如此。」米爾迦說。「不過，這裡我們就不是用微分算了，而是要用積分算。傅立葉展開中出現的 a_k 和 b_k，是將 $f(x)$ 積分後得到的數值，又叫做傅立葉係數。」

傅立葉係數與傅立葉展開

設 $f(x)$ 為可以傅立葉展開的函數。

定義數列 $\langle a_n \rangle$ 和 $\langle b_n \rangle$ 如下（傅立葉係數）。

$$\begin{cases} a_0 &= \dfrac{1}{2\pi}\displaystyle\int_{-\pi}^{\pi} f(x)\,dx \\[2mm] b_0 &= 0 \\[2mm] a_n &= \dfrac{1}{\pi}\displaystyle\int_{-\pi}^{\pi} f(x)\cos nx\,dx \\[2mm] b_n &= \dfrac{1}{\pi}\displaystyle\int_{-\pi}^{\pi} f(x)\sin nx\,dx \qquad (n=1,2,3,\ldots) \end{cases}$$

則以下等式成立（傅立葉展開）。

$$f(x) = \sum_{k=0}^{\infty} (a_k \cos kx + b_k \sin kx)$$

「泰勒展開是微分，傅立葉展開是積分是嗎？」我說。

「求算傅立葉係數時，可以用 $f(x)$ 乘上 $\cos nx$ 和 $\sin nx$，再從 $-\pi$ 積分到 π。」米爾迦說。「譬如說，設 n 為正整數，考慮乘上 $\sin nx$ 的情況。

$$f(x) = \sum_{k=0}^{\infty} (a_k \cos kx + b_k \sin kx)$$

將等號兩邊分別乘上 $\sin nx$ 再積分,可得到下式。

$$\int_{-\pi}^{\pi} f(x)\,\sin nx\,dx = \int_{-\pi}^{\pi}\left(\sum_{k=0}^{\infty}\left(a_k\cos kx\,\sin nx + b_k\sin kx\,\sin nx\right)\right)dx$$

接著將積分與無限級數交換。嚴格來說,這樣交換需符合一定條件。

$$= \sum_{k=0}^{\infty}\left(\int_{-\pi}^{\pi}\left(a_k\cos kx\,\sin nx + b_k\sin kx\,\sin nx\right)dx\right)$$

將積分分為 ⓒⓢ 和 ⓢⓢ 兩個部分,分別計算這兩個部分的數值。

$$= \sum_{k=0}^{\infty}\left(a_k\underbrace{\int_{-\pi}^{\pi}\cos kx\,\sin nx\,dx}_{\text{ⓒⓢ}} + b_k\underbrace{\int_{-\pi}^{\pi}\sin kx\,\sin nx\,dx}_{\text{ⓢⓢ}}\right)$$

若 k 為非負整數,有趣的是,ⓒⓢ 各項積分結果皆為 0。而 ⓢⓢ 只有在 $k = n$ 時積分結果為 π,$k \neq n$ 時積分結果皆為 0。

$$= b_n\int_{-\pi}^{\pi}\sin nx\,\sin nx\,dx$$

$$= b_n\pi$$

也就是說,除了 $\sin nx\,\sin nx$ 的積分以外,其他項都會消失。」

「我記得模擬考時也有算到這種積分耶⋯⋯」我說(p. 304)。

「至此,可以計算出 b_n 是多少。

$$b_n = \frac{1}{\pi}\int_{-\pi}^{\pi} f(x)\,\sin nx\,dx \qquad (n = 1, 2, 3, \ldots)$$

同樣的,也可計算出 a_n 是多少。

$$a_n = \frac{1}{\pi}\int_{-\pi}^{\pi} f(x)\,\cos nx\,dx \qquad (n = 1, 2, 3, \ldots)$$

雖然講得有點快,不過這麼一來,就可以計算出 n 為正整數時的 a_n、b_n 了。」

「a_0 要特別處理嗎？」蒂蒂問道。

「沒錯。計算 a_0 時，會出現 $\cos 0x \cos 0x$ 的積分，也就是 1 的積分」

$$
\begin{aligned}
\int_{-\pi}^{\pi} f(x)\,dx &= \int_{-\pi}^{\pi} f(x) \cos 0x\,dx \\
&= a_0 \int_{-\pi}^{\pi} \boxed{\cos 0x \cos 0x}\,dx \qquad \text{只留下 } k = 0 \text{ 的項} \\
&= a_0 \int_{-\pi}^{\pi} 1\,dx \\
&= a_0 \left[x \right]_{-\pi}^{\pi} \\
&= a_0 \left(\pi - (-\pi) \right) \\
&= a_0 \cdot 2\pi \\
a_0 &= \frac{1}{2\pi} \int_{-\pi}^{\pi} f(x)\,dx
\end{aligned}
$$

「要是 a_0 和 b_0 可以統一格式就好了……」蒂蒂說。

「如果想要統一傅立葉係數的格式，只要在傅立葉展開的時候特別處理 $n = 0$ 時的情形就好。」

傅立葉係數與傅立葉展開（另一種表示方式）

傅立葉係數

$$
\begin{cases}
a_n' = \dfrac{1}{\pi} \displaystyle\int_{-\pi}^{\pi} f(x) \cos nx\,dx \\
b_n' = \dfrac{1}{\pi} \displaystyle\int_{-\pi}^{\pi} f(x) \sin nx\,dx \qquad (n = 0, 1, 2, \ldots)
\end{cases}
$$

傅立業展開

$$
f(x) = \frac{a_0'}{2} + \sum_{k=1}^{\infty} \left(a_k' \cos kx + b_k' \sin kx \right)
$$

9.4.3　超越毅力

　　「米爾迦，現在我知道傅立葉展開會用到三角函數了，可是我還是不知道模擬考的那題和傅立葉展開有什麼關係耶。」

　　「題目中的定積分 $I(a, b)$ 可以寫成這種形式

$$I(a, b) = \int_{-\pi}^{\pi} \left(a + b \cos x - x^2 \right)^2 \, dx$$

將式中的 a 看成 $a \cos 0x$，再把 a、b 分別改寫成 a_0、a_1 後，可以得到

$$I(a_0, a_1) = \int_{-\pi}^{\pi} \left(\boxed{a_0 \cos 0x + a_1 \cos 1x} - x^2 \right)^2 \, dx$$

另外，x^2 這個函數是偶函數。所以將函數 x^2 傅立葉展開時，只會留下偶函數 $\cos kx$。具體而言，函數 x^2 的傅立葉展開應為

$$x^2 = \boxed{a_0 \cos 0x + a_1 \cos 1x} + a_2 \cos 2x + \cdots$$

這樣的形式。和題目的前兩項一模一樣對吧。」

　　「真的耶⋯⋯」我說。

　　「所以是怎麼回事呢？」蒂蒂好奇地問。

　　「定積分 $I(a_0, a_1)$ 想求的究竟是什麼呢？」米爾迦繼續說明下去。「$I(a_0, a_1)$ 想求的是

　　　　『$a_0 \cos 0x + a_1 \cos 1x$ 與 x^2 的差之平方』
　　　　這個函數的定積分⋯⋯

這是一種衡量誤差的方法。因為題目問的是，當 a_0、a_1 為多少時，定積分 $I(a_0, a_1)$ 會有最小值，所以重點就在於可視為傅立葉係數的 a_0、a_1。」

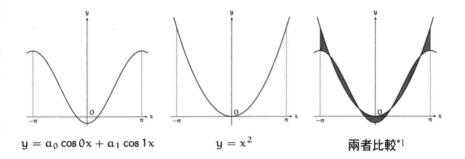

$y = a_0 \cos 0x + a_1 \cos 1x$ 　　　　$y = x^2$ 　　　　**兩者比較**[*1]

又出現了。米爾迦的靈光一閃到底是從何而來的呢？

「米爾迦學姊……」蒂蒂說。「我還是不太懂。你的意思是說，題目裡有 x^2 之傅立葉展開的前兩項，而這會很接近 x^2 的實際數值是嗎？可是我覺得在考試的時候應該不太可能注意到這件事耶。至少我就不可能發現。」

「當然，我也不認為這是出題者的目的。問題 9-2（p.305）只是積分的計算練習而已，不需要注意到這和傅立葉展開有關。不過，如果可以看穿式子的結構，解題時就能輕鬆許多。」

「等一下，米爾迦。剛才你說你是用心算算出 $a = \frac{\pi^2}{3}$。這表示你是用心算算出傅立葉係數 a_0 的積分嗎？」

$$a_0 = \frac{1}{2\pi} \int_{-\pi}^{\pi} f(x) \cos 0x \, dx$$

「在知道 $f(x) = x^2$、$\cos 0x = 1$ 的情況下，心算不難吧？」

$$a_0 = \frac{1}{2\pi} \int_{-\pi}^{\pi} x^2 \, dx$$

「啊啊……確實。x^2 的定積分是嗎？這應該不難算……」

[*1] 不過，題目要的是平方後的積分結果，而圖中面積並非題目要的誤差。

$$a_0 = \frac{1}{2\pi} \int_{-\pi}^{\pi} x^2 \, dx$$
$$= \frac{1}{2\pi} \cdot \frac{1}{3} \left[x^3 \right]_{-\pi}^{\pi}$$
$$= \frac{1}{6\pi} \left(\pi^3 - (-\pi)^3 \right)$$
$$= \frac{\pi^2}{3}$$

9.4.4　超越靈光一閃

「人家想問個很基本的問題。」蒂蒂說。「是不是每一個式子都能表示成許多種形式呢？並不是只有一種樣子……」

「的確如此。一個式子可以表示成無數種形式。式子可以表現出筆者的目的，也可以表現出筆者目的以外的事。有時候，某些式子中的意義連筆者都沒注意到，卻被幾百年後的人們發現了其奧秘。」

「啊……就是指預言性的發現吧。」

「限制只能用一種方法解讀式子是件很愚蠢的事。如果不去刻意穿鑿附會，也沒有理由拒絕那些用邏輯推導出來的東西。」

「原來如此……對了，x^2 這個函數已經是很簡單的形式了吧。特地用三角函數來表示它，有什麼意義嗎？我可以明白為什麼要用泰勒展開表示函數，因為可以用 x^k 這種很簡單的項目，來描述 $\sin x$ 這種看起來很困難的函數。可是……」

「意義的話，譬如說，將 x^2 傅立葉展開後，可以推導出讓蒂蒂從椅子上跳起卻說不出話來的事實。如何呢？」我們《能言善道的才女》用手推了一下眼鏡。

「米爾迦學姊……人家才不會那麼誇張啦。最近我已經不會那麼心浮氣躁了！」

蒂蒂用力揮動雙手急忙否定。

米爾迦拿了手邊的紙稍作計算後抬起頭來。

「那就來試試看吧。」米爾迦說。

到底會發生什麼事呢？

◎　◎　◎

那就來試試看吧。

將 x^2 傅立葉展開後，得到的結果如下。

$$x^2 = \frac{\pi^2}{3} + 4\left(\frac{-\cos 1x}{1^2} + \frac{+\cos 2x}{2^2} + \frac{-\cos 3x}{3^2} + \cdots + \frac{(-1)^k \cos kx}{k^2} + \cdots\right)$$

$$= \frac{\pi^2}{3} + 4\sum_{k=1}^{\infty} \frac{(-1)^k \cos kx}{k^2}$$

這裡令 $x = \pi$。注意 $\cos k\pi = (-1)^k$，可以得到

$$x^2 = \frac{\pi^2}{3} + 4\sum_{k=1}^{\infty} \frac{(-1)^k \cos kx}{k^2} \qquad \text{由上式}$$

$$\pi^2 = \frac{\pi^2}{3} + 4\sum_{k=1}^{\infty} \frac{(-1)^k (-1)^k}{k^2} \qquad \text{令 } x = \pi$$

$$= \frac{\pi^2}{3} + 4\sum_{k=1}^{\infty} \frac{(-1)^{2k}}{k^2}$$

$$= \frac{\pi^2}{3} + 4\sum_{k=1}^{\infty} \frac{1}{k^2} \qquad \text{由}(-1)^{2k} = 1$$

故可推導出下式。

$$\sum_{k=1}^{\infty} \frac{1}{k^2} = \frac{1}{4}\left(\pi^2 - \frac{\pi^2}{3}\right) = \frac{\pi^2}{6}$$

那麼蒂蒂，這是什麼呢？

$$\sum_{k=1}^{\infty} \frac{1}{k^2} = \frac{\pi^2}{6}$$

◎　◎　◎

「那麼蒂蒂，這是什麼呢？」

「！！！！！！！」

蒂蒂突然站了起來，發出了無聲的吶喊。

「巴塞爾問題！」我說。

「沒錯，巴塞爾問題。在歐拉老師解出這題之前，沒有一個人回答得出正確答案的十八世紀初超級難題。將函數 x^2 傅立葉展開後，便可得到巴塞爾問題的答案。即

$$\sum_{k=1}^{\infty} \frac{1}{k^2} = \frac{\pi^2}{6}$$

這也是 zeta 函數中的 $\zeta(2)$。」

$$\zeta(2) = \frac{\pi^2}{6}$$

「……」

蒂蒂仍站著不動，大大的眼睛注視著式子。

「會讓人不由自主的站起來對吧？」米爾迦說。

「居然可以從 x^2 的傅立葉展開，算出 $\zeta(2)$ 的值……」

想不到歐拉計算出來的 $\zeta(2)$，居然可以用這種方法得到。真的想不到。

x 的乘冪、三角函數、微分、積分——數學的每個概念之間，還真有著各種奇妙的關聯。

靈光一閃和毅力。

不管是靠靈光一閃解題，還是靠毅力解題，都很厲害。但這也只是數學的一小部分而已。

數學的世界應該——超越了靈光一閃和毅力才對。比人類想像的更加寬廣、更加豐富、更加深奧，這才是數學，不是嗎？

重要的發現，可以解決重要的問題。
不過，不管解決什麼樣的問題，
都會有一些小小的發現。
——喬治・波利亞（George Pólya）[*2]

*2 George Pólya，引用自 "How to Solve It"。

第 10 章
龐加萊猜想

因此，若照著哈密頓的研究計畫執行，
便可證明三維流形的幾何化猜想。
——格里戈里・佩雷爾曼（Grigori Perelman）[*1]

10.1　開放式研討會

10.1.1　課程結束之後

十二月，我們參加了附近的大學每年都會舉辦的《開放式研討會》。開放式研討會是大學裡的老師們為了一般大眾而開設的課程。今年的課程主題是《龐加萊猜想》。去年的主題是《費馬最後定理》[*2]，原來已經過一年了嗎。

一小時多的課程剛結束，我們這群人和其他看起來像高中生的團體，以及一般民眾，陸陸續續步出講堂。

[*1] https://arxiv.org/abs/math/0211159
[*2]《數學女孩／費馬最後定理》

「嗯——總覺得還是聽不太懂喵……」由梨邊說邊用力伸展著雙手，呼出的白霧漸漸散開。

「是啊……影片是很有趣，但總有種好像有聽懂又好像沒聽懂的感覺。哇，好冷喔。」蒂蒂說完後馬上拿起護唇膏塗上。

「午餐時間。」揹著紅色背包的麗莎說。

「贊成！……要吃什麼呢！」由梨說。

「嗯。」米爾迦回應。

於是我們五人在安靜的大學校園內，朝著咖啡廳前進。

10.1.2　午餐時間

「去年的主題是費馬最終定理吧。」我一邊吃著抓飯一邊說。

「是啊。」由梨一邊吃著培根蛋義大利麵一邊說。「費馬最終定理的問題很簡單，不是嗎？可是龐加萊猜想的問題就連看都看不懂了。」

「去年的演講中出現了很多很困難的數學式，人家真的看不太懂。」蒂蒂一邊吃著蛋包飯一邊說。「和去年相比，這次幾乎沒有出現過數學式。不過，就算沒有數學式，也不表示就比較簡單……。雖然播放的影片中有提到宇宙和火箭，但是影片中的宇宙和我們生活的宇宙是一樣的嗎？另外還有提到熱和溫度之類物理學的話題……它們和前面提到的數學又有什麼關係呢？人家越想越不懂了。」

「比喻？」吃著三明治的麗莎只說了這幾個字。

「啊，還有啊。」由梨突然插話進來。「課程中提了好多人名，我都聽到煩了。我想說這是一個叫做龐加萊的人想到的問題，然後由一個叫做佩雷爾曼的人證明出來，那應該只會談到這兩個人才吧。」

在我們熱衷於閒聊時，只有米爾迦一語不發。她慢慢吃完巧克力蛋糕之後，輕輕閉上眼睛。這就像一個信號般，讓我們的對話暫時中斷。

沉默。

終於，米爾迦沉穩而清晰地說出一句話。

「什麼是形狀呢？」

於是，這個空間瞬間變成了教室。

10.2 龐加萊

10.2.1 形狀

什麼是形狀呢？

要回答這個問題並不容易。形狀在我們的周圍隨處可見，就算被問到「什麼是形狀」，也不曉得該怎麼回答。

這就像是被問到「什麼是數呢？」的時候，會感到困惑是一樣的。被問到什麼是數的時候，或許也只能說出 1, 2, 3, …等具體的數字。不過，只是列舉出數字仍稱不上是個答案。

具體的數字很重要，但要再深入思考的話就不是那麼容易了。代數學中，會從群、環、體的角度切入。考慮元素之間的運算，定義出不證自明的公理，思考這些可以說明些什麼。

我們將凝聚於「數」這個詞上的許多性質一一拆解，再重新組裝起來。接著透過這些研究，明白什麼是數。這樣我們就能超越我們所熟知的數，獲得《某些東西》。

再問一次，「什麼是形狀？」長度、大小、角度、方向、表裡、面積、體積、全等、相似、彎曲、扭曲、相接、重合、相離、相連、切割……有相當多的概念支撐著「形狀」這個詞。

我們將凝聚於「形狀」這個詞上的許多性質一一拆解，再重新組裝起來。接著透過這些研究，明白什麼是形狀。這樣我們就能超越我們所熟知的形狀，獲得《某些東西》。

◎　◎　◎

「超越我們所熟知的形狀，獲得《某些東西》。」米爾迦說。

「研究形狀……是指幾何學嗎？」蒂蒂說。

「沒錯。」米爾迦回答。「在今天的開放式研討會上提到的拓樸學，就是幾何學的一個領域。拓樸學也可以說是在研究形狀。」

「米爾迦大人。數學只有一個不是嗎？」由梨說。「要怎麼把形狀的各種性質一一拆解開來研究呢？」

「數學很廣大。」米爾迦把臉轉向由梨。「數學家們關心的主題十分多樣。若從不同角度探討形狀，關注的性質也會不一樣。若將拓樸的概念導入集合，定義拓樸空間是什麼，就能討論集合的連續性與連通性；以拓樸空間定義流形，就能討論維度；定義微分流形，就能討論微分和切空間；若再考慮黎曼度量，定義黎曼流形，就能討論距離、角度、曲率等性質。雖然幾何學的研究對象十分多樣，然而每個對象都代表著形狀的某種意義。有時候也會只關注某些性質而忽略其他性質。」

「就是《假裝不知道的遊戲》對吧。」蒂蒂說。

「就像柯尼斯堡七橋問題嗎？」由梨說。「雖然可以移動橋，但不能改變連接方式。」

「就像由梨說的一樣。」米爾迦立刻回答，並露出了溫和的笑容。「柯尼斯堡七橋問題是圖論的起點，被視為是拓樸學的起源，也是歐拉老師的工作。在那個問題中，將相同的連接方式視為等價。換句話說，只要不改變連接方式，要怎麼變形都可以。這就是圖同構的概念。在拓樸空間中，我們則是會關注同胚映射時，即使變形也不會改變的量──也就是拓樸不變量。」

「因為《不變之物有命名的價值》，對吧。」我說。

「確定等價的定義之後，就可以為所有形狀分類。找出所有的形狀，再將所有形狀分類。於是開始了博物學式的研究。」米爾迦說。

「就像為蝴蝶分類一樣。」蒂蒂說。

「就像為甲蟲分類一樣。」我說。

「就像為寶石分類一樣。」由梨說。

「就像為齒輪分類一樣。」麗莎說。

「研究形狀的時候，需將所有形狀放入樣本盒內，為其取名，進行分類。分類是研究的第一步。」米爾迦繼續說著。「十九世紀時，人們完成了二維閉曲面的分類。二維閉曲面可以依照能否定向以及虧格數——也就是有無內外之分及洞的個數進行分類。當然，這是許多數學家堆砌出來的研究成果。從另一個角度來看，我們還可以依照擁有三種幾何結構中的其中一種，為二維閉流形進行分類。」

米爾迦停了一下，環顧我們每個人的表情，再繼續說下去。

「龐加萊猜想是與三維流形之分類有關的基本問題。是很基本、很自然的問題，但卻不是個簡單的問題。事實上，龐加萊猜想在這百年間，苦惱了不少數學家。」

10.2.2　龐加萊猜想

「話說回來——米爾迦大人。究竟龐加萊猜想是什麼呢？」由梨說。

「剛才開放式研討會發的資料中，就有大略說明龐加萊的概念囉。」蒂蒂一邊說著，一邊在她大大的粉紅色包包中尋找資料。「研討會發的資料果然很重要對吧……咦、咦？我放到哪裡去了呢？」

麗莎把手冊放到桌上。

「啊，謝謝。……上面寫說，龐加萊猜想是數學家昂利‧龐加萊在他的論文中提到的問題。這個對拓樸學有重大意義的論文寫於1904年，也就是二十世紀初。具體來說，龐加萊猜想是這樣。」

龐加萊猜想

設 M 為三維閉流形。

若 M 的基本群與單位群同構，則 M 與三維球面同胚。

「可是——……這樣稱不上具體吧？」由梨說。

「說的也是呢。」蒂蒂說。「不過有幾個用語我倒還知道大概的意思。所謂的三維閉流形，可以想像成一個局部與三維歐幾里得空間看起來相同、《有限、卻無盡頭》的空間。而基本群則是一種以自環為基礎，建構出來的群。」

「三維球面是比較難想像沒錯。」我試著補充蒂蒂的說明。「想像兩個實心的地球儀，然後把它們的表面重合在一起，就是三維球面了。有限、卻無盡頭。」

「嗯……」由梨思考著。

「弄懂每個用語固然重要，不過先讓我們來看看龐加萊猜想在邏輯上的結構吧。」米爾迦說。「如果改用這個方式說明龐加萊猜想，應該會更好理解才對。」

龐加萊猜想（換個方式說明）

設與三維閉流形 M 相關的條件 $P(M)$ 和 $Q(M)$ 為

$$P(M) = 《M 的基本群與單位群同構》$$
$$Q(M) = 《M 與三維球面同胚》$$

那麼對於三維閉流形 M 而言，以下邏輯式成立。

$$P(M) \implies Q(M)$$

「沒錯沒錯。」蒂蒂說。「而且，因為基本群是拓樸不變量，所以這個邏輯式的《反過來》必定成立對吧（參考 p. 227）。」

「沒錯。由於三維球面的基本群與單位群同構，且基本群為拓樸不變量，故這個邏輯式會成立。」米爾迦說。

基本群為拓樸不變量

三維球面的基本群與單位群同構，

且基本群為拓樸不變量，故以下邏輯式成立。

$$P(M) \Longleftarrow Q(M)$$

「果然還是太難了！」由梨大叫出聲。

「只看邏輯結構的話，其實一點都不難喔，由梨。」米爾迦說。「我們剛才提到的就是這兩條邏輯。

- $P(M) \Longrightarrow Q(M)$（龐加萊猜想的主張）
- $P(M) \Longleftarrow Q(M)$（已知成立的主張）

那麼，如果證明了龐加萊猜想正確的話，代表什麼呢？」

「嗯，代表 $P(M)$ 和 $Q(M)$ 指的是同一件事嗎？」

「沒錯，如果證明了龐加萊猜想正確，便可得到 $P(M)$ 與 $Q(M)$ 兩命題為等價命題。換句話說，若能證明龐加萊猜想正確，則

$$P(M) \iff Q(M)$$

《M的基本群與單位群同構》$\iff$《M 與三維球面同胚》。」

「這我是知道……那又怎樣呢？」由梨一臉疑惑地問。

「嗯，所以說呢，」忍不下去的我終於加入了談話。「龐加萊猜想讓我們知道了基本群這個工具的強大之處喔。因為假若龐加萊猜想成立，那麼《當我們想了解 M 是否與三維球面同胚時，只要知道 M 的基本群是什麼就可以了》。」

「就是在討論基本群是不是個強而有力的武器，對吧？」蒂蒂雙手握拳說。

「試著整理拓樸學的龐加萊，為了妥善分類各種流形，考慮了拓樸群這個工具。」米爾迦說。「龐加萊能以拓樸群為二維閉流形妥善分類，卻無法以拓樸群為三維閉流形妥善分類。因為他發現了正十二面體空間這個反例。」

我們靜靜聽著米爾迦說的話。

「龐加萊接著將基本群當做工具。使用基本群，能不能妥善分類各種三維閉流形呢？這是一個很大的問題。龐加萊在論文中提到的，就是能不能用基本群來判定『三維閉流形是否與三維球面同胚』這個問題。」

「分類和判定……不一樣嗎？」由梨問。

「不一樣。對於 M 和 N 而言，若《M 和 N 的基本群同構》與《M 和 N 同胚》這兩個敘述等價，則我們可用基本群進行分類。另一方面，若《M 的基本群與單位群同構》與《M 和三維球面同胚》這兩個敘述等價，則我們可利用基本群判定 M 與三維球面同胚。由梨，這樣懂了嗎？」

「分類比較……困難？」由梨說。

「沒錯。如果可以用基本群分類，就表示我們可以用基本群來判定 M 是否與三維球面同胚。事實上，數學家已經證明了我們不可能用基本群為三維閉流形分類。在龐加萊死後，數學家發現了透鏡空間（lens space）這個反例。」

說到這裡，米爾迦深呼吸了一次。

「我們不可能用基本群為三維閉流形分類。不過至少，我們或許可以用基本群來判定一個三維閉流形是否與三維球面同胚——這就是龐加萊猜想。」

「可是我還是不曉得什麼是基本群喵……」由梨說。

我開始向由梨說明什麼是基本群。

「基本群就是以自環為基礎，建構出來的群。將兩個可互相連續變形成彼此的自環視為等價，再將自環的連接視為群中的運算方式，這就是基本群。所謂基本群為單位群的三維流形，指的就是該流形內，不管

是什麼樣的自環，都可以在連續變形後塌縮成一個點。假設有一個火箭拉著一條繩子在一個空間內飛行，火箭繞了一圈後回到出發點，使繩子形成一個自環。接著我們試著拉回繩子，使自環縮小，看看能不能在不卡到的情況下將繩子順利收回成一個點。如果不管火箭怎麼在流形 M 中飛行，都可以將繩子收回成一個點──那就是 $P(M)$ 的意思。龐加萊猜想若成立，就表示《如果繩子一定能收回成一個點，就表示 M 與三維球面同胚；如果收回繩子的途中有可能會卡住，就表示 M 與三維球面不同胚》。」

「嗯……好像有點懂了。」由梨說。「所以佩雷爾曼就是證明了基本群可以當作判定工具嗎？」

「沒錯。不過佩雷爾曼證明的東西不僅如此。」米爾迦說。「佩雷爾曼證明的是瑟斯頓的幾何化猜想。這是包含龐加萊猜想在內，較一般化的論述。佩雷爾曼證明了瑟斯頓的幾何化猜想，再由此證明龐加萊猜想。」

「瑟斯頓啊……」蒂蒂說。

「又出現新的名字了……」由梨說。

10.2.3　瑟斯頓的幾何化猜想

「瑟斯頓的幾何化猜想是比龐加萊猜想還要廣義的論述。」

瑟斯頓的幾何化猜想

所有的三維閉流形，
皆可以標準方法分解成數個片段，每個片段皆屬於八種幾何結構之一。

「給定一個三維閉流形 M。龐加萊猜想猜測，可以用基本群來判定 M 是否與三維球面同胚。」米爾迦緩緩說道。「與此相較，瑟斯頓的幾何化猜想則是猜測如何為三維閉流形進行分類。這個猜想認為，不管是

什麼樣的三維閉流形,都可以用標準方法分解八種基本的幾何結構。」

「就是質因數分解對吧!」蒂蒂大聲說出。

「為什麼呢?蒂蒂學姊。」由梨說。

「所有整數都可以被質因數分解。所以我就猜,瑟斯頓的幾何化猜想會不會也是這樣的論述!」

「某種程度上確實和質因數分解很像。」米爾迦說。「將三維閉流形視為許多較簡單之流形的連通和,並將其一一分解。這裡的連通和,指的是分別從兩個流形中切出球形切口,再將這兩個切口的邊界黏合起來的操作。有一套標準的分解方法,可以將一個複雜的三維閉流形分解成許多片段。而每個片段皆屬於八種幾何結構的其中一種。這就是瑟斯頓的幾何化猜想。就像所有正整數皆可由不同的質數組合唯一決定一樣,幾何化猜想認為,所有三維閉流形皆可由八種幾何結構的不同組合唯一決定。而如果瑟斯頓的幾何化猜想得證,就同時證明了龐加萊猜想也正確。」

「什麼是幾何結構呢?」蒂蒂問。

「在某個空間內,全等是什麼意思呢?用群的形式來說明全等的意義,就是所謂的全等變換群。一併考慮空間與全等變換群的情況,就是所謂的幾何結構。克萊因在《愛爾蘭根綱領》(Erlanger Programm)中提出『幾何學就是藉由變換群研究不變性』,進而衍生出幾何結構的概念。許多情況下,『幾何』這個字在使用上需特別小心。」米爾迦說。「舉例來說,二十世紀初期,人們就已經知道二維閉流形可以分為球面幾何、歐幾里得幾何,以及雙曲幾何等三種幾何結構。並將其稱為球面幾何的全等變換群 $SO(3)$、歐幾里得幾何的歐幾里得全等變換群,以及雙曲幾何的雙曲變換群 $SL_2(\mathbb{R})$。也可以想成我們用群來為幾何學分類。瑟斯頓的幾何化猜想可以說是三維閉流形的版本。不過,瑟斯頓的幾何化猜想需把流形分解成片段。」

「就像分解時鐘那樣。」麗莎淡淡地說。

10.2.4 哈密頓的里奇流方程式

「就是這個意思。」我說。「龐加萊猜想認為，我們可以用基本群來判斷三維閉流形與三維球面是否同胚。瑟斯頓的幾何化猜想則認為，所有三維閉流形皆可分解為八種幾何結構片段。佩雷爾曼證明了瑟斯頓的幾何化猜想，而這個證明結果同時也證明了龐加萊猜想。是這樣沒錯吧。」

「沒錯。不過，在講到佩雷爾曼之前，還得提提哈密頓的研究才行。」米爾迦說。

「又是新的名字……」由梨說。

「手冊上是這樣說的喔。」蒂蒂說。「為了挑戰瑟斯頓的幾何化猜想，數學家哈密頓考慮里奇流方程式，並得到了一些成果。哈密頓證明了在里奇曲率為正的條件下，龐加萊猜想正確。然而，由於里奇流方程式中有些未能解決的問題，故二十年來，一直無法證明此時里奇曲率不為正時的龐加萊猜想是否正確。解決了這些問題，拼上最後一片拼圖的，就是佩雷爾曼。佩雷爾曼用一個嶄新的手法，證明了瑟斯頓的幾何化猜想。」

「好複雜啊──」由梨回答。

「請等一下，請讓我把到目前為止的故事整理一下。」蒂蒂一邊說，一邊拿起筆記本開始書寫。「就是這樣吧。」

- 龐加萊提出了龐加萊猜想這個問題。不過，龐加萊自己卻沒辦法證明。
- 瑟斯頓提出了包括龐加萊猜想在內的瑟斯頓幾何化猜想。不過，瑟斯頓自己也沒辦法證明。
- 哈密頓在有里奇流方程式的條件下證明了龐加萊猜想。但是，如果拿掉這個條件，哈密頓就證明不出來了。
- 佩雷爾曼利用哈密頓的里奇流方程式，證明出了瑟斯頓幾何化猜想，同時在拿掉里奇流方程式的條件下，證明出了龐加萊猜想。

「原來如此──」由梨說。

「就好像接力大賽一樣呢！」蒂蒂說。「自己想到的問題，不一定是由自己解決。自己解決不了的問題，就只能交給其他人解決了。數學家們就是這樣彼此合作的吧。就像把接力棒傳下去一樣！」

「同感。」麗莎說。

「咦——可是他們不是自己把接力棒交出去的吧。他們應該還是想自己把問題解決才對喵……」由梨小聲地說。

「蒂蒂整理的內容大致正確。」米爾迦用認真的語氣說。「不過，如果把證明龐加萊猜想這件事，只歸功於這四個人，就太過簡化了。確實，長年以來，三維的龐加萊猜想都沒有成功證明出來。然而，這段時間內，許多數學家確實證明了高維的龐加萊猜想。瑟斯頓的幾何化猜想也一樣，許多數學家詳細研究了這八種幾何結構，並確認了在許多情況下，瑟斯頓的幾何化猜想會成立。當然，瑟斯頓自己也有投入相關研究，並不是把問題丟給其他數學家後就袖手旁觀。」

「好複雜啊——」由梨說。

「不能把歷史簡單化。」米爾迦說。「雖然人們總是想把歷史簡單化。」

10.3　數學家們

10.3.1　年表

「麗莎，可以列出年表嗎？」

「列好了。」麗莎把螢幕轉向我們。

我們湊上電腦螢幕，仔細看著畫面。

西元	事件
前 300 年左右	歐幾里得編寫《幾何原本》。
1736 年	歐拉發表柯尼斯堡七橋問題之相關論文
十八世紀	薩凱里、朗伯、勒壞得、鮑耶之父、達朗貝爾、蒂伯等許多數學家嘗試證明平行線公理，皆失敗。
1807 年	傅立葉提出與熱方程式有關的傅立葉展開。
1813 年	高斯可能發現了非歐幾里得幾何學，卻沒有發表。
1822 年	傅立葉的《熱的解析理論》（傅立葉展開）刊出。
1824 年	鮑耶發現非歐幾里得幾何學。
1829 年	羅巴切夫斯基發表與非歐幾里得幾何學有關的論文。
1830 年左右	伽羅瓦的群論誕生。
1832 年	鮑耶在非歐幾里得幾何學的研究成果刊出。
1854 年	黎曼於就任演講中描述流形。
1858 年	利斯廷與莫比烏斯各自發現「莫比烏斯帶」。
1861 年	利斯廷發表與「莫比烏斯帶」有關的論文。
1865 年	莫比烏斯發表與「莫比烏斯帶」有關的論文。
1860 年代	莫比烏斯以虧格分類二維閉流形。
1872 年	克萊因於就任演講中提倡愛爾蘭根綱領。
1895 年	龐加萊提出拓樸學最初的論文。
十九世紀	克萊因、龐加萊、貝爾特拉米建構非歐幾里得幾何學的模型。
1904 年	龐加萊寫下第五補稿（正十二面體空間與龐加萊猜想）
1907 年	龐加萊、克萊因、克伯將二維閉流形分成三種幾何結構。（歐幾里得幾何、球面幾何、雙曲幾何）
1961 年	斯梅爾發表論文，證明了五維以上時的龐加萊猜想。
1966 年	斯梅爾獲得菲爾茲獎。
1980 年	瑟斯頓提出幾何化猜想。
1980 年	哈密頓引入里奇流方程式。
1980 年	哈密頓證明了里奇曲率為正時的龐加萊猜想。
1982 年	弗里德曼證明了四維空間中的龐加萊猜想。
1982 年	瑟斯頓寫下幾何化猜想的論文。
1982 年	瑟斯頓獲得菲爾茲獎。
1990 年代	哈密頓將里奇流方程式應用於二維流形。
2000 年	克雷數學研究所提出包含龐加萊猜想在內的千禧年大獎難題。
2002 年	佩雷爾曼發表論文，宣布進行哈密頓計畫。
2003 年	佩雷爾曼發表兩篇論文。
2006 年	國際數學家大會（ICM）確認佩雷爾曼的證明正確。
2006 年	佩雷爾曼拒絕領取菲爾茲獎。
2007 年	摩根與田剛出版佩雷爾曼之證明的解說書。
2010 年	克雷數學研究所宣布證明了龐加萊猜想、千禧年大獎的獲獎者為佩雷爾曼。
2010 年	佩雷爾曼拒絕領取千禧年大獎。

「當然，這也只是歷史的一小部分而已。」米爾迦說。「因為許多挑戰龐加萊猜想，卻沒能證明出來的人，並沒有列在這張表中。」

「這裡寫斯梅爾證明了五維以上的龐加萊猜想。」蒂蒂說。「這表示龐加萊猜想也可以分成很多種嗎？」

「龐加萊猜想論述的對象是三維閉流形，不過這裡的三維可以推廣為 n 維，使其一般化。這時，基本群也有必要一起一般化。」

「斯梅爾證明了五維以上的龐加萊猜想，接著弗里德曼證明了四維時的龐加萊猜想。低維空間中的情況反而比較晚被證明出來，讓我覺得有點不可思議。」

「過了很長的一段時間，仍舊沒人能證明出三維時的龐加萊猜想，或許是因為這有什麼特別之處吧。」米爾迦說。「無論如何，最後留下來的就只有三維時的龐加萊猜想。就結果而言，龐加萊最初提出的問題，反而活到了最後。」

「就像一開始就出現了最後的魔王一樣呢。」蒂蒂說。

10.3.2　菲爾茲獎

「從年表看起來，感覺 1980 年代時發生了很大的變化耶。」我說。「瑟斯頓提出了幾何化猜想，哈密頓也提出了里奇流方程式。」

「菲爾茲獎是什麼呢？」由梨問。「感覺出現了好多次。」

「菲爾茲獎可以說是數學界的諾貝爾獎喔。」蒂蒂說「是數學界最有名的獎。」

「菲爾茲獎有不頒給超過四十歲的人的限制。不過，證明了費馬最後定理的懷爾斯雖然超過四十歲，卻也獲得了一個特別獎喔。」我說。

「咦？這裡寫佩雷爾曼拒絕領取菲爾茲獎耶！」由梨指著年表說。「因為他超過四十歲了嗎？」

「這裡寫的是拒絕領取，所以不是你想的那樣喔。雖然人們想頒菲爾茲獎給佩雷爾曼，但他卻沒有領取這個獎。」

「咦——為什麼？為什麼不領獎呢？」

「2006年，菲爾茲獎決定頒給佩雷爾曼，但他卻拒絕領獎。」米爾迦說。「沒有人知道確切的理由。有人說是因為佩雷爾曼認為哈密頓並沒有得到相應的榮譽，也有人說佩雷爾曼不喜歡與數學沒有直接關係的喧鬧。」

「菲爾茲獎的官方網站。」麗莎說，並把網頁開給我們看。

我們找到應該要介紹2006年菲爾茲獎得主的欄位。上面列出了獲得當年度菲爾茲獎之四人的姓名，依照字母順序排列。

2006

　　　　Andrei OKOUNKOV

　　　　Grigori PERELMAN*

　　　　Terence TAO

　　　　Wendelin WERNER

　　　　*Grigori PERELMAN declined to accept the Fields Medal.

「上面寫著 Grigori PERELMAN declined to accept the Fields Medal. 的附註。」蒂蒂說。「decline 就是『婉拒』或『拒絕』的意思，所以這段附註的意思就是『格里戈里・佩雷爾曼拒絕領取菲爾茲獎』。」

佩雷爾曼拒絕領取的菲爾茲獎獎牌[*3]
（獎牌上刻的是阿基米德側臉）

10.3.3　千禧年大獎難題

「哥哥啊，年表上面寫的千禧年大獎難題是什麼呢？」由梨問。

「克雷數學研究所在 2000 年時，列出了七個未解決問題，若能解決這些問題，就可以獲得獎金。」我說。「而龐加萊猜想就是七個問題中的一個。但佩雷爾曼也拒絕了這個獎。」

「獎金有多少呢？」

「獎金有一百萬美元喔。克雷數學研究所為了這七個問題，準備了總額七百萬美元的獎金。」

「解一個問題就有一百萬美元！這樣審查員的責任真重！」

「要獲得獎金是有一定規則的喔。」我一邊看著麗莎拿出來的手冊一邊說。「首先，千禧年大獎難題的解題過程需刊載在需同行審查的論文期刊上。為了讓數學家們充分判斷這樣的解題過程是否正確，需等待兩年。接著，克雷數學研究所便會徵求專家的意見，決定是否要頒發這個獎給解題者。」

「可是居然有一百萬美元耶！」

---

*3這張照片取自 Stefan Zachow（ZIB）。

「數學家與數學獎之間的關係很奇妙。」米爾迦說。「大部分的人都希望完成工作後能夠獲得獎賞，為徵求數學問題的解題者而設的獎項不在少數，高額的獎金也能吸引到許多人注意。但是，數學家們並不是為了得獎而研究，也不是為了獎金而研究，而是因為數學很有魅力，而研究數學問題。對數學家來說，數學本身才是最重要的。」

「那、那個……」蒂蒂發出聲音。「我並不是想反駁『對數學家來說，數學本身才是最重要的』這個論點，但我覺得，人與數學之間的關係並沒有那麼單純。就算有人想要解一題數學，難題卻不是一個人就能解決的……從剛才的年表中就可以感覺到這點。我覺得這需要許多數學家，跨越時空的界線彼此合作，才能解出一道難題。」

「嗯？」

「如果說佩雷爾曼真的是因為哈密頓沒有得到相應的榮譽而拒絕領獎，我覺得這表示他很重視其他數學家的研究成果。」

「當然。」

「我覺得這代表佩雷爾曼對於其他人的研究懷抱著敬意，而這也顯示出他很重視數學這門學問不是嗎？回過頭來看，解決問題並不代表結束，論文也是為了未來的研究者們而寫下。雖然之前說《數學超越了時空》，但這也是因為許多數學家彼此的合作，數學才得以超越時空的界線。」

「就像蒂蒂說的一樣。」米爾迦說。「佩雷爾曼的論文中，也仔細記錄了前人的研究，並以星號標註。每個人對數學的貢獻各有不同，重要的是，這些貢獻讓數學世界變得更加豐富。就像費馬最後定理催生出許多數學家一樣，就像柯尼斯堡七橋問題成為了拓樸學的開端一樣，我們很難預測哪個問題能讓數學界變得更加豐富。所謂的數學，就像一張很大的緯織壁毯。」

「緯織壁毯？」由梨問。

「原文是 "Tapestry"，就是掛在牆壁上的巨大紡織品。」蒂蒂說。

「就像一張很大的緯織壁毯。」米爾迦又重複了一次。「有些人只留下了幾個線條、有些人只織出一些圖案。但若要完成一張完整的緯織壁毯，需要所有人的合作才辦得到。就像解完一個數學難題一樣。」

「……不過，如果每個數學家們都有自己的研究目標的話，數學領域不就會越分越細嗎？」蒂蒂問。

「可以說數學領域會越分越細沒錯，但也因此，每個小領域的研究也會越來越完整，使我們能做好準備，解決更重要的問題。」米爾迦說。

「代數拓樸幾何學，就是用代數方法來研究拓樸幾何學對吧。」我說。

「龐加萊猜想就是在代數學與幾何學的合作下證明出來的對吧！」

「一半對一半錯。」米爾迦伸出右手，做出像是切開什麼的動作。「確實，為了解決龐加萊猜想，許多數學家的努力，使許多數學領域的研究前進了一大步。不管是代數拓樸幾何學，還是微分拓樸幾何學。不過，經過許多數學家的挑戰，最後用來證明出龐加萊猜想的工具，卻是源自於物理學的方法。」

米爾迦站了起來，她的長髮自然散開。

我們仰望著她。

「數學家在各個世界間架起了橋。然而沒有人規定某個領域中的問題，就一定要用那個領域的方法來解決。相反的，使用其他領域的工具來解決數學領域的問題，才能讓數學領域變得更為廣大。」

「能用的武器都要拿來用用看，對吧？」蒂蒂說。

「說得真好！」由梨說

10.4　哈密頓

10.4.1　里奇流方程式

我們在大學校內的咖啡廳內。飲品在我們熱衷於聊天時早已涼掉。不過，米爾迦仍持續說著。

「為瑟斯頓幾何化猜想和龐加萊猜想的證明拼上最後一塊拼圖的人，確實是佩雷爾曼。不過，在佩雷爾曼之前，不得不提**哈密頓**的貢獻。這是因為，發現證明時必須之決定性工具的人，就是哈密頓。由哈密頓發現、研究，並由佩雷爾曼在證明龐加萊猜想時所使用的工具，叫做**里奇流方程式**。」

米爾迦啜飲了一口咖啡。就像為了填補這一瞬間的空白般，蒂蒂提出了問題。

「研討會也有講到里奇流方程式這個名字。這個里奇流方程式是源自於物理學的工具嗎？我實在不明白為什麼會這樣。當然，里奇流方程式本身就很難理解了，不過我更不懂的是，為什麼數學的證明中會用到物理學呢。我一直以為，數學理論不會受到物理定律的支配才對。但卻可以用物理定律來證明數學理論，實在不太能接受。」

就像是要接著蒂蒂的話說下去似的，米爾迦開始回答。

「並不是要用物理定律來證明數學理論。只是哈密頓的里奇流方程式，與物理學中研究熱傳導時發現的傅立葉熱傳導方程式有類似的形式而已。它們的微分方程式形式相似，解出來的函數形式也很相似。但這並不代表他們是用物理定律證明數學理論。」

「傅立葉熱傳導方程式。」蒂蒂複誦了一遍。

「又是新的名字啊……」由梨說。

10.4.2 傅立葉的熱傳導方程式

「物理學中特別關注物理量。」米爾迦用沉穩的語氣說著。「所謂的物理量，包括時間、位置、速度、加速度、壓力，還有溫度等。譬如說，考慮物體內某個位置 x 在時間 t 時的溫度 u——這就是一個物理學問題。我們常會用微分方程式來表達物理學的定律。」

我們靜靜地點了點頭。

「在傅立葉的熱傳導方程式中，將物體的溫度視為位置與時間的函數，再以微分方程式來表示這個函數。想像一下，給定初始溫度分布後，隨時間經過，溫度也會跟著改變，對吧？」

「就像溫熱的咖啡逐漸變冷一樣嗎？」蒂蒂問。

「就像牛頓的冷卻定律一樣嗎？」我問。

「牛頓的冷卻定律只有考慮到時間而已。」米爾迦回答。「傅立葉的熱傳導方程式還考慮到了位置。」

「就像杯子已經冷掉，但本身還是溫熱的咖啡嗎？」由梨問。

「是熱傳導實驗嗎？」我說。「加熱金屬棒的一端，研究熱的傳導速度。不同材質的金屬棒，傳導熱的速度就不一樣。」

「差不多就像那樣。」米爾迦點了點頭。

「那我就懂了！」蒂蒂提高了她的聲音。「不管是牛頓運動方程式還是虎克定律，都是用微分方程式來表示位置。而類似的傅立葉熱傳導方程式，則是用微分方程式來表示溫度，對吧？」

10.4.3 想法的逆轉

蒂蒂突然興奮了起來，沒過多久卻又沉下臉。

「那個……我理解得比較慢，還有一些疑問。我明白傅立葉的熱傳導方程式是和溫度有關的微分方程式了。可是，與它類似的哈密頓里奇流方程式，就不是和溫度有關的微分方程式了吧？因為數學領域中並沒有溫度這個東西。」

「里奇流方程式中，與熱傳導方程式之溫度對應的是黎曼度量。」米爾迦回答。「黎曼度量由黎曼提出，是流形中決定距離與曲率的度量。」

「又是新的名字啊……」由梨說。

「嗚嗚嗚嗚……」蒂蒂雙手抱頭呻吟著。「這好奇怪喔。溫度會隨著時間的經過而變化，這是這個世界的物理定律。但是隨著時間的經過，黎曼度量卻會改變──實在很難想像。數學上的量──居然會隨著時間而改變，這樣不是很奇怪嗎？這就像是，數學世界被物理世界支配了！」

我被蒂蒂的話深深打動。她的疑惑是有根據的。雖然她不曉得什麼是里奇流方程式、也不曉得什麼是黎曼度量，但她卻能理解整個思考架

構。把溫度轉換成黎曼度量後，黎曼度量這種數學上的量也會隨著時間改變嗎——這是她的疑問。真是的，這個《元氣少女》究竟是何方神聖呢？

「蒂蒂問了一個很好的問題。」米爾迦似乎也眼睛為之一亮。「這可說是一種想法的逆轉。熱傳導方程式是與溫度有關的微分方程式，計算以後便可知道溫度變化。不過里奇流方程式並非如此。在里奇流方程式中，使黎曼度量產生變化才是解方程式的目的。也就是說，目的並非計算出變化，而是使其變化。」

「還是不懂。」蒂蒂說。「因為時間——」

「歸根究柢，里奇流方程式中類似於時間 t 的參數並不是真正物理意義上的時間，只是單純的參數而已。為了方便說明，我們會將 t 比喻為時間，並以『古代解』、『初始條件』的用詞，使其看起來像是與時間有關的函數。但事實上，我們並非用現實中的時間概念來證明數學理論。」

「原來如此。」蒂蒂輕輕點了點頭。

「里奇流方程式可計算出隨著參數 t 而改變的黎曼度量，黎曼度量可決定曲率。當黎曼度量改變時，曲率會跟著改變；當曲率改變時，流形會跟著變形。若要使用里奇流方程式來解決問題，需要適當調整黎曼度量，適當改變曲率，使流形能適當變形。」

「適當……是什麼意思呢？」蒂蒂馬上問到。

「所謂的《適當》，指的是《適當》調整參數，使方程式能用來證明瑟斯頓幾何化猜想。我們有無數種方法改變黎曼度量。哈密頓以里奇流方程式表現出改變的方向，將受參數 t 影響，滿足里奇流方程式的黎曼度量稱作里奇流。哈密頓期望能藉由里奇流，得到流形曲率均勻之結果。就像隨著時間的經過，物體溫度分布會趨向均勻一樣。曲率均勻時，該流形在數學上就比較好處理了。基本上，曲率均勻的流形在二十世紀中期就已經分類完了。」

「聽到這裡的時間不是指真正的時間，就讓我放心多了。」蒂蒂點了點頭。「這麼說來，之前講到自環的時候，也有提到要改變 t 這個參數呢。雖然那時的 t 不是指時間，不過把它看成時間也沒關係，對吧？」

「自環的 t 和里奇流的 t 沒有關係，不過，它們同樣被扮演著參數的角色。」米爾迦說。「總而言之，哈密頓發現了里奇流方程式，仔細研究後，提議將它用來證明瑟斯頓的幾何化猜想。這個研究方針又叫做哈密頓計畫。」

10.4.4　哈密頓計畫

> **哈密頓計畫**
> 利用里奇流方程式改變黎曼度量，使三維閉流形變形，用以解決瑟斯頓幾何化猜想。
> 變形時所產生的奇異點，可用名為**手術**的方法將其摘除。

「哈密頓藉由里奇流方程式，改變參數 t，使黎曼度量跟著變化，這是為了操作三維閉流形的曲率。曲率有很多種。黎曼所引入的曲率張量，包含了相當多關於黎曼流形的資訊，如扭曲方式等，既敏感又複雜而難以處理。哈密頓將曲率張量 R_{ijkl} 簡化，以里奇曲率 R_{ij} 取而代之。里奇流方程式的解中，隨著時間的經過，里奇曲率會逐漸均勻化，故可想像最後里奇曲率會完全均勻。然而過程中出現之曲率無限大的**奇異點**會是一大麻煩。於是哈密頓提出要**手術處理里奇流**。也就是在奇異點即將形成時，暫時停止時間，將奇異點以手術切除後，再讓時間開始運轉。」

「時間……是指剛才說的參數 t 嗎？」蒂蒂說。

「沒錯，它們的對應關係就像這樣。」米爾迦開始書寫文字。

物理學的世界		數學的世界
熱傳導方程式	←----→	里奇流方程式
熱傳導體	←----→	三維閉流形
位置 x	←----→	位置 x
時間 t	←----→	參數 t
溫度	←----→	黎曼度量（剛才計算的里奇曲率）
溫度的均勻化	←----→	里奇曲率的均勻化

「這究竟是在做什麼呢？使曲率均勻化，和瑟斯頓幾何化猜想的證明有什麼關係呢？」我問。

「數學家們期望，不管三維閉流形原本的黎曼度量為何，都可以藉由里奇流變形，得到曲率均勻的三維閉流形。為無數的三維閉流形分類整理時，這樣的方法會有效率得多。」

「米爾迦大人。可是，這樣真的解得出來嗎？」由梨說。「是說……還要做手術？」

「哈密頓以此為基礎進行研究，證明了許多理論。首先，他證明了若給定黎曼度量，則存在里奇流的初始值。另外，他也證明了在里奇曲率皆為正的條件，龐加萊猜想成立。而且，若加上無奇異點、截面曲率均勻、有界的條件，便能證明瑟斯頓的幾何化猜想。」

「加上條件的話……」蒂蒂小聲地喃喃自語。

「沒錯。哈密頓在有條件的情況下，證明了龐加萊猜想與瑟斯頓的幾何化猜想。為了去除造成哈密頓計畫之障礙的奇異點，哈密頓也建構出了可動手術的里奇流方程式。只要在有限次數的手術中摘除所有奇異點，並證明拿掉所有奇異點後，奇異點以外之截面曲率將變得均勻且有界就可以了——雖然這麼說，但如果出現了被稱為雪茄型的奇異點，就不能用上述方法處理了。這也成為了哈密頓計畫的一大阻礙。於是，二十年的歲月就這麼過了。」

「二十年！」由梨說。

「摘除了雪茄型奇異點的，就是佩雷爾曼，對吧？」我說。

「佩雷爾曼證明了，里奇流不會產生雪茄型奇異點。」

「不會產生？」

「沒錯。哈密頓預測里奇流不會產生雪茄型奇異點，而佩雷爾曼則用非局部塌縮定理證明了這一點。不過，這不代表事情已完全解決。佩雷爾曼又用傳播型非局部塌縮定理與標準鄰域定理等定理證明了某些猜測，完成哈密頓計畫，證明瑟斯頓的幾何化猜想。佩雷爾曼發表了三篇與里奇流方程式有關的論文。這些論文證明了瑟斯頓幾何化猜想，證明了龐加萊猜想，使人們更加重視里奇流方程式。」

「佩雷爾曼拼上了最後一片拼圖……」蒂蒂說。

「是可以用拼上了最後一片拼圖的方式來表現沒錯。」米爾迦降低了聲量。「不過，這片拼圖究竟有多大，就只有專家才能正確描述了。究竟是《佩雷爾曼證明了》瑟斯頓幾何化猜想呢？還是《哈密頓與佩雷爾曼證明了》瑟斯頓猜想呢，這是個複雜的問題。要是沒有哈密頓的里奇流方程式的話，佩雷爾曼就沒有解開這個問題的線索；要是沒有佩雷爾曼引入的方法及定理的話，就不能解開這個問題。要證明一個很大的定理時，找出可能的解題路徑，卻只能走到一半的人，和拼上最後一片拼圖的人，誰的貢獻比較大？這實在難以比較。不過，數學領域的習慣中，只會留下《拼上最後一片拼圖的人》——不管本人願不願意。」

「論文是這個嗎？」麗莎輕咳了一聲，並指著電腦螢幕說。

米爾迦看過後點了點頭。

「接著，讓我們來看看佩雷爾曼的論文吧。」

10.5 佩雷爾曼

10.5.1 佩雷爾曼的論文

我們再一次湊上前去，閱讀電腦螢幕上的文字。

- Grisha Perelman, The entropy formula for the Ricci flow and its geometric applications.[4]
- Grisha Perelman, Ricci flow with surgery on three-manifolds.[5]
- Grisha Perelman, Finite extinction time for the solutions to the Ricci flow on certain three-manifolds.[6]

「格里沙・佩雷爾曼（Grisha Perelman）。」米爾迦說。「是俄羅斯人。」

「原來他的名字叫做格里沙啊。」蒂蒂說。

「本名是**格里戈里**・**佩雷爾曼**（Grigori Perelman）。」米爾迦說。「格里沙是他的暱稱。」

「原來論文是英文啊……」由梨說。

「是啊。」我說。「不是日文喔。」

「不是那個意思啦！」由梨慍怒地說。「因為佩雷爾曼是俄羅斯人，所以我想說應該會用俄羅斯語寫嘛！」

「現代論文都是用英語書寫。」米爾迦說。「為了能讓世界上每個人都能閱讀，會使用世界共通語言，英文來書寫。」

「因為論文就像是給後人的書信啊！」蒂蒂點了點頭。

「佩雷爾曼的論文註解中寫了一些致謝文句，感謝許多研究機構給他研究機會。讓我們來看看這個部分吧。」

I was partially supported by personal savings accumulated during my visits to the Courant Institute in the Fall of 1992, to the SUNY at Stony

---

[4] http://arxiv.org/abs/math/0211159
[5] http://arxiv.org/abs/math/0303109
[6] http://arxiv.org/abs/math/0307245

Brook in the Spring of 1993, and to the UC at Berkeley as a Miller Fellow in 1993-95. I'd like to thank everyone who worked to make those opportunities available to me.

「『我從 1992 年秋天起，在科朗研究所工作；1993 年春天起，在紐約州立大學石溪分校工作；從 1993 年至 1995 年，在加州大學柏克萊分校以米勒學會成員的身分工作。我獲得了這些機構提供的經濟上援助。我想在此感謝許多人們願意給我做研究的機會。』——接著就是本文了，本文的開頭是這樣——」

The Ricci flow equation, introduced by Richard Hamilton [H 1], is the evolution equation $\frac{d}{dt}g_{ij}(t) = -2R_{ij}$ for a riemannian metric $g_{ij}(t)$.

「『理察‧哈密頓所引入的里奇流方程式，就是黎曼度量 $g_{ij}(t)$ 的發展方程式 $\frac{d}{dt}g_{ij}(t) = -2R_{ij}$[*7]。』」

「米爾迦大人好厲害！」

「不，由梨，這只是單純把英文翻譯出來而已喔。我現在還沒有閱讀這篇論文的能力，不過還是可以看得懂一些段落。譬如這個部分。」

Thus, the implementation of Hamilton program would imply the geometrization conjecture for closed three-manifolds.

In this paper we carry out some details of Hamilton program.

「『因此，若照著哈密頓的研究計畫執行，便可證明三維流形的幾何化猜想。這篇論文中，我們將一步步實行哈密頓計畫』——這段文字說明了佩雷爾曼的方針是藉由哈密頓研究計畫，證明瑟斯頓幾何化猜想。」

「我們？」蒂蒂說

---

*7 佩雷爾曼這裡寫的 $\frac{d}{dt}$ 看起來很像是常微分方程式，但里奇曲率 R_{ij} 也包含了位置的偏微分，故這裡的 $\frac{d}{dt}$ 實際上是偏微分的意思。

「這是一種寫論文的風格，稱作 "author's we"。」米爾迦說。「即使論文是一個人寫出來的，也會用 "we" 自稱。」

「明明是格里沙一個人寫的，還要用複數型，還真是有趣呢。」蒂蒂說。

「寫的只有格里沙一人，但讀的就不只一個人了。"author's we" 為 "the author（作者）and the reader（讀者）" 之意。表示閱讀這篇論文的讀者，和作者佩雷爾曼一起執行哈密頓計畫。」

「原來如此！」蒂蒂說。「因為讀者不是只有自己一個人對吧。讀者可以在作者的幫助下理解問題！」

「也可以說是作者邀請讀者參加這個討論。」米爾迦說。

「執行？」麗莎向米爾迦丟了一個問號。

「哈密頓研究計畫指出了一條證明瑟斯頓幾何化猜想的路徑。但只有這樣是不夠的，還是需要實際的證明過程才行。所以這裡才會用 "implement" 這個字來表示。」

「沒想到小麗莎居然帶著佩雷爾曼的論文呢。」我說。

「只是搜尋一下而已。」麗莎回答。「馬上就找到了。」

「佩雷爾曼將他的證明寫成了論文。」米爾迦說。「網路上有個叫做 arXiv 的開放式論文網站。佩雷爾曼將論文投稿到這個網站上，故只要從 arXiv 站上將 PDF 檔下載下來，任何人隨時都可以閱讀。就像我們現在這樣。」

「不過，由梨我就讀不懂了……」

「只要加強英語閱讀能力，就看得懂上面的英文字。接著只要再習得足以理解這些數學理論的能力，就看得懂佩雷爾曼的主張了。他只有把論文投稿到 arXiv 上，沒有投稿到需同行審查的論文期刊上。」

「等一下！這樣不就違反千禧年大獎的條件了嗎？」由梨說。「千禧年大獎不是有規定要投稿在需同行審查的論文期刊上嗎！」

「這點倒不是問題。千禧年大獎的條件中有一個附註說明，若有相關文章刊載在需同行審查的論文期刊，也符合獲獎規定。而摩根與田剛所出版的解說書確實刊載在需同行審查的論文期刊上。不過話說回來，不管是菲爾茲獎還是千禧年大獎，佩雷爾曼都拒絕領取獎金。」

「是這樣啊。」

「佩雷爾曼投稿在 arXiv 上，或許對數學界來說反而是件好事。因為全世界的任何數學家們都可以隨時隨地讀到這篇論文。佩雷爾曼的論文中，用到了許多至今沒什麼人用過的最新方法。佩雷爾曼重新整理里奇流方程式這套工具，拓寬了數學的世界。數學家們透過論文瞭解到里奇流方程式的新樣貌後，又可以進一步拓寬數學的世界。」

「佩雷爾曼把論文貼上 arXiv 後，也《告一個段落》了呢……」蒂蒂說。

10.5.2　再多前進一步

「佩雷爾曼將論文投稿到 arXiv，解決了瑟斯頓幾何化猜想與龐加萊猜想，而我們從各個管道知道了這件事。但——」

我們默默傾聽著米爾迦淡然地說著。

「但對我們來說，還是會覺得不太夠。至少，在數學這個領域內，還想再多前進一步……大家應該會有這種想法吧？」米爾迦說。

「是啊。」蒂蒂說。

「確實。」我說。

「要是沒那麼難就好了。」由梨。

「……」保持沉默的麗莎。

「雖說如此，里奇流方程式是會描述到曲率張量的偏微分方程式。要從這個地方開始討論的話想必會很困難吧，畢竟連我自己都還不理解。那麼，該怎麼辦呢……」

「我有個提議！」蒂蒂舉起了她的手。「我想知道更多物理學上的方法。這應該會談到物理學中的《活生生的語言》吧？」

「那麼就從這裡開始吧。」米爾迦馬上回答。

「我想再買一杯飲料耶喵。」由梨說。「又口渴了。」

「我需要一大堆紙。」米爾迦說。

「要不要我去大學內的販賣部購買呢？」我說。

「我有。」

麗莎從紅色背包中拿出了一疊白紙。

10.6 傅立葉

10.6.1 傅立葉的時代

「我說哥哥啊。傅立葉也有拿到菲爾茲獎嗎？」由梨一邊喝著哈密瓜汁一邊問我。

「不不，時代完全不一樣喔。」我回答。

「**約瑟夫‧傅立葉**，法國的數學家和物理學家，1768 年到 1830 年。」麗莎打開了電腦，輕咳了幾聲後說道。「**約翰‧菲爾茲**，加拿大的數學家，1863 年到 1932 年。菲爾茲獎設立於 1936 年。」

「原來傅立葉是十八世紀末到十九世紀初的人啊。」蒂蒂說。「法國……法國大革命的時代？」

「傅立葉出生在一個貧窮人家，而且八歲就成為了孤兒。」米爾迦說。「經過了數不清的苦難後，他成為了一位數學教授，並和拿破崙一起遠征埃及，成為了一位總督，在亂世中發揮他的長才，度過了波瀾壯闊的人生，想必是一位才華豐富的人吧。他似乎還差點被送上斷頭台的樣子。」

「斷頭台？！」由梨驚叫出聲。

「1811 年時，巴黎的法國科學院徵募與熱傳導相關的論文。傅立葉就將他過去的研究寫成論文投稿，並獲獎。」

今天是個晴朗悠閒的冬日。

我邊喝著溫熱的茶，邊想著傅立葉的故事。做為八歲孤兒的他，對於家庭有什麼想法呢？又是用什麼樣的心情在研究數學呢？——完全無法想像。

10.6.2　熱傳導方程式

「熱傳導方程式處理的是溫度。」米爾迦說。

「如果是牛頓冷卻定律，之前我們有解過囉。」我說。

「牛頓冷卻定律會將溫度 u 表示成時間 t 的函數 $u(t)$。與之相較，傅立葉的熱傳導方程式則將溫度 u 表示成位置 x 和時間 t 的函數 $u(x, t)$。試著比較一下兩者的差異吧。」米爾迦說。「首先，這是牛頓冷卻定律。假設室溫是 0。」

牛頓冷卻定律

溫度變化速度與溫差成正比

$$\frac{\mathrm{d}}{\mathrm{d}t}u(t) = Ku(t) \qquad K \text{ 為常數}$$

「這裡的 $u(t)$ 指的是時間為 t 時物體的溫度。故這條微分方程式描述的是，在室溫為 0 的房間內放置一物體時，物體的溫度變化。」

「原來如此。」

「而傅立葉熱傳導方程式則是這個。」

傅立葉熱傳導方程式

設溫度 $u(x, t)$ 滿足以下偏微分方程式。

$$\frac{\partial}{\partial t}u(x, t) = K\frac{\partial^2}{\partial x^2}u(x, t) \qquad K \text{ 為常數}$$

這條式子就叫做傅立葉熱傳導方程式（一維情形）。

「若要問熱傳導方程式是什麼，簡單來說，就是用來描述熱傳導的

偏微分方程式。或者也可說是，將熱傳導這個物理現象以偏微分方程式的形式模型化的結果。」米爾迦說。「接下來，就讓我們把傅立葉的熱傳導方程式當成類似於里奇流方程式的東西，好好研究一下吧。具體而言，就是要研究 $u(x, t)$ 這個函數。首先來設定舞台吧。」

◎　◎　◎

首先來設定舞台吧。

假設有一個無限長的直線狀金屬線，已知其在時間 $t = 0$ 時的溫度分布，這就是初始條件。所謂的已知溫度分布，指的就是金屬線上任意位置 x 的溫度皆已知。若時間 t 改變，金屬線的溫度也會跟著改變。也就是說，溫度 u 是位置 x 和時間 t 這兩個變數的函數，可表示成 $u(x, t)$。

時間 $t = 0$ 時，不同的位置 x 之間可能會有溫度差。也就是說，金屬線可能某處較熱，某處較冷。不過，隨著時間 t 越來越大，溫度差會越來越小，故可預測到——最後整條金屬線的溫度會趨於一致。現在就讓我們從函數 $u(x, t)$ 的角度來研究這個過程吧。

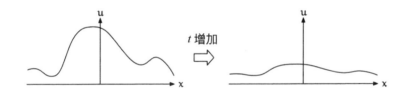

t 增加時，金屬線溫度分布的變化

熱傳導方程式又被稱作熱擴散方程式。除了熱以外，也可用來計算香味的擴散過程。這裡我們可將比例常數定為 $K = 1$，方便計算。

$$\frac{\partial}{\partial t} u(x, t) = \frac{\partial^2}{\partial x^2} u(x, t)$$　　設 $K = 1$ 時的熱傳導方程式

求出滿足這條方程式的函數 $u(x, t)$，就是在解熱傳導方程式。

等號左邊的 $\frac{\partial}{\partial t} u(x, t)$ 為將 $u(x, t)$ 對 t 偏微分後得到的函數。

等號右邊的 $\frac{\partial^2}{\partial x^2} u(x, t)$ 為將 $u(x, t)$ 對 x 偏微分兩次後得到的函數。

◎　◎　◎

「請、請等一下。這裡說的偏微分是什麼意思呢？」蒂蒂慌張地制止米爾迦的說明。

「函數 $u(x, t)$ 是雙變數函數。若將 x 視為常數，將 $u(x, t)$ 對 t 微分，就叫做《將 $u(x, t)$ 對 t 偏微分》，寫成 $\frac{\partial}{\partial t} u(x, t)$。另一方面，若將 t 視為常數，將 $u(x, t)$ 對 x 微分，就叫做《將 $u(x, t)$ 對 x 偏微分》，寫成 $\frac{\partial}{\partial x} u(x, t)$。若再對 x 偏微分一次，則會寫成 $\frac{\partial^2}{\partial x^2} u(x, t)$。」米爾迦說。

「就是這樣吧。」我說「舉例來說，假設有個雙變數函數長這樣

$$u(x, t) = x^3 + t^2 + 1$$

它的偏微分就是這樣。」

$$u(x, t) = x^3 + t^2 + 1 \qquad \text{某雙變數函數}$$

$$\frac{\partial}{\partial t} u(x, t) = 2t \qquad \text{將 } u(x, t) \text{對 } t \text{ 偏微分}$$

$$\frac{\partial}{\partial x} u(x, t) = 3x^2 \qquad \text{將 } u(x, t) \text{對 } x \text{ 偏微分}$$

$$\frac{\partial^2}{\partial x^2} u(x, t) = 6x \qquad \text{將 } u(x, t) \text{對 } x \text{ 偏微分兩次}$$

「沒錯。」米爾迦點了點頭。「對 t 偏微分的時候，會將 x 視為常數。對 x 偏微分的時候，會將 t 視為常數。有時候會將視為常數的變數寫成下標。譬如說，熱傳導方程式可以寫成這樣。

$$\left(\frac{\partial}{\partial t} u(x, t) \right)_x = \left(\frac{\partial^2}{\partial x^2} u(x, t) \right)_t$$

或者省略 (x, t)，將熱傳導方程式寫成這樣

$$\frac{\partial u}{\partial t} = \frac{\partial^2 u}{\partial x^2}$$

微分方程式的寫法有很多種。」

「這樣啊……那我就懂了。不好意思，打斷了說明。」蒂蒂說。

「完全聽不懂！」由梨說。

「嗯，微分方程式畢竟還是有點難吧。」

「有些概念其實沒那麼難。」米爾迦說。「讓我們從正負數的角度來看吧。若等號左邊的 $\frac{\partial u}{\partial t}$ 是正數，就代表位置 x 的溫度會隨著時間 t 的增加而逐漸上升。若等號右邊的 $\frac{\partial^2 u}{\partial x^2}$ 為正數，就表示某個位置 x 的溫度比左右兩邊的平均溫度還要低。這可以理解成熱的性質對吧。偏微分方程式就是用較為嚴謹的方式說明這種性質——讓我們再看一次熱傳導方程式吧。

$$\frac{\partial}{\partial t}u(x, t) = \frac{\partial^2}{\partial x^2}u(x, t)$$

接著我們會使用到變數分離法，然後再用重疊積分來求出熱傳導方程式。」

10.6.3　變數分離法

先用變數分離法。也就是將有 x 與 t 兩個變數的雙變數函數 $u(x, t)$，拆成只有 x 一個變數的函數 $f(x)$，和只有 t 一個變數的函數 $g(t)$ 的乘積。

$$u(x, t) = f(x)g(t)$$

將熱傳導方程式中的 $u(x, t)$ 置換成 $f(x)g(t)$

$$\frac{\partial}{\partial t}u(x, t) = \frac{\partial^2}{\partial x^2}u(x, t) \qquad \text{熱方程式}$$

$$\frac{\partial}{\partial t}f(x)g(t) = \frac{\partial^2}{\partial x^2}f(x)g(t) \qquad \text{將 } u(x, t) \text{置換成 } f(x)g(t)$$

計算等號左邊。由於 x 是常數，故 $f(x)$ 可當做常數。

$$\frac{\partial}{\partial t}f(x)g(t) = f(x) \cdot \frac{\partial}{\partial t}g(t) \qquad f(x)為常數$$

$$= f(x) \cdot \frac{d}{dt}g(t) \qquad g 為單變數函數，故可常微分$$

$$= f(x)g'(t)$$

計算等號右邊。由於 t 是常數，故 $g(t)$ 可當做常數。

$$\frac{\partial^2}{\partial x^2}f(x)g(t) = g(t) \cdot \frac{\partial^2}{\partial x^2}f(x) \qquad g(t)為常數$$

$$= g(t) \cdot \frac{d^2}{dx^2}f(x) \qquad f 為單變數函數，故可常微分$$

$$= f''(x)g(t)$$

所以，熱傳導方程式就會變成這樣。

$$f(x)g'(t) = f''(x)g(t)$$

假設 $u \neq 0$，也就是 $f(x) \neq 0$ 或 $g(t) \neq 0$。我們將 u 分成了由 x 決定的部分和由 t 決定的部分，接著再將等號兩邊同時除以 $f(x)g(t)$，便可得到以下式子。

$$\underbrace{\frac{g'(t)}{g(t)}}_{僅由\,t\,決定} = \underbrace{\frac{f''(x)}{f(x)}}_{僅由\,x\,決定}$$

仔細觀察這個等式。

等號左邊僅由 t 決定。也就是說，不管 x 如何變動，若 t 沒有變動，等號左邊便會保持常數。

等號右邊僅由 x 決定。也就是說，不管 t 如何變動，若 x 沒有變動，等號右邊便會保持常數。

所以說，這個等式中，不管 x 或 t 如何變動，等號兩邊的值都不會改變。這是使用變數分離法時最讓人高興的一刻。

令這個值等於 $-\omega^2$。

$$\frac{g'(t)}{g(t)} = \frac{f''(x)}{f(x)} = -\omega^2$$

於是，我們可以得到兩個常微分方程式。

$$\begin{cases} f''(x) & = -\omega^2 f(x) \\ g'(t) & = -\omega^2 g(t) \end{cases}$$

藉由變數分離法，我們可以

將一個雙變數偏微分方程式，
分成兩個單變數常微分方程式。

這兩個常微分方程式都顯得平易近人許多。f 可以用三角函數寫出一般解，g 可以用指數函數寫出一般解。

$$\begin{cases} f(x) & = A \cos \omega x + B \sin \omega x \\ g(t) & = C e^{-\omega^2 t} \end{cases}$$

因此，我們可藉由 $u(x, t) = f(x)g(t)$ 得到熱傳導方程式的解。

$$\begin{aligned} u(x, t) &= f(x)g(t) \\ &= (A \cos \omega x + B \sin \omega x) \cdot C e^{-\omega^2 t} \\ &= e^{-\omega^2 t} (AC \cos \omega x + BC \sin \omega x) \\ &= e^{-\omega^2 t} (a \cos \omega x + b \sin \omega x) \quad \text{令 } a = AC, b = BC \end{aligned}$$

這就是熱傳導方程式的解。這裡就先把它寫成 $u_\omega(x, t)$ 吧。

$$u_\omega(x, t) = e^{-\omega^2 t} (a \cos \omega x + b \sin \omega x)$$

10.6.4 重疊積分

這個解中共有 a, b, ω 等參數。

$$u_\omega(x, t) = e^{-\omega^2 t} (a \cos \omega x + b \sin \omega x)$$

考慮 ω 不同時的 a, b，將 a, b 改以 $a(\omega), b(\omega)$ 的函數形式表示。

$$u_\omega(x, t) = e^{-\omega^2 t} (a(\omega) \cos \omega x + b(\omega) \sin \omega x) \qquad \cdots \text{①}$$

　　由於 ω 可以是任何 0 以上的實數，故將所有 ω 可以導出的解重疊積分後，也會是微分方程的解。將方程式對 ω 積分，如此一來，便可寫出微分方程的初始條件。

$$u(x, t) = \int_0^\infty u_\omega(x, t)\, d\omega \qquad \text{重疊積分}$$

$$= \int_0^\infty e^{-\omega^2 t}\,(a(\omega)\cos\omega x + b(\omega)\sin\omega x)\, d\omega \qquad \text{由①}$$

　　特別是在 $t = 0$ 時，$e^{-\omega^2 t} = e^{-\omega^2 \cdot 0} = 1$。注意到這點後，就可以將 $t = 0$ 時的溫度分布──也就是初始條件──寫成以下的式子。

$$u(x, 0) = \int_0^\infty (a(\omega)\cos\omega x + b(\omega)\sin\omega x)\, d\omega \qquad \text{初始條件}$$

這個式子就是 $u(x, 0)$ 的傅立葉積分。

10.6.5　傅立葉積分

　　傅立葉積分就是傅立葉展開的連續版，也就是將傅立葉展開的和改以積分的形式寫出。

$$f(x) = \sum_{k=0}^\infty (a_k \cos kx + b_k \sin kx) \qquad \text{$f(x)$的傅立葉展開}$$

$$u(x, 0) = \int_0^\infty (a(\omega)\cos\omega x + b(\omega)\sin\omega x)\, d\omega \qquad \text{$u(x, 0)$的傅立葉積分}$$

　　傅立葉展開中，在函數 $f(x)$ 已知時，可以用積分求出傅立葉係數（a_n, b_n）。

$$
\begin{cases}
a_0 & = \dfrac{1}{2\pi} \displaystyle\int_{-\pi}^{\pi} f(x)\, dx \\[2mm]
b_0 & = 0 \\[2mm]
a_n & = \dfrac{1}{\pi} \displaystyle\int_{-\pi}^{\pi} f(x) \cos nx\, dx \\[2mm]
b_n & = \dfrac{1}{\pi} \displaystyle\int_{-\pi}^{\pi} f(x) \sin nx\, dx
\end{cases}
$$

同樣的，我們也可以用傅立葉積分來表示 $a(\omega)$ 和 $b(\omega)$。由於符號 x 已經用過了，故這裡我們改用 y 做為積分變數。

$$
\begin{cases}
a(\omega) & = \dfrac{1}{\pi} \displaystyle\int_{-\infty}^{\infty} u(y, 0) \cos \omega y\, dy \\[2mm]
b(\omega) & = \dfrac{1}{\pi} \displaystyle\int_{-\infty}^{\infty} u(y, 0) \sin \omega y\, dy
\end{cases}
$$

用傅立葉積分，就可以計算出滿足初始條件的解 $u(x, t)$。

$u(x, t)$

$$
= \int_0^{\infty} e^{-\omega^2 t} \left(a(\omega) \cos \omega x + b(\omega) \sin \omega x \right) d\omega
$$

$$
= \int_0^{\infty} e^{-\omega^2 t} \left(\frac{1}{\pi} \int_{-\infty}^{\infty} u(y, 0) \cos \omega y\, dy \cos \omega x + \frac{1}{\pi} \int_{-\infty}^{\infty} u(y, 0) \sin \omega y\, dy \sin \omega x \right) d\omega
$$

$$
= \frac{1}{\pi} \int_0^{\infty} e^{-\omega^2 t} \int_{-\infty}^{\infty} u(y, 0) \left(\cos \omega y \cos \omega x + \sin \omega y \sin \omega x \right) dy\, d\omega
$$

$$
= \frac{1}{\pi} \int_0^{\infty} e^{-\omega^2 t} \int_{-\infty}^{\infty} u(y, 0) \cos \omega (x - y)\, dy\, d\omega \qquad
\begin{array}{l} \text{由和角公式及} \\ \cos \omega(y - x) = \cos \omega(x - y) \end{array}
$$

調換積分順序。這個步驟原本需經過嚴謹的推導證明，不過現在暫時跳過吧。

$$
u(x, t) = \frac{1}{\pi} \int_{-\infty}^{\infty} u(y, 0) \int_0^{\infty} e^{-\omega^2 t} \cos \omega (x - y)\, d\omega\, dy
$$

那麼，接下來該怎麼做呢？

◎　◎　◎

「那麼，接下來該怎麼做呢？」米爾迦在這裡停下筆。

$$u(x, t) = \frac{1}{\pi} \int_{-\infty}^{\infty} u(y, 0) \int_{0}^{\infty} e^{-\omega^2 t} \cos \omega(x - y) \, d\omega \, dy \qquad \cdots \heartsuit$$

「不知道喵。」由梨似乎很早就跟不上了。

「傅立葉展開是離散，傅立葉積分是連續──雖然我想問清楚這是什麼意思。」我說「不過接下來應該是要簡化這個雙重積分吧？」

「感覺和朋友有點像……」蒂蒂說。

「朋友是指？」由梨說。

「這個……和之前講到的一個式子的形式不是很像嗎？雖然我忘記叫什麼名字了。」

「式子的形式──我知道了，是拉普拉斯積分嗎？」我說。

「就是這個、就是這個！」

拉普拉斯積分（參考 p. 316）

設 a 為實數，則以下式子成立。

$$\int_{0}^{\infty} e^{-x^2} \cos 2ax \, dx = \frac{\sqrt{\pi}}{2} e^{-a^2}$$

「那麼，接著就用拉普拉斯積分繼續做下去吧。」米爾迦繼續說著。

◎　◎　◎

接著就用拉普拉斯積分繼續做下去吧。

$$u(x, t) = \frac{1}{\pi} \int_{-\infty}^{\infty} u(y, 0) \int_{0}^{\infty} e^{-\omega^2 t} \cos \omega(x - y) \, d\omega \, dy$$

　　將拉普拉斯積分的變數改以 v 表示，並和我們的題目並列，就可以看出兩者間的對應關係。

$$\int_0^\infty e^{-\omega^2 t} \quad \cos\omega(x-y) \quad d\omega = ? \qquad \text{欲求之積分（積分變數為}\omega\text{）}$$

$$\int_0^\infty e^{-v^2} \quad \cos 2av \quad dv = \frac{\sqrt{\pi}}{2}e^{-a^2} \qquad \text{拉普拉斯積分（積分變數為}v\text{）}$$

　　令 $\omega = \frac{v}{\sqrt{t}}$，$x-y = 2a\sqrt{t}$，為變數加上對應關係，就可以看出原式與拉普拉斯積分可以互相對應。

$$\int_0^\infty e^{-\omega^2 t}\cos\omega(x-y)\,d\omega = \int_0^\infty e^{-(\sqrt{t}\omega)^2}\cos\left(\frac{v}{\sqrt{t}}\cdot 2a\sqrt{t}\right)d\omega$$

$$= \int_0^\infty e^{-v^2}\cos 2av\,\frac{d\omega}{dv}\,dv$$

$$= \frac{1}{\sqrt{t}}\int_0^\infty e^{-v^2}\cos 2av\,dv \qquad \text{因為 } \frac{d\omega}{dv} = \frac{1}{\sqrt{t}}$$

$$= \frac{1}{\sqrt{t}}\frac{\sqrt{\pi}}{2}e^{-a^2} \qquad \text{由拉普拉斯積分}$$

$$= \frac{1}{\sqrt{t}}\frac{\sqrt{\pi}}{2}\exp\left(-\frac{(x-y)^2}{4t}\right)$$

$$= \frac{\sqrt{\pi}}{2\sqrt{t}}\exp\left(-\frac{(x-y)^2}{4t}\right) \qquad \cdots\cdots \clubsuit$$

　　利用這個結果，便可導出以下式子。

$$u(x,t) = \frac{1}{\pi}\int_{-\infty}^\infty u(y,0)\int_0^\infty e^{-\omega^2 t}\cos\omega(x-y)\,d\omega\,dy \qquad \text{參考 p.372 的 }\heartsuit$$

$$= \frac{1}{\pi}\int_{-\infty}^\infty u(y,0)\frac{\sqrt{\pi}}{2\sqrt{t}}\exp\left(-\frac{(x-y)^2}{4t}\right)dy \qquad \text{參考 }\clubsuit$$

$$= \int_{-\infty}^\infty u(y,0)\frac{1}{2\sqrt{\pi t}}\exp\left(-\frac{(x-y)^2}{4t}\right)dy$$

$$= \int_{-\infty}^\infty u(y,0)\,w(x,y,t)\,dy$$

最後得到的式子 $w(x, y, t)$ 如下。

$$w(x, y, t) = \frac{1}{2\sqrt{\pi t}} \exp\left(-\frac{(x-y)^2}{4t}\right)$$

到這裡，可以將我們目前求出來的解 $x(u, t)$ 整理如下。

$$\begin{cases} u(x, t) & = \int_{-\infty}^{\infty} u(y, 0)\, w(x, y, t)\, dy \\ w(x, y, t) & = \frac{1}{2\sqrt{\pi t}} \exp\left(-\frac{(x-y)^2}{4t}\right) \end{cases}$$

10.6.6　觀察類似物

再仔細觀察一下我們解出來的熱傳導方程式。

$$u(x, t) = \int_{-\infty}^{\infty} u(y, 0)\, w(x, y, t)\, dy$$

$u(y, 0)$ 代表位置 y 的初始溫度。

$$u(x, t) = \int_{-\infty}^{\infty} \underbrace{u(y, 0)}_{\text{位置 } y \text{ 的初始溫度}} w(x, y, t)\, dy$$

　　位置 y 的初始溫度 $u(y, 0)$ 乘上 $w(x, y, t)$ 這個層層疊加的因子時，就代表移動 y 以計算整條金屬線的積分。也就是說，疊加函數 $w(x, y, t)$ 控制了溫度分布的變化。

　　位置 x 在時間 t 時的溫度與整條金屬線的初始溫度有關。只是，每個位置的疊加因子會變得不一樣。觀察疊加的函數 $w(x, y, t)$，可以看到這個部分

$$\exp\left(-\frac{(x-y)^2}{4t}\right)$$

由此可知，位置 y 離位置 x 越遠，對 x 的溫度影響就越小。由此也可看

出，當 $t \to \infty$ 時，$w(x, y, t) \to 0$。不管初始溫度分布 $u(x, 0)$ 是什麼樣子，最後都會平均化，成為均勻的溫度分布。

如果將初始溫度分布以狄拉克 δ 函數表示為 $u(x, 0) = \delta(x)$，就代表熱源為一個點。給定這些條件後，$u(x, t)$ 便可實際計算出來。

$$
\begin{aligned}
u(x, t) &= \int_{-\infty}^{\infty} u(y, 0)\, w(x, y, t)\, dy \\
&= \int_{-\infty}^{\infty} \delta(y)\, w(x, y, t)\, dy \\
&= \frac{1}{2\sqrt{\pi t}} \int_{-\infty}^{\infty} \delta(y) \exp\left(-\frac{(x - y)^2}{4t}\right) dy \\
&= \frac{1}{2\sqrt{\pi t}} \exp\left(-\frac{x^2}{4t}\right)
\end{aligned}
$$

若持續改變這個 $u(x, t)$ 的 t 值，就可以畫出溫度分布的變化。

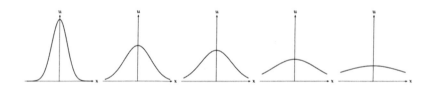

剛才連解釋都沒解釋就直接用了狄拉克 δ 函數，其實狄拉克 δ 函數 $\delta(y)$ 並不是一般意義上的函數，其定義為：與函數 $f(y)$ 相乘，再對 y 取 $-\infty$ 到 ∞ 的積分後，會得到 $f(0)$ 的超函數。

$$
\int_{-\infty}^{\infty} \delta(y)\, f(y)\, dy = f(0) \qquad \text{狄拉克 δ 函數}
$$

10.6.7　回到里奇流方程式

「至此，我們看過了與哈密頓的里奇流方程式類似，卻經過大幅簡化的傅立葉熱傳導方程式。」米爾迦說。「我們從初始的溫度分布函數 $u(x, 0)$ 開始，思考在時間增加為 t 的過程中，如何控制連續函數的連續變形。也可以說我們藉由這個熱傳導方程式，將不規則的分布均勻化。這和哈密頓為證明龐加萊猜想而提出的里奇流方程式在原理上有類似之處。不管初始的溫度分布如何，最後都會變成均勻的溫度分布；就像不管三維閉流形的黎曼度量如何，最後里奇曲率都會趨於均勻一樣。」

米爾迦放慢了說話速度。

「金屬線的例子中，最後會變成均勻的溫度分布。然而三維閉流形的里奇曲率就不一定會趨於均勻了。因為可能會出現原本的方程式無法處理的奇異點，而哈密頓則藉由手術方式切除了這些奇異點。雖然說我們剛才看的傅立葉熱傳導方程式是里奇流方程式的類似物，但兩者還是有很大的差別。金屬線只有一維，需處理的是溫度這個實數變數，不會出現黎曼度量、曲率張量、里奇曲率、奇異點等東西。遺憾的是，以我的數學能力，目前還沒辦法繼續深入下去。只能用幾個類似物來比擬——至少現在是這樣。」

「是啊，現在是這樣……」蒂蒂點了點頭。「不過未來某一天，讓我們一起抓住阿里阿德涅的線（穿過迷宮的線），朝著無限的未來，一起前進吧！Infinity！」

「不好意思，我們要打烊了。」

咖啡廳服務員的聲音，讓我們回過神來。

店內只剩我們五個客人。

桌上散布著寫滿數學式的紙張。

讓人有種既視感。

「差不多該離開了。」我說。

10.7 我們

10.7.1 從過去到未來

離開咖啡廳的我們，在大學校園內漫步。時間已接近黃昏……我們仍從容自在地慢慢走著。

走在前方的米爾迦轉過頭來問我。

「話說回來，合格判定怎麼樣了？」

「是 A 判定喔，雖然只是低空飛過。不如說，就是因為有拿到 A 判定今天才有辦法過來吧。呃，米爾迦，要現在講這件事嗎？」

「哎呀，總之有過就好。」

黑色長髮的才女聳了聳肩，對我吐舌頭。

「啊啊啊啊啊啊！馬上就要考試了！」

被拉回現實的我，一個衝動就大叫出聲。

「馬上就要……期末考了！」蒂蒂說。

「由梨也是馬上就要考高中了！」由梨湊上前去挽住蒂蒂的手。

蒂蒂也貼近由梨的臉。「說起來，我也很期待他來我們高中喔。你男朋友……」

「噓！不能說！」

什麼？他們在聊什麼呢？

「我也馬上就要回美國了。」米爾迦看向天空說著。

「下次要到什麼時候才能再看到米爾迦大人呢？」由梨問。

「不曉得會是什麼時候呢。」

不曉得為什麼，米爾迦看著我微笑。

10.7.2 若冬天到來

「啊——俄羅斯的冬天不曉得是不是也那麼冷喵。」由梨說。

「春有春風、夏有夏風、秋有秋風。但只有冬天的風特別冷呢。」我說。

「學長這麼說就不對囉。冬風的冷冽，才能顯現出等待春風的喜悅喔。天氣越冷，期待春天的心意就越強烈！」

「哦哦，真是正面的想法。不愧是蒂蒂。」我說。「說起來，那個同人誌——《Eulerians》進行得還順利嗎？」

「『若冬天來到，春天就不遠了』」蒂蒂說。「我和小麗莎也變得很要好囉⋯⋯對吧？」

「不要加『小』。」並肩走著的麗莎說。

「我想把今天講到的龐加萊猜想，還有許多數學家在拓樸學的研究成果整理之後一起放到《Eulerians》上！」

「不可能。」麗莎馬上回答。「份量過多。」

「又說那種話⋯⋯」

「一個人不可能，一次不可能。」麗莎說。「蒂蒂一個人肯定辦不到。因為一個人辦不到才要召集更多人；因為一次寫不完才要寫很多次。沒必要一個人做完全部；也沒必要一次寫完全部。要分割統治。」

麗莎一口氣說完很多話後，咳了好一陣子。

「你、你沒事吧⋯⋯」蒂蒂輕拍麗莎的背。「確實如此。這也是個小小的接力賽呢⋯⋯」

「我不會讓《Eulerians》一冊就結束。」麗莎說

10.7.3　春天就不遠了

「那個那個，已經要回家了嗎？總覺得，好像有點無聊喵⋯⋯接下來要不要殺去哪裡開聖誕派對呢？」

「不，至少，我應該要回家了。」

「咦——」由梨說。

「要不要再捏一下你的臉呢？」米爾迦說。

「那裡！」蒂蒂舉起手指。「我們在那棵樹下拍一張紀念照片吧。在天還沒暗下來前！」

大學校門附近，有一棵要抬頭仰望才能看到全貌的大樹。這是什麼樹呢？樹齡有幾歲呢？總之，我們站到大樹前。

麗莎設定好相機後，按下倒數計時的按鈕。
於是──我們的現在，被收進了相機內。
紀念攝影結束。

若冬天來到，春天就不遠了。

我會在名為大學的地方努力學習。
能不能遇到新的同好呢？
能不能從誰那裡接過棒子，再將棒子傳給下一個人呢？

大學入學考試近在眼前。

　我說不出準確的預言。
　我看不到準確的未來。

我不曉得自己是否能考上。
我只能認真地朝著未來一步步前進。

我、我們──朝著各自的未來前進。

若冬天到來，春天就不遠了。

風如號角般吹出一聲聲的預言！
如果冬天到來，春天還會遠嗎？
　　　──雪萊，《西風歌》
The trumpet of a prophecy! O Wind,
If Winter comes, can Spring be far behind?
──Percy Bysshe Shelley, "Ode to the West Wind"

尾聲

「這個人不是老師嗎？」

走進職員辦公室的少女指著手上的照片問。

「真讓人懷念，在哪裡找到的呢？」

「這果然就是老師。照片是夾在舊社誌裡面的喔。剛才在打掃同好會教室時找到的。那時的老師真是年輕。」

「這是高三，考大學前幾天的我。」

「真難想像老師是考生的樣子，我還以為老師一直都在這裡當老師呢。」

「不可能有那種事吧。」

「考試前還被女孩子圍在中間照相，還真受歡迎呢。」

少女一邊說著，一邊呵呵呵地笑。

「雖說如此，當時其實也有很多煩惱喔。」

「老師也會煩惱嗎？」

「當然會囉。煩惱多得不像話呢。」

「我也是啊……」

「成績優秀的數學同好會 leader 也會煩惱嗎？」

「老師不要說這種話啦。又是考試、又是憂鬱的，都快哭出來了。」

「春天不是快到了嗎？」

「今天早上還下了雪喔。春天還很久喔。」

「『見降雪而詠』——

　　冬ながら空より花の散りくるは雲のあなたは春にあるらん

——清原深養父。是古今和歌集裡的作品喔。意思是這樣。」

　　現在明明是冬天，卻看得到從天散落的花。
　　因為雲的彼端已經是春天了嗎？

　　「散落的花……這是指降下的雪花嗎？」
　　「沒錯。他是把冬天的雪想成春天的櫻花了吧。雪和花是類似物。不管是平安時代還是現代，在冬天時就期待著春天來到的心情都沒有改變──是不變的。天氣越冷，期待春天的心情就越強烈。如果期待春天的心情與溫度差成正比，感覺可以寫出一條微分方程式呢。」
　　「老師你在說什麼啊……不過，我真的能看到櫻花盛開的春天嗎？」
　　「你已經充分準備過了。再來只要一鼓作氣，發揮出實力就行了不是嗎？就像至今考過的模擬考那樣。」
　　「雖然解了不少考古題，但還是會覺得不安。」
　　「不是解出問題後就結束囉。解完問題後還要閱讀詳解，確認自己的解法好不好，給自己一些回饋才行。」
　　「放心吧，這點事我還是有做的。」
　　「最先進的數學也是這樣喔。解出問題並不代表結束。確認問題如何被解出，以及在這個問題之後，又會衍生出哪些新的問題，數學家們必須給世界一些回饋才行。」
　　「給世界回饋？」
　　「提出新的問題，是解開問題的人的責任。因為最了解這個問題的人，就是解開問題的人了。站在最前線的人，最適合站出來說明自己看到了什麼樣的風景，因此也身懷重責。」
　　「這樣啊……」
　　「對了，站在那裏的人們，是等待 leader 回來的數學同好會成員嗎？」
　　職員辦公室的入口有幾個探頭觀看室內情況的男女們。
　　「啊，真的耶。我得走了。老師，再見囉。」
　　「嗯，再見。」

　　少女揮著手，走出職員辦公室，加入其他數學同好會的成員們。然

後愉快地在談笑聲中踏上歸途。

他們馬上就要考大學了。

我看著窗外的冬日天空。

確實，天氣越冷，期待春天的心情就越強烈。

春天即將來到。

若冬天來到，春天就不遠了。

見下雪而詠
雪花空中灑，
雲端疑是春。
——清原深養父
On seeing fallen snow.

still winter lingers
but from the heavens fall these
blossoms of purest
white it seems that spring must wait
on the far side of those clouds
——Kiyohara on Fukayabu[8]

---

[8] "Kokinshu: A Collection of Poems Ancient and Modern", Translated by Laurel Rasplica Rodd and Mary Catherine Henkenius, Cheng & Tsui Co, 1996.（古今和歌集 330）

後記

我是結城浩。在此為您獻上《數學女孩／龐加萊猜想》。

本書為

- 《數學少女》（2007 年）
- 《數學女孩／費馬最後定理》（2008 年）
- 《數學女孩／哥德爾不完備定理》（2009 年）
- 《數學女孩／隨機演算法》（2011 年）
- 《數學女孩／伽羅瓦理論》（2012 年）

*譯註：以上皆為日本出版時間。

的續集，是《數學女孩》系列的第六本作品。主要登場人物包括「我」、米爾迦、蒂蒂、由梨，以及麗莎。本書以他們五人為中心，編織出數學與青春交錯的故事。

從系列作第五本《數學女孩／伽羅瓦理論》的出版到本書的完成，已過了六年。會隔那麼久，主要是因為我需要一段時間，好好咀嚼龐加萊猜想的內容，將其化為我的語言。

本書提到的數學內容主要包括拓樸學（位相幾何學）、基本群、非歐幾里得幾何學、微分方程式、流形、傅立葉展開，以及龐加萊猜想。

與《數學女孩》系列並行出刊，數學內容較平易近人的《數學女孩秘密筆記》系列也陸續出版了新作。

另外，我也因為《數學女孩》系列與《數學文章創作方法》等著作實績，獲得了由日本數學會頒發的 2014 年出版賞，在此感謝。

與至今的《數學女孩》系列相同，本書使用 LaTeX2ε 及 Euler 字型（AMS Euler）排版。排版過程中參考了由奧村晴彥老師寫作的『LaTeX2ε 美文書作成入門』，書中的作圖則使用了 OmniGraffle、TikZ、TEX2img 等軟體完成。在此表示感謝。

感謝下列名單中的各位，以及許多不願具名的人們，在寫作本書時幫忙檢查原稿，並提供了寶貴意見。當然，本書內容若有錯誤皆為筆者之疏失，並非他們的責任。

（敬稱省略）
赤澤涼、井川悠佑、石井遙、石宇哲也、稻葉一浩、
上原隆平、植松彌公、內田大暉、內田陽一、大西健登、
鏡弘道、北川巧、菊池夏美、木村巖、桐島功希、
工藤淳（@math_neko）、毛塚和宏、藤田博司、
梵天寬鬆（medaka-college）、前原正英、增田菜美、
松浦篤史、松森至宏、三宅喜義、村井建、山田泰樹、
米內貴志。

感謝所有一直以來支持著本系列的讀者們。
感謝一直以來大力支援筆者寫作的野澤喜美男編輯長。
感謝我最愛的妻子和兩個兒子。
謹以本書獻給去年蒙天寵召的岳母。
感謝閱讀到最後的各位。
期盼我們在未來的某天、某處再度相遇。

結城浩
2018 年，寫於時光飛逝的降雪之際
http://www.hyuki.com/girl/

索引

國家圖書館出版品預行編目（CIP）資料

數學女孩：龐加萊猜想 / 結城浩著；陳朕疆譯. --
初版. -- 新北市：世茂, 2019.05
　　面；　公分. --（數學館；32）

ISBN 978-957-8799-73-8（平裝）

1.數學　2.通俗作品

310　　　　　　　　　　　　　108002100

數學館 32

數學女孩 龐加萊猜想

作　　　者／結城浩
譯　　　者／陳朕疆
審　　　訂／洪萬生
主　　　編／陳文君
責任編輯／曾沛琳
封面設計／李　云
出 版 者／世茂出版有限公司
地　　　址／（231）新北市新店區民生路 19 號 5 樓
電　　　話／（02）2218-3277
傳　　　真／（02）2218-3239（訂書專線）
　　　　　　　（02）2218-7539
劃撥帳號／19911841
戶　　　名／世茂出版有限公司　單次郵購總金額未滿 500 元（含），請加 60 元掛號費
世茂官網／www.coolbooks.com.tw
排版製版／辰皓國際出版製作有限公司
印　　　刷／世和彩色印刷股份有限公司
初版一刷／2019 年 5 月
　　二刷／2020 年 9 月

ＩＳＢＮ／978-957-8799-73-8
定　　　價／450 元

SUGAKU GIRL Poincaré conjecture
Copyright © 2018 Hiroshi Yuki
Chinese translation rights in complex characters arranged with SB Creative Corp., Tokyo
through Japan UNI Agency, Inc., Tokyo and Future View Technology Ltd., Taipei